新工科建设·网络工程系列教材

# 计算机网络

/ 王丽娜　边胜琴 / 编著

电子工业出版社

**Publishing House of Electronics Industry**

北京·BEIJING

# 内 容 简 介

本书从计算机与通信技术相结合的角度，以计算机网络体系结构为主线，讲述不同的计算机如何通过通信基础设施相互连接，并在协议的控制下实现信息的传输、交换、资源共享等。全书共 8 章，第 1～7 章主要介绍计算机网络与数据通信的基础知识、物理层、数据链路层、网络层、运输层和应用层，第 8 章给出基于 eNSP 的网络实验。

本书概念清晰、图文并茂，既注重基本概念、基本原理的阐述，又注重理论与实践的结合，在帮助学生理解和掌握理论知识的同时，培养和锻炼学生的工程实践能力和创新能力。本书提供配套的电子课件，读者登录华信教育资源网（www.hxedu.com.cn）注册后即可免费下载。本书可作为高等院校通信、计算机及其他专业计算机网络相关课程的教材或教学参考书，也可供从事相关工作的人员学习和参考。

**图书在版编目（CIP）数据**

计算机网络 / 王丽娜，边胜琴编著. —北京：电子工业出版社，2022.1

ISBN 978-7-121-42506-6

Ⅰ. ①计⋯ Ⅱ. ①王⋯ ②边⋯ Ⅲ. ①计算机网络－高等学校－教材 Ⅳ. ①TP393

中国版本图书馆 CIP 数据核字（2021）第 279294 号

责任编辑：冉　哲

印　　刷：北京天宇星印刷厂

装　　订：北京天宇星印刷厂

出版发行：电子工业出版社

　　　　　北京市海淀区万寿路 173 信箱　邮编　100036

开　　本：787×1 092　1/16　印张：15.5　字数：415 千字

版　　次：2022 年 1 月第 1 版

印　　次：2024 年 8 月第 4 次印刷

定　　价：54.00 元

凡所购买电子工业出版社图书有缺损问题，请向购买书店调换。若书店售缺，请与本社发行部联系，联系及邮购电话：（010）88254888，88258888。

质量投诉请发邮件至 zlts@phei.com.cn，盗版侵权举报请发邮件至 dbqq@phei.com.cn。

本书咨询联系方式：ran@phei.com.cn。

# 前　言

计算机网络是计算机与通信技术相结合的产物。随着信息技术的发展，计算机网络也得到了迅速发展和普及，并逐渐成为人们生活中不可或缺的一部分，同时也极大地促进了经济社会的发展，是信息产业发展的基础。

本书从计算机与通信技术相结合的角度，以计算机网络体系结构为主线，结合国内外计算机网络的发展状况编写而成，概念清晰、表述清楚、图文并茂。本书知识结构和内容体系的构建本着科学性、先进性、实用性和系统性兼顾的原则，旨在帮助学生对计算机网络的基本概念、基本原理有较全面的理解和掌握。但是计算机网络协议抽象，机制复杂，为了帮助学生建立计算机网络整体知识结构体系，深入理解计算机网络理论，掌握各种协议的运行机制，本书增加了一部分基于 eNSP 的实验内容，将理论与实践相结合，在加深和巩固理论知识学习的同时，锻炼和提升学生的工程实践能力和创新能力。

全书共 8 章：

第 1 章概述计算机网络的基础知识，主要包括计算机网络的基本概念与发展历程、互联网的组成、计算机网络的类别、计算机网络性能评估指标、计算机网络体系结构；

第 2 章介绍数据通信的基础知识，主要包括消息、信息、信号与数据之间的关系，以及信道的极限容量、数据通信系统模型、数据通信方式、传输媒介、数据传输技术、信道复用技术、数据交换技术；

第 3 章介绍物理层，主要包括物理层的接口特性、数字传输系统、宽带接入技术；

第 4 章介绍数据链路层，主要包括数据链路层的基本问题、点对点信道的数据链路层协议、广播信道的数据链路层协议、扩展局域网、高速局域网、地址解析协议；

第 5 章介绍网络层，主要包括网络层提供的服务、网络层的功能、网际协议、IP 选路、路由选择协议、互联网控制报文协议、多协议标记交换；

第 6 章介绍运输层，主要包括运输层的功能、运输层的端口、用户数据报协议、传输控制协议；

第 7 章介绍应用层，主要包括域名系统、万维网、动态主机配置协议、文件传输、电子邮件；

第 8 章给出基于 eNSP 的网络实验，包括单个交换机划分 VLAN 实验、跨交换机实现 VLAN 通信实验、单臂路由实现 VLAN 通信实验、静态路由实验、RIP 动态路由实验、OSPF 动态路由实验、网络地址转换实验、校园网设计实验。

本书提供配套的电子课件，读者登录华信教育资源网（www.hxedu.com.cn）注册后即可免费下载。

本书已列入北京科技大学校级规划教材，在编写过程中得到了北京科技大学和北京中兴协力科技有限公司教育部产学合作协同育人项目的大力支持，在此表示衷心感谢。本书在编写过程中参阅了国内外大量的专业书籍和文献，谨向各位译者、作者致敬并表示感谢。

由于作者学识和编写水平有限，书中难免有纰漏和不妥之处，敬请读者不吝斧正。

作　者

# 目　　录

# 第1章 概 述

本章作为全书的总括，主要讲述计算机网络的一些基础知识，包括计算机网络的基本概念和发展历程、互联网的组成、计算机网络性能评估指标、计算机网络的体系结构等。通过本章的学习可以对计算机网络有一个较为全面的认识。

## 1.1 计算机网络的基本概念

计算机网络是一个非常复杂的系统，自诞生至今从未停止过变化。在计算机网络发展的不同阶段，人们对计算机网络给出了不同的定义，因此，对于计算机网络，至今无法给出一个精确、统一的定义。

目前比较好的定义是：计算机网络主要是由一些通用的、可编程的硬件相互连接而成的，而这些硬件并非专门用来实现某一特定目的（如传送数据或视频信号）。这些可编程的硬件能够用来传送多种不同类型的数据，并且能够支持广泛的和日益增长的应用。

从这个定义中可以看出以下两点：

① 多种硬件：计算机网络所连接的硬件并不限于一般的计算机，还包括智能手机、智能传感器等。

② 多种应用：计算机网络并非是专门用来传送数据的，而是能够支持很多种应用，包括数据、语音、视频以及今后可能出现的各种应用。

需要注意的是，上述"可编程的硬件"表明这种硬件一定包含有中央处理单元（CPU）。

计算机网络最主要的功能是数据通信和资源共享，除此之外还有分布式处理与负荷均衡、提高系统的可靠性等功能。

① 数据通信。建造计算机网络的主要目的就是使分布在不同地理位置的计算机用户能够相互通信、交流信息。计算机网络的数据通信功能可以用于实现计算机与终端、计算机与计算机之间的数据传输，为网络用户提供强有力的通信手段，例如，电子邮件、网络电话、视频会议等。

② 资源共享。资源共享包括信息共享、硬件共享和软件共享。可共享的信息资源有数据文件、数据库中的数据等；可共享的硬件资源有中央处理单元、大容量存储器、输入/输出设备等；可共享的软件资源有各种系统软件、语言处理程序、服务程序和应用程序等。通过资源共享能够解决用户使用计算机资源受地理位置限制的问题，避免因资源重复开发和购置而造成的浪费，从而提高了资源利用率，使系统的整体性价比得到改善。

③ 分布式处理与负载均衡。单机处理能力有限，且由于种种原因，不同计算机的忙闲程度不均匀。当网络中某台计算机的任务负载太重时，可以通过网络和应用程序的控制与管理，将任务分散到同一网络中其他较空闲的计算机中，由多台计算机通过协同操作和并行处理的方式来完成任务，从而实现负载均衡，提高每台计算机的可用性。

④ 提高系统的可靠性。计算机网络资源一般分布在不同的位置上，各计算机可以通过网络互为后备机，当某台计算机或设备出现故障时，可以通过网络将任务交由其他计算机或设备完成，从而避免了单机无后备机情况下的系统瘫痪现象，大大提高了系统的可靠性。

## 1.2 计算机网络的发展历程

计算机网络起源于美国，最初只被用于军事通信领域，之后才逐渐被应用到民用领域。计算机网络从形成、发展到广泛应用经历了几十年的发展，不仅其内涵发生了巨大变化，其技术和应用也发生了新的变化。了解计算机网络的发展历程，既有助于清晰认识计算机网络技术和应用的发展，也有助于我们明确主流的应用技术。

计算机网络的主体是计算机，要先有计算机才有计算机网络。1946 年，世界上第一台电子数字计算机 ENIAC 问世。而通信技术的发展要早于计算机技术，在很长一段时间里，这两种技术之间并没有直接的联系，处于各自独立发展的阶段。当计算机与通信技术发展到一定程度，并且社会上出现了新的应用需求时，就产生了将两种技术交叉融合的想法。计算机网络就是计算机技术与通信技术高度发展、深度融合的产物。

20 世纪 50 年代初，由于美国军方的需要，美国半自动地面防空（SAGE，Semi-Automatic Ground Environment）系统将远程雷达信号、机场与防空部队的信息通过总长度为 $2.41×10^6$km 的通信线路（包括有线和无线通信）传送到位于美国本土的一台 IBM 计算机中进行处理，这项研究开启了计算机技术与通信技术的结合尝试，标志着计算机网络的诞生。

**1. 面向终端的第一代计算机网络（1954—1968 年）**

以单机为中心的通信系统被认为是第一代计算机网络，在这样的系统中，有一台中心计算机，而其余终端都不具备自主处理功能。SAGE 系统是典型的第一代计算机网络，其结构如图 1-1（a）所示。在这种系统中只有一台主机（中心计算机），它相当于服务器，承担着数据存储和大部分的数据处理任务（前端控制器负责部分简单的数据接收和处理任务）。终端是仅具有简单数据收发功能的收发器设备，仅包括 CRT 控制器、键盘，没有 CPU 和硬盘，因此不具有数据存储和处理能力。主机是网络的中心和控制者，终端分布在各处并与主机相连，用户通过本地终端设备使用远程主机。

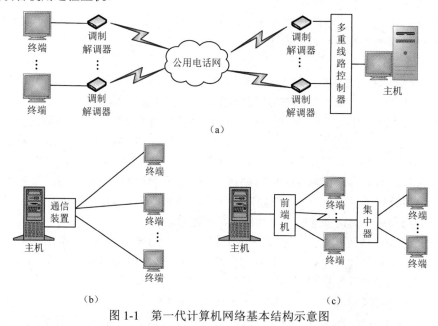

图 1-1 第一代计算机网络基本结构示意图

在图 1-1（b）所示的单机系统中，一台主机与一个或多个终端连接，在每个终端与主机之间均有一条专用的通信线路，当主机连接大量终端时，会加重主机的负荷，降低通信线路的利用率。为了解决这些问题，在系统中使用前端机和集中器，前端机放在主机的前端，承担通信处理功能，用来减轻主机的负荷；集中器用于连接多个终端，以使多个终端公用同一条通信线路与主机通信，如图 1-1（c）所示。

第一代计算机网络由"主机—通信线路—终端"组成，终端与主机相互连接，实现远程访问。其缺点是网络上的用户只能共享一台主机中的软/硬件资源，网络规模通常很小。

严格意义上来说，第一代计算机网络不能算是真正意义上的计算机网络，因为主机连接的不是具有数据存储和处理能力的计算机，而是不具备独立工作能力的终端。

**2．多台计算机相互连接的第二代计算机网络（计算机通信网络）（1969—1983年）**

随着 SAGE 系统的实现，美国军方又提出了将分布在不同地理位置的多台计算机通过通信线路连接成计算机网络的需求，这促成了 ARPANET（Advanced Research Project Agency NETwork，阿帕网）的诞生。

ARPANET 是第二代计算机网络的典型代表。1969 年，美国国防部高级研究计划署（DARPA，Defense Advanced Research Projects Agency）资助建立的 ARPANET 把加利福尼亚大学洛杉矶分校、加利福尼亚大学圣塔芭芭拉分校、斯坦福大学，以及位于盐湖城的犹他州州立大学的大型计算机相互连接起来，这些位于各个节点的大型计算机采用分组交换技术，通过专门的通信交换机［接口报文处理器（IMP，Interface Message Processors）］和专门的通信线路进行连接。

ARPANET 最初只有 4 个节点，经过几十年的发展，已成为横跨世界 100 多个国家和地区，连接几千万台计算机、几十亿用户的互联网（Internet），所以说，ARPANET 是 Internet 最早的雏形，是公认的真正意义上的计算机网络。

ARPANET 在建设的时候，在硬件设备、交换技术、体系结构等方面都做了很多改进。各用户使用了真正的计算机作为主机，可以自己存储和处理数据。并且引入了性能更强的集线设备——接口报文处理器（IMP），用它来连接计算机和其他网络设备。通过 IMP，各计算机之间就不是直接用传输介质进行连接了，而是由 IMP 集中连接后再相互连接，类似于现在使用交换机进行连接。IMP 专门负责通信处理，通信线路将各 IMP 相互连接起来，然后各计算机再和 IMP 相连，各计算机之间的通信需要通过 IMP 连接起来的网络来传送。另外，ARPANET 还应用了基于"存储—转发"的数据分组交换技术。在体系结构方面，ARPANET 把整个计算机网络分成两部分：各用户计算机（包括服务器）被划分成"资源子网"，因为网络资源都是存储在这些计算机中的；而用户构建计算机网络通信平台的各 IMP 及所连接的传输介质共同构成"通信子网"。用户不仅可以共享通信子网中的线路和网络设备资源，还可以共享资源子网中其他用户计算机上丰富的软/硬件资源。第二代计算机网络的结构如图 1-2 所示。

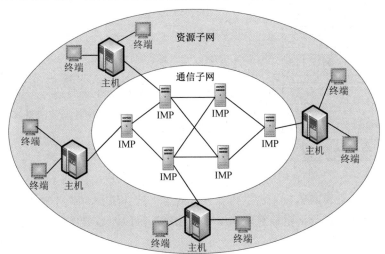

图 1-2　第二代计算机网络的结构示意图

ARPANET 的成功运行使计算机网络的概念发生了根本性的变化,也标志着计算机网络的发展进入了一个新纪元。

第二代计算机网络是计算机的"形成与发展"阶段,相对于第一代计算机网络来说有着质的飞跃,实现了计算机与计算机的相互连接。这种既分散(从地理位置上来讲)又统一(从服务功能上来讲)的多主机计算机网络使得整个计算机网络的性能大大提高,不会因为单机故障而导致整个网络瘫痪,大大提高了网络的可用性和可靠性。另外,第二代计算机网络将计算机主机的负载分散到整个计算机网络中各计算机主机上,从而大大提高了计算机网络的响应性能。

第二代计算机网络中除了 ARPANET,还有:

● IBM 于 1974 年推出的系统网络结构(SNA,System Network Architecture),为用户提供能够相互连接的成套通信产品;

● DEC(Digital Equipment Corporation)于 1975 年开发的数字网络体系结构(DNA,Digital Network Architecture);

● Univac(通用自动电子计算机)于 1976 年开发的分布式通信体系结构(DCA,Distributed Communication Architecture)。

在第一代计算机网络和第二代计算机网络阶段,各个厂商都根据自己的市场需求和用户需求进行相关技术和产品的开发,制定自己的体系结构,因此各厂商的产品之间互不兼容,不能通用,从而阻碍了计算机网络的普及和发展。

**3. 以 OSI 为核心的国际标准化的第三代计算机网络,即计算机互联网络(1984—1991 年)**

为了解决不同体系结构的网络互联问题,国际标准化组织(ISO,International Organization for Standardization)于 1981 年制定了开放系统互连参考模型(OSI/RM,Open System Interconnection Reference Model),使计算机网络的软/硬件厂商可以依据这个统一的规范进行软/硬件产品的研制和生产,以便用户能方便地建设自己的计算机网络,并且不同用户的网络能够相互连接,极大地促进了计算机网络的应用。

OSI/RM 定义了一个网络互联的 7 层结构,从下到上分为物理层、数据链路层、网络层、运输层、会话层、表示层和应用层,并对各层的功能进行了详细规定,如图 1-3 所示。

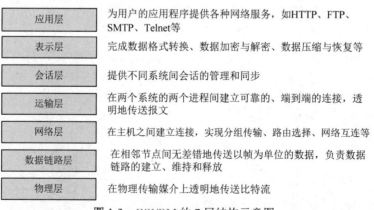

图 1-3　OSI/RM 的 7 层结构示意图

国际标准化的计算机网络属于第三代计算机网络,具有统一的网络体系结构,遵循国际标准化协议。第三代计算机网络是计算机网络的"成熟"阶段,标准化使不同的计算机及计算机网络能方便地相互连接起来。

虽然 OSI/RM 的诞生大大促进了计算机网络的发展,但主要还是在局域网范围中,在后来的广域网中,随着运输控制协议/网际协议(TCP/IP,Transmission Control Protocol/Internet

Protocol）的广泛应用和不断高速发展，包括在互联网的应用中，OSI/RM 都被后来居上的 TCP/IP 协议规范（由 DARPA 研究并发布）抛在了后面。1983 年，DARPA 将 ARPANET 上的所有计算机体系结构都转向了 TCP/IP 协议，并以 ARPANET 为主干建立和发展了互联网，形成了 TCP/IP 体系结构，极大地推动了计算机网络的发展和普及。

### 4．高速、综合化的第四代计算机网络（1992 年至今）

从 20 世纪 90 年代至 21 世纪初期，计算机网络向着全面互连、高速和智能化方向发展，并得到了广泛的应用。新一代计算机网络应满足高速、大容量、综合性、数字信息传递等多方位的需求。随着高速网络技术的发展，认为第四代计算机网络是以千兆交换式以太网（Ethernet）技术、帧中继技术、波分多路复用技术等为基础的宽带综合业务数字化网络为核心来建立的。高速化是指网络具有宽频带和低时延。综合化是指将语音、视频、图像、数据等多种业务综合到一个网络中。

第四代计算机网络属于计算机网络的"继续发展"阶段，在这个时期，整个网络就像一个对用户透明的、大的计算机系统，随着时间的推移，零散的网络最终发展为以互联网为代表的计算机网络。所以说，互联网是第四代计算机网络的典型代表，已经成为现代社会最为重要的基础设施。

### 5．网络发展的新形态

（1）物联网

物联网是互联网的延伸和扩展，其用户端可以延伸和扩展到任何物品。物联网是这样一种网络，它通过射频识别（RFID，Radio Frequency IDentification）、红外线感应器、全球定位系统、激光扫描器、气体感应器等信息传感设备按约定的协议把任何物品与互联网连接起来并进行信息交换，以实现智能化识别、定位、跟踪、监控和管理。简言之，物联网就是"物物相连的互联网"。目前，物联网更多地依赖于无线网络技术，各种短距离和长距离的无线通信技术是物联网产业发展的主要基础。

（2）云计算

云计算是分布式计算、并行计算、效用计算、网络存储、虚拟化、负载均衡、热备份冗余等传统计算机和网络技术发展融合的产物，是一种基于互联网的相关服务的增加、使用和交付模式，这种模式通常涉及通过互联网来提供可用的、便捷的、按需的网络访问，以进入可配置的计算资源（包括服务器、存储区域、应用软件、带宽资源等）共享池。云计算建立在大规模的服务器集群之上，通过网络基础设施与上层应用程序的协同工作来达到对软/硬件资源的最大利用。云计算相当于人的大脑，是物联网的神经中枢。目前，物联网的服务器部署在云端，通过云计算提供应用层的各项服务。

（3）大数据

大数据是指无法在一定时间范围内用常规软件进行获取、管理、处理和分析的数据集合，具有数据规模大、数据类别繁多、数据真实性高、数据处理速度快等特点。大数据无法用单台计算机进行处理，必须采用分布式架构，依托计算的分布式处理、分布式数据库和云存储、虚拟化技术完成对海量数据的挖掘。

（4）人工智能

人工智能（AI，Artificial Intelligence）是研究与开发用于模拟、延伸和扩展人的智能的理论、方法、技术及应用系统的一门新的技术科学。从原理上来看，人工智能是计算机科学的一个分支，它希望通过对智能实质的了解，创造出一种能与人类智能相似的、可自主做出各种反应的智能机器。该领域的研究包括机器人、语言识别、图像识别、自然语言处理和专家系统等。它是对人的意识、思维的信息过程的模拟，人工智能不是人的智能，但能像人那样思考、也可能超过人的智能。在计算机网络中应用人工智能技术可以保证数据采集、处理、加工、整合等有序进行，降低人为失误概率，有效保证系统运行的稳定性。

物联网要正常运行，需要利用大数据技术将信息传输给云计算平台进行处理，然后基于人工智能提取云计算平台存储的数据进行活动，由此可见，物联网、云计算、大数据和人工智能的发展均离不开计算机网络。

## 1.3 计算机网络在我国的发展

我国计算机网络发展起步较晚，而且在发展过程中历经磨难。计算机科研人员经过几十年的艰苦奋斗和开拓进取，使我国的计算机网络发展水平得到了迅速发展。

我国的计算机制造工业起步于 20 世纪 50 年代中期，1957 年下半年正式开始计算机研制工作，1958 年中国科学院计算机所等单位设计完成了我国第一台小型计算机——103 机。该机的字长为 31 位（bit），内存容量为 1024 字节（Byte，B），当时的运算速度只有每秒几十次，后来安装了自行研制的磁芯存储器，运算速度提高到每秒 3000 次。作为新中国成立十周年献礼，1959 年国庆节前又研制成功我国第一台大型通用计算机——104 机。该机共有 4200 个电子管，4000 个晶体二极管，由 22 个机柜组成，字长 39 位，每秒运行 1 万次。103 机和 104 机都属于我国第一代电子管计算机，填补了我国计算机技术领域的空白，是我国计算机工业发展史上第一个里程碑。我国在研制第一代电子管计算机的同时已经开始研制第二代晶体管计算机，经过多年的努力，于 1965 年研制成功我国第一台大型晶体管计算机（109 乙机），之后对 109 乙机加以改进后推出 109 丙机，该机在我国两弹试验中发挥了重要作用。1970 年初期，我国陆续推出大、中、小型采用集成电路的第三代计算机。1973 年，北京大学与北京有线电厂等单位合作研制成功运算速度每秒 100 万次的大型通用计算机。进入 20 世纪 80 年代，我国高速计算机取得了新的发展。1983 年研制成功的"银河Ⅰ号"巨型计算机运算速度达每秒 1 亿次，这是我国自行研制的第一台亿次计算机系统，是我国高速计算机研制的一个重要里程碑。

我国计算机网络的建设起步于 20 世纪 80 年代。1980 年，铁道部开始进行计算机联网试验。1989 年 11 月，我国第一个公用分组交换网（CNPAC）建成运行。1993 年 9 月，由国家主干网和各省、市、区的省内网组成的新的公用分组交换网（CHINAPAC）建成，并在北京和上海设有国际出入口。自 20 世纪 80 年代起，我国许多单位陆续安装了大量的局域网，对各行各业的管理现代化和办公自动化起到了积极的作用。20 世纪 80 年代后期，公安、金融、军队、电信、交通等部门也相继建立了各自的专用广域网，对迅速传递重要的数据信息起到了重要的作用。

1994 年 4 月，我国用 64kbit/s 专线正式接入互联网，被国际上正式承认为接入互联网的国家。1994 年 5 月，中国科学院高能物理研究所设立了我国第一个万维网服务器。1994 年 9 月，中国公用计算机互联网（CHINANET）正式启动。到目前为止，我国陆续建造了基于互联网技术并能够和互联网相互连接的多个全国范围的公用计算机网络，其中规模最大的是 CHINANET。另外，建于 1994 年的中国教育和科研计算机网（CERNET，China Education and Research NETwork），简称中国教育网，是由我国科技人员自主设计、建设和管理的计算机网络。

2004 年 2 月，我国第一个下一代互联网（CNGI）的主干网 CERNET2 试验网正式开通，并提供服务。该网以 2.5～10Gbit/s 的速率连接北京、上海和广州三个 CERNET 核心节点，并与国际下一代互联网连接，这标志着我国在互联网发展过程中已逐渐达到了国际先进水平。

自 1997 年以来，中国互联网络信息中心（CNNIC，ChiNa Network Information Center）每

年两次公布我国互联网的发展情况。CNNIC 把过去半年内使用过 Internet 的 6 周岁及以上的中国居民称为网民。根据 2021 年 2 月 CNNIC 发布的第 47 次《中国互联网络发展状况统计报告》，截至 2020 年 12 月，我国网民规模达 9.89 亿人，较 2020 年 3 月增长 8540 万人，互联网普及率达 70.4%。

2020 年，我国互联网行业在抵御新冠肺炎疫情和疫情常态化防控等方面发挥了积极作用，为我国成为全球唯一实现经济正增长的主要经济体，国内生产总值（GDP）首度突破百万亿元，圆满完成脱贫攻坚任务做出了重要贡献。

截至 2020 年 12 月，我国网络支付用户规模达 8.54 亿人，较 2020 年 3 月增长 8636 万人，占网民整体的 86.4%。央行数字货币已在深圳、苏州等多个试点城市开展数字人民币红包测试，并取得了阶段性成果。我国互联网政务服务用户规模达 8.43 亿人，较 2020 年 3 月增长 1.50 亿人，占网民整体的 85.3%。我国电子政务发展指数为 0.7948，排名从 2018 年的第 65 位提升至第 45 位，取得历史新高，达到全球电子政务发展非常高的水平，其中在线服务指数由全球第 34 位跃升至第 9 位，迈入全球领先行列。

# 1.4 互联网概述

## 1.4.1 互联网的定义

互联网是当今世界上技术最为成功、应用最为广泛的一个计算机网络，已成为现代社会最重要的基础设施，现在人们的工作、生活、学习和交往都已离不开互联网，同时互联网也使人们的生活方式发生了重大变化。那么什么是互联网呢？很难给出准确的定义，但我们可以这样来理解互联网。

互联网，特指 Internet，起源于美国，是由数量极大的各种计算机网络相互连接起来而形成的一个互联网络。它采用 TCP/IP 协议族作为通信规则，是一个覆盖全球、实现全球范围内连通性和资源共享的计算机网络。

在工作和生活中，人们还常提到另一种网络——互连网，这两个网络都是网络的网络，但二者也有很大的差别，如表 1-1 所示。

表 1-1　互联网与互连网的异同点

| 互联网 | 互连网 |
| --- | --- |
| 相同点 | |
| 网络的网络 | 网络的网络 |
| 不同点 | |
| 以大写字母 I 开头的 Internet | 以小写字母 i 开头的 internet |
| 是一个专用名词 | 是一个通用名词 |
| 特指遵循 TCP/IP 标准、利用路由器将各种计算机网络相互连接起来而形成的、覆盖全球的、开放的、特定的互联网络，其前身是美国的 ARPANET | 泛指由多个计算机网络相互连接而成的覆盖范围更大的网络 |
| 使用 TCP/IP 协议 | 使用 TCP/IP 或其他协议 |

## 1.4.2 互联网基础结构的演进

互联网是目前最大的计算机网络，其基础结构大体经历了三个阶段的演进。

（1）第一阶段从单个网络 ARPANET 向互联网发展的过程

1983 年，TCP/IP 协议成为 ARPANET 上的标准协议，使得所有使用 TCP/IP 协议的计算机都能利用互联网络相互通信。因而人们把 1983 年作为互联网的诞生元年。1990 年，ARPANET 正式宣布关闭，因为它的试验任务已经完成了。

（2）第二阶段建成了三级结构的互联网

从 1985 年起，美国国家科学基金会（NSF）围绕 6 个大型计算机中心建设计算机网络，即国家科学基金网（NSFNET）。这 6 个大型计算机中心分别为：

① 位于新泽西州普林斯顿的冯·诺依曼国家超级计算机中心（JVNNSC，John Von Neuman National Supercomputer Center）；

② 位于加州大学的圣地亚哥超级计算机中心（SDSC，San Diego Supercomputer Center）；

③ 位于伊利诺斯大学的美国国立超级计算应用中心（NCSA，National Center for Supercomputing Application）；

④ 位于康奈尔大学的康奈尔国家超级计算机研究室（CNSF，Cornell National Supercomputer Facility）；

⑤ 由西屋电气公司、卡内基·梅隆大学和匹兹堡大学联合运作的匹兹堡超级计算机中心（PBC，Pittsburgh Supercomputer Center）；

⑥ 美国国立大气研究中心（NCAR，National Center for Atmospheric Research）的科学计算分部，它设在科罗拉多大学博尔德（Boulder）分校。

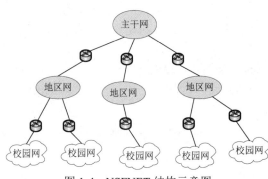

图 1-4　NSFNET 结构示意图

NSFNET 是一个三级计算机网络，分为主干网、地区网和校园网（或企业网），如图 1-4 所示。这种三级计算机网络覆盖了全美主要的大学和研究所，并且成为互联网的主要部分。1991 年，NSF 和美国的其他政府机构开始认识到，互联网必将扩大其使用范围，不应仅限于大学和研究机构。世界上的许多公司纷纷接入互联网，网络上的通信量急剧增大，使互联网的容量已无法满足需求。于是美国政府决定将互联网的主干网转交给私人公司来经营，并开始对接入互联网的单位收费。1992 年，互联网上的主机超过了 100 万台，1993 年，互联网主干网的速率提高到 45Mbit/s（T3 速率）。

（3）第三阶段逐渐形成了多层次 ISP 结构的互联网

从 1993 年开始，由美国政府资助的 NSFNET 逐渐被若干商用的互联网主干网所替代，而政府机构不再负责互联网的运营，出现了互联网服务提供者（ISP，Internet Service Provider）。我国著名的 ISP 有中国电信、中国联通、中国移动等公司。任何机构和个人只要向某个 ISP 交纳规定的费用，就可从该 ISP 获取所需 IP 地址的使用权，并可通过该 ISP 接入互联网。

根据提供服务的覆盖面积大小，以及所拥有的 IP 地址数目的不同，ISP 也分成为不同层次的 ISP，即主干 ISP、地区 ISP 和本地 ISP。主干 ISP 由几个专门的公司创建和维持，服务面积最大（一般能覆盖国家范围），并且还拥有高速主干网（如 10Gbit/s 或更高），有一些地区 ISP 网络可直接与主干 ISP 相连。地区 ISP 是一些较小的 ISP，这些地区 ISP 通过一个或多个主干 ISP 连接起来，它们位于第二层，速率也低一些。本地 ISP 给用户提供直接的服务（这些用户有时也称为端用户，强调是末端用户）。本地 ISP 可以连接到地区 ISP 上，也可以直接连接到主干 ISP

上。绝大多数的用户都连接到本地 ISP 上。本地 ISP 可以是一个仅仅提供互联网服务的公司，也可以是一个拥有网络并向自己雇员提供服务的企业，或者是一个运行自己网络的非营利性机构（如学院或大学）。

具有三层 ISP 结构的互联网概念示意图如图 1-5 所示，图中给出了主机 A 经过多个不同层次的 ISP 与主机 B 通信的过程。随着互联网上数据流量的急剧增长，人们开始研究如何更快地转发分组，以及如何更加有效地利用网络资源，于是就应运而生了互联网交换点（IXP，Internet eXchange Point）。互联网 IXP 的主要作用是允许两个网络直接相连并交换分组，而不需要再通过第三个网络来转发分组。图 1-5 中两个地区 ISP 通过一个 IXP 连接起来，这样主机 A 和主机 B 交换分组时就不必再经过最上层的主干 ISP，而是直接在两个地区 ISP 之间用高速链路对等地交换分组，从而使互联网上的数据流量分布更加合理，同时也减少了分组转发的延迟时间，降低了分组转发的费用。典型的 IXP 由一个或多个网络交换机组成，许多 ISP 再连接到这些网络交换机的相关端口上。IXP 常采用工作在数据链路层的网络交换机，这些网络交换机都用局域网相互连接起来。

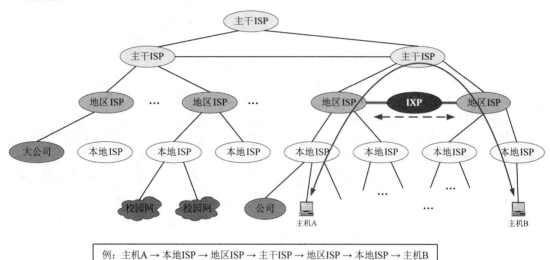

例：主机A → 本地ISP → 地区ISP → 主干ISP → 地区ISP → 本地ISP → 主机B

图 1-5  具有三层 ISP 结构的互联网概念示意图

### 1.4.3  互联网的组成

互联网是一个覆盖全球的计算机网络，其拓扑结构非常复杂。但从其工作方式上看，互联网由核心部分和边缘部分组成，如图 1-6 所示。

#### 1. 互联网的核心部分

互联网的核心部分是互联网中最复杂的部分，它由大量类型、结构完全不同的网络和连接这些网络的路由器组成，为互联网边缘部分提供连通和交换服务，使得位于边缘部分的任何一台主机都可以与其他主机进行通信。

互联网核心部分的关键部件是路由器（Router），它是一种专用计算机，其主要功能是转发接收到的分组。由于分组穿过通信网络所需的时间很短，因此分组交换能满足大多数用户实时数据传输的要求，适用于实时通信的场合。有关路由器和分组交换的内容将在后面章节中介绍。

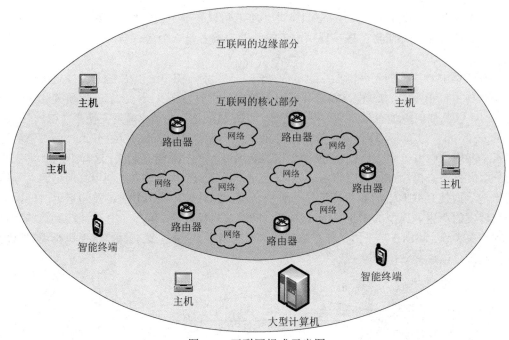

图 1-6　互联网组成示意图

### 2．互联网的边缘部分

互联网的边缘部分由所有连接在互联网上的主机组成。这些主机供用户直接使用，用来进行通信（传送数据、音频或视频）和资源共享。

处在互联网边缘的部分就是连接在互联网上的所有的主机，这些主机又称为端系统（End System），它们在功能上存在着很大的差别。小的端系统可以是一台普通个人计算机，一个具有上网功能的智能手机，一个网络摄像头，甚至是一个很小的智能传感器。大的端系统则可以是一台非常昂贵、性能强大的大型计算机。端系统的拥有者可以是个人，也可以是单位（如学校、企业、政府机关等），当然也可以是某个 ISP。边缘部分利用核心部分所提供的服务，使众多主机或端系统之间能够相互通信并交换或共享信息。

位于互联网边缘部分的任意两台主机之间的通信实际上是指"运行在主机 A 上的某个程序和运行在主机 B 上的另外一个程序进行通信"，简称为"主机之间的通信"。也就是说，主机或端系统之间的通信实际上是指运行在主机或端系统上的程序或进程之间的通信。

处在互联网边缘部分的端系统之间的通信方式通常有两种：客户-服务器方式和对等连接方式（简称为 P2P 方式）。

（1）客户-服务器方式

客户-服务器（C/S，Client/Server）方式是互联网中最常用的通信方式，客户和服务器是指通信中所涉及的两个应用进程，而不是两台机器。客户是服务的请求方，服务器是服务的提供方，客户-服务器方式所描述的是进程之间服务和被服务的关系。在通信时，服务请求方和服务提供方都要使用互联网核心部分所提供的服务。

在图 1-7 中，主机 A 作为客户运行客户程序，主机 B 作为服务器运行服务器程序。主机 A 的客户进程向主机 B 的服务器进程发出请求服务，而主机 B 的服务器进程接收主机 A 客户进程的请求，并向其提供所需的服务。一旦客户和服务器的通信关系建立好了，那么通信可以是双向的，也就是说，客户和服务器都可以发送和接收数据。客户进程与服务器进程之间的交互有时仅需要一次即可完成，有时则需要多次交互才能完成。另外，需要说明的是，客户端和服务器端的关系不一定建立在两台机器上，同一台机器也可能建立这种主从关系，但这种请求和服务都要利用互联网提供通信服务。

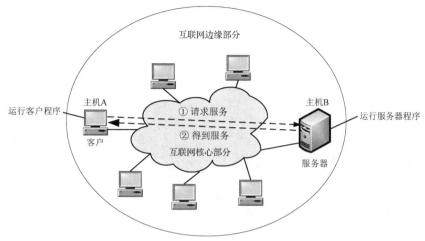

图 1-7　客户-服务器方式示意图

客户程序和服务器程序的特点如表 1-2 所示。

表 1-2　客户程序和服务器程序的特点

| | 客户程序 | 服务器程序 |
|---|---|---|
| **特　点** | 被用户调用后运行，在通信时主动向远地服务器发起通信、提起服务请求。因此，客户程序必须知道服务器程序的地址 | 在系统启动后，服务器程序自动调用并一直不断地运行着，被动地等待并响应来自各地的客户的通信请求。因此，服务器程序不需要知道客户程序的地址 |
| | 可与多个服务器进行通信 | 是一种专门用来提供某种服务的程序，可同时处理多个远地或本地客户的请求 |
| | 客户程序的运行不需要特殊的硬件和很复杂的操作系统，因为它不需要进行复杂的处理，把一些相关的处理全部交给服务器来完成 | 服务器程序的运行一般需要有强大的硬件和高级的操作系统支持，这样才能满足多客户、高并发请求的处理需求 |

（2）对等连接方式

C/S 方式能够实现一定程度的资源共享，但客户和服务器所处的地位是不对等的。服务器通常是功能强大的计算机，其作为资源的提供者，响应来自多个客户的请求。这种方式在可扩展性、自治性等方面存在不足，因此需要另外一种通信方式——对等连接方式。

对等连接（P2P，Peer-to-Peer）方式是指两台主机所处的地位是对等的，在通信时并不区分哪一个是服务请求方，哪一个是服务提供方。只要两台主机都运行了对等连接（P2P）软件，它们就可以进行平等的对等连接通信，双方都可以下载对方已经存储在硬盘中的共享文档。在 P2P 系统中，如果把任务分布到整个网络中的大量类似节点上，就可以避免使用中心节点或超级节点。P2P 方式通过将资源的所有权和控制权分散，使得各节点成为服务的提供者，这样既能充分利用各节点的计算、存储和带宽资源，又能减少网络关键节点的拥塞状况，从而大大提高网络资源的利用率。此外，由于 P2P 方式不依赖于中心节点而依赖于边缘网络节点，能够以自组织、对等协作的方式进行资源发现和共享，因此具有自组织、自管理、可扩展、负载均衡等优点。

P2P 方式如图 1-8 所示。图中，主机 A、B、C 均运行 P2P 程序，因此它们之间可以进行对等通信。假设主机 A 请求主机 B 提供服务，则 A 是客户，B 是服务器。与此同时，如果主机 B

又向主机 C 请求服务，则 B 是客户，C 是服务器。由此可见，P2P 方式本质上仍然使用的是客户-服务器方式，只是对等连接中的每一台主机既是客户又是服务器。

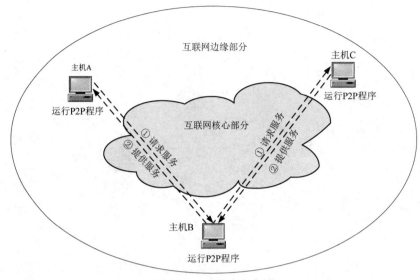

图 1-8　P2P 方式示意图

在 P2P 方式中，可以有大量对等用户（如上百万个）同时工作，目前已有很多软件或系统，如视频播放、文件下载等采用了 P2P 方式工作。

### 1.4.4　互联网的标准化工作

众所周知，技术发展的情况与标准化工作的好坏是密不可分的。互联网之所以发展得非常迅速，还要得益于它的标准化工作做得好。

1992 年，成立了一个国际性组织——互联网协会（ISOC，Internet SOCiety），由它来对互联网进行管理，以及在世界范围内促进其发展和使用。ISOC 下面设有互联网体系结构委员会（IAB，Internet Architecture Board），负责管理互联网有关协议的开发。IAB 下面又设有两个工程部。

#### 1. 互联网工程部（IETF，Internet Engineering Task Force）

IETF 是由许多工作组（WG，Working Group）组成的论坛，具体工作由互联网工程指导小组（IESG，Internet Engineering Steering Group）管理。这些工作组划分为若干领域（area），每个领域集中研究某一特定的短期和中期的工程问题，主要针对协议的开发和标准化。

#### 2. 互联网研究部（IRTF，Internet Research Task Force）

IRTF 是由一些研究组（RG，Research Group）组成的论坛，具体工作由互联网研究指导小组（IRSG，Internet Research Steering Group）管理。IRTF 的任务是研究一些需要长期考虑的问题，包括互联网的一些协议、应用、体系结构等。

各组织机构之间的关系如图 1-9 所示。

所有互联网标准都以请求评议（RFC，Request For Comments）的形式在互联网上发表。互联网所有的 RFC 文档都可以从互联网上免费下载，而且任何人都可以用电子邮件随时发表对某个文档的意见或建议，这种开放的方式对互联网的迅速发展影响很大。需要注意的是，并不是所有的 RFC 文档都是互联网标准，只有很少的一部分 RFC 文档最后能变成互联网标准。RFC

文档按接收到的时间先后顺序从小到大编号，编号形式为 RFC XXXX，其中 XXXX 是阿拉伯数字。一个 RFC 文档被更新后就使用一个新的编号，并在文档中指出原来编号对应的 RFC 文档已是陈旧文档或已被更新。陈旧的 RFC 文档不会被删除，而是永远保留，供读者参考。RFC 文档的数量增长很快，到 2021 年 5 月，RFC 的编号已达到 9000。

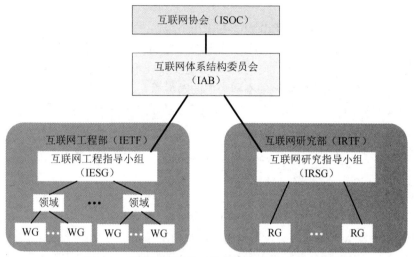

图 1-9　互联网标准化工作组织机构关系示意图

制定互联网的正式标准需要经过以下三个阶段。

① 互联网草案（Internet Draft）：有效期只有 6 个月。在这个阶段还不是 RFC 文档。

② 建议标准（Proposed Standard）：从这个阶段开始就成为 RFC 文档。

③ 互联网标准（Internet Standard）：达到正式标准后，每个标准就分配到一个编号 STD XXXX。一个标准可以和多个 RFC 文档关联。到 2019 年 11 月，互联网标准的最大编号是 STD 92。可见，要成为互联网标准还是很难的。

从 2011 年 10 月起，取消了"互联网草案"这个阶段，简化为两个阶段：建议标准和互联网标准。除了建议标准和互联网标准这两种 RFC 文档，还有三种 RFC 文档，即历史的、实验的和提供信息的 RFC 文档。历史的 RFC 文档或者被后来的规约所取代，或者从未到达必要的成熟等级因而未成为互联网标准。实验的 RFC 文档表示其工作属于正在实验的情况，而不能够在任何实用的互联网服务中进行实现。提供信息的 RFC 文档包括与互联网有关的一般的、历史的或指导的信息。

# 1.5　计算机网络的类别

计算机网络从不同的角度可以有多种不同的分类方法，常用的分类方法是按网络覆盖范围和网络所有权来划分。

## 1. 按网络覆盖范围分类

按网络覆盖范围，可将计算机网络分为局域网、城域网、广域网和个域网。

① 局域网（LAN）：主要作用于一个单位、一幢大楼、一个学校等方圆几千米的范围，将一个单位或部门的多台计算机、外部设备等连接起来，构成一个可以共享内部资源的计算机网络。LAN 技术的发展已经较为成熟，应用非常广泛，根据采用的技术不同，可以细分为有线局域网和无线局域网等。

② 城域网（MAN）：它的作用范围通常是一个城市，目标是满足几十千米范围内的企业、

学校等多个局域网相互连接的需要，以实现大量用户之间的信息共享。MAN 采用的技术与 LAN 类似，因此可以看作更大型的 LAN，不同的是，MAN 需要解决城域内不同类型 LAN 之间的交汇。

现在的 MAN 是以光纤网络为基础的，采用路由器、交换机等设备构成数据骨干网，通过各种网关、网络接入设备，实现多媒体、IP 接入和各种增值业务，从而形成城域内的综合业务网络。

③ 广域网（WAN）：又称为远程网络，其作用范围通常为几十至几千千米。WAN 的目标就是通过长距离的数据传输形成大范围的计算机网络。它可以覆盖一个国家、一个地区，甚至是几个大洲，形成国际性的网络。WAN 主要采用分组交换技术，利用公用分组交换网、卫星通信网、微波通信网等将分布在不同地域的不同类型的网络相互连接起来，实现大范围的资源共享。

④ 个域网（PAN）：就是把围绕在个人周边的、属于个人的电子设备采用无线技术连接成一个网络，也称为无线个人局域网（WPAN）。例如，通过蓝牙、ZigBee、红外等无线通信技术将个人计算机、手机、耳机、手环、打印机等相互连接起来，构成 PAN，其作用范围通常在十米之内。

### 2．按网络所有权分类

按网络所有权，可将计算机网络分为公用网和专用网。

① 公用网：也称为公众网，一般是指由电信部门组建，由政府和电信部门管理和控制的网络，该类网络对集团用户和个人用户来说投资成本低，但安全性不如专用网。

② 专用网：一般是指为某一组织组建的网络，该类网络不允许系统外的用户使用。例如，银行、公安、铁路等系统建立的网络是本系统内用户专用的。该类网络运行稳定，系统安全性高，但对于组建网络的组织来说，投资成本巨大。

## 1.6　计算机网络性能评估指标

要衡量计算机网络的性能，通常通过几个重要的性能指标来从不同的方面对计算机网络的性能进行评估，但是除了这些重要的性能指标，还有一些非性能指标也对计算机网络的性能有很大的影响。

### 1.6.1　性能指标

#### 1．速率

速率是计算机网络中最重要的一个性能指标，是指数据（信息）传输的速率，也称为数据率（data rate）或比特率（bit rate）。计算机发送出的信号是二进制数字信号，其速率单位是 bit/s，或 kbit/s、Mbit/s、Gbit/s 等。速率往往是指额定速率或标称速率，并不是数据传输的实际速率。

#### 2．带宽

① 带宽是通信系统中的术语，指某个信号具有的频带宽度，即一个信号所包含的各种不同频率成分所占据的频率范围。例如，模拟话音信号的带宽是 3.4kHz（话音主要成分的频率范围为 300Hz～3.4kHz），这种意义下的带宽的单位是 Hz。在过去很长一段时间内，通信主干线路传送的是模拟信号（连续变化的信号），因此，表示某信道允许通过的信号频带范围就称为该信道的带宽（或通频带）。

② 在计算机网络中，带宽用来表示网络中某通道传送数据的能力，表示的是在单位时间内网络中的某信道所能通过的"最高数据率"，单位是 bit/s。实际常用的带宽单位是 kbit/s、Mbit/s、Gbit/s、Tbit/s。

在带宽的上述两种表述中，前者是频域称谓，而后者是时域称谓，其本质是相同的。也就是说，一条通信链路的带宽越宽，其所能传输的最高数据率也越高。

### 3．吞吐量

吞吐量（throughput）表示在单位时间内通过某个网络（或信道、接口）的数据量。

吞吐量常用于对实际网络的测量，用于反映一个网络在单位时间内实际传输的数据量。显而易见，吞吐量受网络带宽或网络额定速率的限制。例如，一个带宽为 100Mbit/s 的以太网，其额定速率为 100Mbit/s，但实际上由于网络管理开销等原因，其数据传输的实际速率不到 70Mbit/s。如果它的数据传输实际速率为 70Mbit/s，则可以说网络的吞吐量为 70Mbit/s。

吞吐量有时还可用每秒传送的字节数（字节每秒）或每秒传送的帧数（帧每秒）来表示。

### 4．时延

时延（delay 或 latency），也称为延时、延迟或迟延，是一个很重要的性能指标，是指在网络通信中数据（可以是报文或分组，甚至比特）从网络（或链路）的一端传送到另一端所需的时间，它反映了网络传输数据的及时程度。

网络中的时延是发送时延、传播时延、处理时延和排队时延之和。

（1）发送时延

发送时延是指发送数据时数据帧（数据块）从节点设备进入传输媒介所花费的时间。也就是说，主机或路由器从发送数据帧（数据块）的第一个比特开始，一个比特一个比特地送到线路上，到该帧（块）的最后一个比特发送完毕所需的时间。发送时延也称为传输时延，其计算公式为

$$发送时延（s）=\frac{数据帧（数据块）长度（bit）}{发送速率（bit/s）} \tag{1-1}$$

由此可见，对于一定的网络，发送时延并非固定不变的，而是与发送的数据帧（数据块）长度（单位是 bit）成正比，与发送速率成反比。

（2）传播时延

传播时延是指电磁波在信道中从源节点传播到目标节点所花费的时间，其计算公式为

$$传播时延（s）=\frac{信道长度（m）}{电磁波在信道中的传播速率（m/s）} \tag{1-2}$$

电磁波在真空环境中的传播速率约为 $3.0×10^5$km/s，而在铜线中的传播速率约为 $2.3×10^5$km/s，在光纤中的传播速率约为 $2.0×10^5$km/s，因此信号在 10km 铜线中传播大约会有 0.0435ms 的传播时延。

发送时延与传播时延有本质上的区别，因为信号的发送速率和信号在信道中的传播速率是完全不同的概念。发送时延发生在机器内部的发送器中（一般就是发生在网络适配器中），与信道的长度（或信号传送的距离）没有任何关系。传播时延则发生在机器外部的传输媒介上，而与信号的发送速率无关。信号传送的距离越远，传播时延越大。

（3）处理时延

处理时延是指主机或路由器在收到分组时，为处理分组（如分析分组的首部信息、从分组中提取数据内容、进行差错检验或计算要转发的路径等）所花费的时间。

（4）排队时延

排队时延是指分组在路由器的接收缓存队列中排队等待接收的时间与在发送缓冲队列中排队等待发送所经历的时延之和。分组在网络中传输时要经过很多路由器，分组进入路由器后要先在输入队列中排队等待处理；在路由器确定了转发接口后，还要在输出队列中排队等候转发，

这样就产生了排队时延。排队时延的长短往往取决于网络中当时的通信量，如果网络忙，节点需要接收的分组较多，则接收缓冲区队列就长；同样地，如果需要发送的分组多，则发送缓冲区中的队列就长。

综上，数据在网络中经历的总时延就是上述 4 种时延之和，即

$$总时延=发送时延+传播时延+处理时延+排队时延 \qquad (1-3)$$

需要说明的是，在总时延中，究竟哪一种时延占主导地位，必须具体分析。

图 1-10 给出了这 4 种时延产生的位置示意图，其中发送时延、处理时延和排队时延均发生在机器内部。

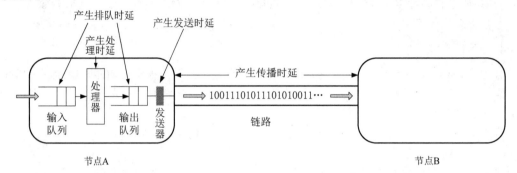

注：假设从节点A向节点B发送数据。

图 1-10  4 种时延产生的位置示意图

### 5．时延带宽积

时延带宽积（BDP，Bandwidth-Delay Product）也称为带宽时延积，是指传播时延与带宽的乘积，即

$$时延带宽积=传播时延×带宽 \qquad (1-4)$$

这一概念可以用一条圆柱形管道来解释，如图 1-11 所示。其中，圆柱形管道代表链路，管道的长度为链路的传播时延，管道的横截面积为链路的带宽（bit/s），因此，时延带宽积就相当于这个管道的体积，表示链路中可容纳的比特数。

图 1-11  时延带宽积概念释义图

例如，假设某段链路的传播时延是 10ms，带宽为 10Mbit/s，则

$$时延带宽积=10×10^{-3}×10×10^{6}=10^{5}（bit）$$

这表明，如果发送端连续发送数据，则在发送的第一个比特即将达到终点时，发送端总共发送了 10 万个比特，而这 10 万个比特都正在链路上向前传输。因此，链路的时延带宽积又称为以比特为单位的链路长度。

显然，管道中的比特数表示从发送端发出的但尚未到达接收端的比特数。对于一条正在传送数据的链路，只有在代表链路的管道都充满比特时，链路才得到充分的利用。

如果发送端和接收端之间要经历若干网络，上述时延带宽积的概念仍然适用，但是管道的时延就不只是网络的传播时延，而是从发送端到接收端的所有时延的总和，包括在各中间节点所引起的处理时延、排队时延和发送时延。

### 6．往返时间

在计算机网络中，往返时间（RTT，Round-Trip Time）也是一个重要的性能指标。RTT 表示从发送端发送数据开始，直到发送端接收到来自接收端的确认为止，总共经历的时间（表示

从发送端到接收端的一去一回需要的时间）。

之所以研究 RTT 这个性能指标，是因为在很多情况下，互联网上的信息不仅仅单方向传输，而是双向交互的。因此，有时就需要知道双向交互一次所需的时间。对于复杂的网络，RTT 还包括各中间节点的处理时延、排队时延及转发数据时的发送时延。

### 7．利用率

利用率有信道利用率和网络利用率。信道利用率是指某信道有百分之几的时间是被用来传输数据的。网络利用率则是全网络的信道利用率的加权平均值。完全空闲的信道利用率是零。信道利用率并非越高越好，因为当信道的利用率增大时，信道上的时延也会迅速增大，网络的速率反而会降低。这是因为根据排队论的理论，当某信道或网络的利用率增大时，该信道引起的时延也会迅速增大。例如，过年、过节时的高速公路，车流量大，出现拥堵，行车时间加长。网络也有类似情况，当网络中的通信量很少时，网络产生的时延并不大。但在网络通信量不断增大的情况下，由于分组在网络节点（路由器或节点交换机）处进行处理时需要排队等候，因此网络引起的时延就会增大。

如果令 $D_0$ 表示网络空闲时的时延，$D$ 表示网络当前的时延，$U$ 是利用率，在[0,1]之间取值，则在适当的假定条件下，可以用式（1-5）来表示 $D$、$D_0$ 和 $U$ 之间的关系：

$$D = \frac{D_0}{1-U} \qquad (1\text{-}5)$$

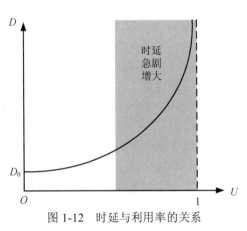

图 1-12　时延与利用率的关系

当利用率达到其容量的 1/2 时，时延就要加倍。特别要注意的是，当利用率接近最大值 1 时，网络产生的时延就会趋于无穷大，如图 1-12 所示。网络利用率或信道利用率的提高都会加大时延，因此，一些拥有较大主干网的 ISP 都会把信道利用率控制在 50%以内，否则就要采取扩容措施，增大线路的带宽。

## 1.6.2　非性能指标

计算机网络的一些非性能指标也很重要，它们与前面介绍的性能指标有很大的关系，在评估计算机网络性能时也需要考虑。

① 费用：网络的价格（包括设计和实现的费用）总是必须考虑的，因为网络的性能与其价格密切相关。一般来说，网络的速率越高，其价格也越高。

② 质量：网络的质量取决于网络中所有构件的质量，以及这些构件是怎样组成网络的。网络的质量会影响很多方面，如网络的可靠性、网络管理的简易性，以及网络的一些其他性能。但网络的性能与网络的质量并不是一回事。例如，有些性能一般的网络，运行一段时间后就出现了故障，变得无法再继续工作，说明其质量不好。高质量的网络往往价格也较高。

③ 标准化：网络的硬件和软件的设计既可以按照通用的国际标准，也可以遵循特定的专用网络标准。最好采用符合国际标准的设计，这样可以得到更好的互操作性，更易于升级换代和维修，也更容易得到技术上的支持。

④ 可靠性：可靠性与网络的质量和性能都有密切关系。高速网络的可靠性不一定很差，但高速网络要可靠地运行，则往往更加困难，同时所需的费用也会较高。

⑤ 可扩展性和可升级性：在构造网络时就应当考虑到今后可能会需要进行扩展（规模扩大）

和升级（性能和版本的提高）。网络的性能越高，其扩展费用往往也越高，难度也会相应增加。

⑥ 易于管理和维护：网络如果没有得到良好的管理和维护，就很难达到和保持所设计的性能。

## 1.7　计算机网络体系结构

### 1.7.1　基本概念

计算机网络体系结构是指计算机网络的层次结构模型与其各层协议的集合。也就是说，计算机网络体系结构是关于计算机网络应该设置哪些层次，每个层次又应该提供哪些功能的精确定义。但是，协议实现的具体细节不属于网络体系结构的内容，也就是说，计算机网络体系结构并不涉及每一层软/硬件的组成以及这些软/硬件本身的实现问题。对于同样的计算机网络体系结构，可以采用不同的设计方法设计出完全不同的软/硬件，但它们能为相应的层次提供完全相同的功能和接口；相反地，那些使用不同网络体系结构设计的计算机网络，是不能直接通信的。计算机网络体系结构是抽象的，而实现网络协议的技术是具体的，是指一些能够运行的软/硬件。

计算机网络体系结构采用层次模型，具有以下优点。

① 各层次之间相互独立。高层并不需要知道低层功能是采用什么软/硬件技术来实现的，它只需要知道该层通过层间的接口所提供的服务。

② 灵活性好。各层都可以采用最适当的技术来实现，当任何一层发生变化时（如由于技术的进步实现技术的变化），只要接口保持不变，则该层以上或以下各层均不受影响。另外，当某层提供的服务不再需要时，甚至可以将该层取消。

③ 易于实现和维护。将整个系统分解为若干易于处理的部分，有利于对庞大而又复杂的系统的实现和维护。

④ 有利于促进标准化。每层的功能及其提供的服务都已有了精确的说明，易于形成标准。

为了更好地理解网络体系结构，还需要理解和掌握以下几个重要的概念。

#### 1．实体

所谓实体（entity）是指任何可发送或接收信息的软件进程（如某一特定的软件模块）或实现该层协议的硬件单元（如网卡、智能 I/O 芯片）。在网络的每层中至少有一个实体，每层的具体功能由该层中的实体完成。互相通信的不同节点上的同一层中的实体互称为对等实体（peer entity）。相邻实体间通信是手段，对等实体间通信是目的。

#### 2．网络协议

网络协议（network protocol）简称协议，是控制两个对等实体（或多个实体）进行通信的规则的集合。网络性质不同、用途不同，采用的协议也不同，即使对于同一个网络来说，对于不同的层次，所采用的协议也是不同的。

协议要求通信的各实体必须遵守约定的规程或规则，主要包括三要素。

① 语法：如何讲，用来规定信息格式，涉及数据与控制信息的格式、编码和信号等级（电平的高低）等。

② 语义：讲什么，用来说明通信双方应该怎么做，涉及数据的内容、含义及用于协调和差错处理的控制信息。

③ 定时（时序）：详细说明事件的先后顺序，涉及速率匹配和排序等。

协议的制定和实现采用分层结构，即将复杂的协议分解为一些简单的分层协议，然后再组合成总的协议，其主要功能如下。

① 分段与重组。在应用层转移数据的逻辑单元称为消息，应用层实体之间以消息或连续数据流的形式发送数据，较低层的协议需要把数据分为较小的、长度受限的数据块，这个过程称为分段。在接收端，分段形成的数据块需要被重新组装成消息，这个过程称为重组。

② 封装。在分段形成的数据块上增加控制信息的过程称为封装。这是协议需要完成的功能之一，当存在多层协议时，需要按层次进行封装。协议数据单元不仅包含数据，还包含控制信息。某些协议数据单元只包含控制信息，而没有数据，其中控制信息主要包含三部分。

● 地址：源地址和/或目标地址，指出发送端或接收端的地址。
● 差错检测码：包含某种校验序列，对收到的一段信息进行校验。
● 协议控制：对流量和差错进行控制的信息。

③ 连接控制。连接是两个对等实体为进行数据通信而进行的一种结合。数据通信有无连接和面向连接两种通信方式。在无连接方式中，每个协议数据单元在传送的过程中进行独立处理；在面向连接方式中，在两个实体之间建立一个逻辑联系或称为连接，协议数据单元通过建立的连接有序传送。面向连接的通信过程可以分为连接建立、数据传送、连接拆除三个阶段。对于一些复杂的协议还可以包括连接中断和连接恢复等中间过程。面向连接的数据传送的一个重要特征是序号的利用，对于协议数据单元的发送均按照预定的序号进行。发送和接收实体根据传送的序号可以支持以下三项功能：流量控制、差错控制和协议数据单元的重传。

④ 流量控制。流量控制是指接收端对发送端送出的协议数据单元的数量或速率进行限制。流量控制的最简单的形式是停止-等待程序。在这个程序中，发送实体必须在接收到送出的一个协议数据单元的确认信息后才能再送出下一个新的协议数据单元。更有效的协议是向发送实体设置一个发送单元的限制值，这一数值规定了在没有收到确认信息之前允许发送实体送出的协议数据单元的最大值，这就是广泛应用的滑动窗口控制。为了更有效地对流量进行控制，流量控制协议可以设置在协议的不同层次上。

⑤ 差错控制。协议的另一个重要功能是差错控制，差错控制技术用来对协议数据单元中的数据和控制信息进行保护。差错控制技术的实现大多数是用校验序列进行校验的，在出错的情况下，要重传整个协议数据单元。重传还受到定时器的控制，超出一定的时间没有收到确认信号则重传。和流量控制一样，差错控制在系统的各个部分进行，例如，在网络接入部分即终端和网络之间进行，以保证在终端和网络之间对协议数据单元的准确接收。然而，协议数据单元也可以在网络的内部丢失或出错，因此需要端-端协议来对网络内部的错误予以恢复。

⑥ 寻址。寻址的功能是保证把协议数据单元送到准确的目的地。寻址是一个复杂的过程，和多方面的因素有关，寻址的过程涉及寻址的级别（如网络层寻址、运输层寻址等）、寻址的范围、连接识别符和寻址模式几个方面。

⑦ 复用。和寻址相关的是复用，复用是指在一个系统上支持多个连接。例如，在 X.25 协议中多条虚电路可以终接在一个端系统中，也就是说，这些虚电路复用在端系统和网络之间的接口上。复用也可以利用端口号实现，在两个端系统之间建立多个连接。例如，多个 TCP 连接可以终接在一个给定的系统上，且一个 TCP 连接支持多个端口。

⑧ 附加服务。协议也可以对通信实体提供各种附加服务，如优先权、服务等级等。

协议还有一个很重要的特点，就是设计和开发协议时必须把所有不利的条件事先都考虑到，而不能假定一切都是正常的和非常理想的。看一个协议是否正确，不能光看在正常情况下是否正确，还必须非常仔细地检查这个协议能否应付各种异常情况。下面是一个关于协议的有名的例子。

【例 1-1】 占据两个山顶的蓝军与驻扎在两山之间的山谷里的白军作战。其力量对比是:一个山顶上的蓝军打不过白军,但两个山顶上的蓝军协同作战则可以战胜白军。一个山顶上的蓝军拟于次日正午向白军发起攻击,于是发送电文给另一个山顶上的友军。但通信线路很不好,电文出错或丢失的可能性较大(没有电话可用)。因此要求收到电文的友军必须送回一个确认电文。但此确认电文也可能出错或丢失。试问能否设计出一种协议使得蓝军能够实现协同作战从而一定(100%)取得胜利?

【解】 由于报文可能出错或丢失,因此双方必须确认能协同作战后才会发起进攻。

假设蓝军 1 先发送电文"明日正午进攻",如图 1-13 所示。蓝军 2 收到蓝军 1 发送的电文后向蓝军 1 返回"确认"电文。然而此时蓝军 1 和蓝军 2 都不能确定是否发起进攻,因为蓝军 2 不确定发送的"确认"电文是否被蓝军 1 正确接收了。如果没有正确收到,蓝军 1 就不会发起进攻,在此情况下,如果蓝军 2 单方面发起进攻必然会失败,因此,蓝军 2 要等待蓝军 1 发送电文。接下来,即使蓝军 2 收到蓝军 1 发送的"对'确认'的确认",它也不会发起进攻,因为蓝军 1 不确定发送的这个确认是否被蓝军 2 收到了,仍需等待收到蓝军 2 发来的电文才行。这样无限循环下去,两个山顶的蓝军都始终无法确定对方是否收到了自己最后发送的电文,因此,在本例给出的条件下,没有一种协议能够使蓝军 100%获胜。

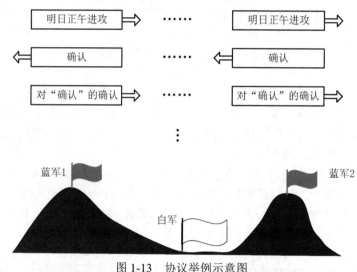

图 1-13 协议举例示意图

例 1-1 告诉我们,看似非常简单的协议,实际设计起来并不容易。协议的复杂性不但意味着协议开发难度大、周期长,而且潜在的错误多,协议开发过程中任何一点错误和缺陷都将给网络或系统的稳定性、可靠性、坚固性、安全性、容错性,以及网络或系统之间的互通性和互操作性带来巨大的危害。因此,我们不能凭直觉的方法来设计高质量的协议,而且协议实现后,纠正协议描述错误的代价是十分可观的。出于上述原因,协议的开发过程需要工程化,以便提高协议开发的效率,促进标准化的协议实现,提高网络软件的可靠性和可维护性。因此在 20 世纪 70 年代末,人们开始用形式化的方法描述通信协议。1981 年,在软件工程思想的基础上,T. F. Piatkowski 首先提出了"协议工程"的概念。经过 20 多年的发展,协议工程取得了很大进展,对计算机网络研究给予了理论上的指导和技术上的支持。目前,协议工程已经逐步形成了较为完整的研究体系。在协议工程过程中,协议的表现形式有以下几种。

● 非形式描述文本:用自然语言和图表表述的协议,易读易懂,但不严密,有多义性。

● 形式描述文本:用 FDL 描述的协议,严密、无二义性,可符号执行,可转换成程序设计语言。

● 与机器无关的源程序代码：由形式描述文本翻译过来的用程序设计语言（如 C 语言）编写的程序。协议本身有一定的抽象性，即协议没有指明这个协议在某台机器上或某个操作系统上怎样实现。正因为协议本身是抽象的，它才适合用形式化方法来描述。

● 实现代码：协议实现的最终代码。一般与机器无关的源程序代码只占最终实现代码的一部分（约 50%），其他代码，如缓冲区分配、系统输入/输出操作等，都是与机器或操作系统有关的。这些内容一般不在协议文本中描述。

● 测试集：一组关于协议测试步骤和测试数据的文件，由协议的形式描述文本产生。

### 3．服务

服务（service）就是网络中各层向其相邻上层提供的一组操作。就服务和用户的关系而言，下层的实体是上层实体的"服务提供者"，而上层实体是下层实体的"服务用户"或"服务使用者"。服务定义了该层打算为上层用户执行哪些操作，但不涉及这些操作的具体实现。

第 $N$ 层实体实现的服务为第 $N+1$ 层所利用，而第 $N$ 层则要利用第 $N-1$ 层所提供的服务。第 $N$ 层实体可能向第 $N+1$ 层提供几类服务，如运输层可以为会话层提供可靠但时间开销大的传输服务，也可以为会话层提供不可靠但时间开销小的传输服务。

协议和服务是两个不同的概念，协议的实现保证了能够向上层提供服务，对于本层的服务，用户只能看见服务而无法看见下面的协议，即下面的协议对上面的服务用户是透明的。协议是"水平的"，即协议是控制对等实体之间通信的规则。服务是"垂直的"，即服务是由下层向上层通过层间接口提供的。服务的表现形式是原语，例如，库函数或系统调用，上层使用服务原语获得下层所提供的服务。

层间服务与协议之间的关系如图 1-14 所示。

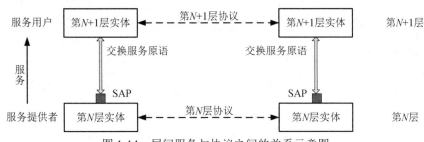

图 1-14　层间服务与协议之间的关系示意图

### 4．服务访问点

服务访问点（SAP，Service Access Point）是同一计算机网络的不同功能层之间交换信息的接口。第 $N+1$ 层实体是通过第 $N$ 层的服务访问点来使用第 $N$ 层所提供的服务。第 $N$ 层 SAP 就是第 $N+1$ 层可以访问第 $N$ 层服务的地方。每一个 SAP 都有一个唯一的地址。目前，在很多操作系统中，提供的套接字（Socket）机制中的 Socket 就是 SAP，而 Socket 号就是 SAP 地址。

相邻层之间通过接口交换信息。第 $N+1$ 层实体通过 SAP 把一个接口数据单元（IDU，Interface Data Unit）传递给第 $N$ 层实体，如图 1-15 所示。IDU 由服务数据单元（SDU，Service Data Unit）和一些接口控制信息（ICI，Interface Control Information）组成。为了传送 SDU，第 $N$ 层实体可以将 SDU 分成几段，每段加上一个协议控制信息（PCI，Protocol Control Information）后作为独立的协议数据单元（PDU，Protocol Data Unit）送出，例如，"分组"就是 PDU。PDU 报头被同层实体用来执行它们的同层协议，用于辨别哪些 PDU 包含数据，哪些包含控制信息，并提供序号和计数值等。

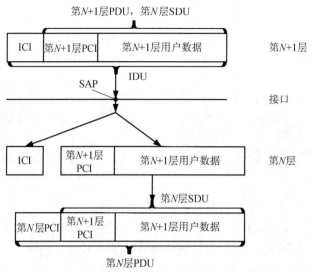

图 1-15 相邻两层数据单元之间的关系示意图

**5. 服务原语**

服务在形式上是由一组原语（或操作）来描述的，这些服务原语（primitive）供上层实体访问下层所提供的服务，或向上层实体报告某个对等实体的活动。服务原语可以分为 4 类，如表 1-3 所示。

表 1-3 服务原语的类型

| 服 务 原 语 | 含 义 | 执 行 位 置 |
| --- | --- | --- |
| 请求 | 源端上层实体要求服务做某项工作 | 源第 $N+1$ 层实体→源第 $N$ 层实体 |
| 指示 | 目标端上层实体被告知某事件发生 | 目标第 $N$ 层实体→目标第 $N+1$ 层实体 |
| 响应 | 目标端上层实体表示对某事件的响应 | 目标第 $N+1$ 层实体→目标第 $N$ 层实体 |
| 确认 | 源端上层实体收到关于它的请求的答复 | 源第 $N$ 层实体→源第 $N+1$ 层实体 |

原语一般都携带参数，例如，"连接请求"原语的参数可能指明它要与哪台机器连接、需要的服务类别和拟在该连接上使用的最大报文长度。"连接指示"原语的参数可能包含呼叫者的标识、需要的服务类别和建议的最大报文长度等。被呼叫实体可以响应原语参数里的同意或不同意连接。当同意连接时，也可能对某些参数给出协商值，如最大报文长度。

服务有确认和无确认两类，二者的区别在于，确认服务包含请求、指示、响应和确认 4 类原语；无确认服务只有请求和指示两类原语。建立连接的服务总是确认服务，可用连接响应作为肯定确认，表示同意建立连接；无确认表示拒绝，或用断开请求表示拒绝。数据的传送既可以是确认的，也可以是无确认的，这取决于发送端是否需要该数据。

## 1.7.2 具有 5 层协议的体系结构

体系结构是抽象的，而实现体系结构的是一些具体的硬件和软件，主要的计算机网络体系结构有 OSI/RM 模型、TCP/IP 模型等。尽管 OSI/RM 模型的 7 层体系结构的概念清楚，理论也较为完整，但它既复杂又不实用，因此没有被真正广泛应用于网络通信中。而早于 OSI/RM 模型开发的 TCP/IP 模型成功解决了不同网络之间相互连接的问题，实现了异构网之间的无缝连接，因此在发展过程中逐渐成为事实上的国际工业标准，得到了广泛应用和支持。

## 1．TCP/IP 模型

TCP/IP 模型是一个 4 层的体系结构，从低到高分别为网络接口层、网络层、运输层和应用层。每层的功能由一个或多个协议实现，TCP/IP 模型的各个层次及其与 OSI/RM 模型之间的对比如图 1-16 所示。

| TCP/IP 模型 | 主要协议 | | 软件与硬件 | 寻址 | 数据结构 | 标准制定 | | 应用 | OSI/RM 模型 |
|---|---|---|---|---|---|---|---|---|---|
| 应用层 | HTTPS HTTP FTP SMTP Telnet DNS | TFTP SNMP DNS DHCP | 服务器软件 DNS服务器 Web服务器 FTP服务器 E-mail服务器 服务器主机 | 进程号 | 数据 | IETF （RFC） 互联网 | | 面向用户 | 应用层 |
| | | | | | | | | | 表示层 |
| | | | | | | | | | 会话层 |
| 运输层 | TCP | UDP | 接口软件 | 端口号 | 报文 | | | 面向数据传输 | 运输层 |
| 网络层 | IP（ICMP，IGMP） ARP | | 路由器 三层交换机 | IP地址 | 分组 | | | | 网络层 |
| 网络接口层 | Ethernet、WLAN、ADSL、FR、X.25、SDH、SLIP、PPP | | 二层交换机 网络适配器 光通信设备 传输媒介 | 物理地址 （硬件地址） | 帧 比特流 | IEEE 局域网 | ITU-T 广域网 | | 数据链路层 |
| | | | | | | | | | 物理层 |

图 1-16　TCP/IP 体系结构示意图

由图 1-16 可以看出，TCP/IP 模型的特点体现在以下 6 个方面。

① 主要协议。由于互联网设计者注重的是网络互联，并未考虑到要与具体的传输媒介相关，因此网络接口层没有严格定义详细的规范，而是选择以太网（Ethernet）作为默认通信标准，这种看似不严格的方法为 TCP/IP 模型适用于其他网络形式提供了良好的基础。

② 软件与硬件。应用层一般采用软件实现，这样既具有功能的多样性，又具有实现的灵活性；其他层由硬件实现，提高了网络处理性能。网络编程接口（Socket）在运输层实现。

③ 寻址。应用层采用进程寻址，解决相同网络服务（如打开多个网页）区分的问题；运输层采用端口号寻址，解决不同网络服务（如打开网页和下载同时进行）区分的问题；网络层采用 IP 地址，解决广域网路由聚合问题，为早期没有地址的网络类型（如 PSTN）提供寻址方式；网络接口层采用 MAC 地址寻址，提高局域网寻址效率（广播）。

④ 数据结构。由于各层的数据格式不同，因此数据结构名称也不同。

⑤ 标准的制定。IEEE 主要定义了局域网的网络接口层规范，ITU-T 主要定义了广域网的网络接口层规范，IETF 定义了其他各层的网络规范。

⑥ 应用。应用层主要面向用户和网络管理人员，其他层主要用于数据传输。

TCP/IP 模型这种层次结构遵循对等实体的通信原则，每层实现特定的功能。其工作过程可以通过"自上而下"或"自下而上"形象地描述，数据信息在发送端按照"应用层—运输层—网络层—网络接口层"的顺序传递，在接收端则顺序相反，遵循低层为高层服务的原则。

从 TCP/IP 体系结构中可以看出，网络层在 TCP/IP 分层模型中处于中心地位，如图 1-17 所示。网络层，也称为 IP 层，其可以支持多种运输层协议（如 TCP 和 UDP），而不同的运输层上面又可以承载各种各样的业务，即所谓的 everything over IP；同时 IP 层也可以运行在各种类型的传输媒介上，即所谓的 IP over everything。

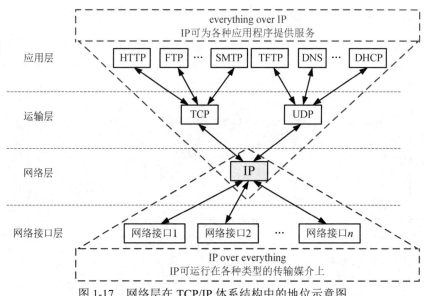

图 1-17　网络层在 TCP/IP 体系结构中的地位示意图

　　实际上，现在互联网使用的 TCP/IP 体系结构有时已发生了演变，如图 1-18 所示。在这种体系结构中，某些应用程序可以直接使用 IP 层，或直接使用最下面的网络接口层。

**2. 具有 5 层协议的模型**

　　我们在学习计算机网络的基本原理时往往会采用折中的方法，即综合 OSI/RM 和 TCP/IP 模型的优点，采用一种具有 5 层协议的模型，如图 1-19 所示，该模型自上而下依次为应用层、运输层、网络层、数据链路层和物理层。

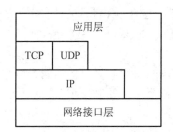

图 1-18　演变的 TCP/IP 体系结构示意图

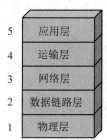

图 1-19　具有 5 层协议的模型示意图

　　① 应用层。应用层是体系结构中的最高层，该层中的数据都是以原始的数据单元格式传输的。当应用层使用不同的协议时，由对应的协议对数据进行封装，封装后的数据传输单元称为报文（message）。应用层协议主要包括超文本传输协议（HTTP，HyperText Transfer Protocol）、简单网络管理协议（SNMP，Simple Network Management Protocol）、文件传输协议（FTP，File Transfer Protocol）、简单邮件管理协议（SMTP，Simple Mail Transfer Protocol）、域名系统（DNS，Domain Name System）等。

　　② 运输层。运输层位于应用层之下，负责为两台主机中进程之间的通信提供数据传输服务。运输层协议主要有传输控制协议（TCP，Transmission Control Protocol）和用户数据报协议（UDP，User Datagram Protocol）。TCP 提供面向连接的、可靠的数据传输服务，其数据传输单位是报文段。UDP 提供无连接的尽最大努力（best-effort）的数据传输服务（不保证数据传输的可靠性），其数据传输单位是用户数据报。来自应用层的报文到达运输层时要经过对应的运输层协议进行再次封装，形成 TCP 报文段或 UDP 用户数据报。

③ 网络层。网络层主要负责网络中主机到主机之间的通信，即把某源主机上的分组（或包）发送到互联网中的任何一台目标主机上，其中包括网络互联、路由选择、拥塞控制和流量控制等功能。网络层协议主要包括网际协议（IP，Internet Protocol）、互联网控制报文协议（ICMP，Internet Control Message Protocol）、互联网组管理协议（IGMP，Internet Group Management Protocol）。

④ 数据链路层。数据链路层负责在两个相邻节点间的线路上无差错地传送以帧为单位的数据，每帧包含一定数量的数据和一些必要的控制信息，通过差错控制、流量控制等方法使有差错的物理线路变成无差错的数据链路。与物理层类似，数据链路层要负责建立、维持和释放数据链路的连接。

⑤ 物理层。物理层的主要功能是利用物理传输媒介为数据链路层提供一个物理连接，以便透明地传送比特流。在物理层上所传数据的单位是比特（bit）。

在整个数据传输过程中，应用进程（AP）的数据在各层之间实际的传递过程如图 1-20 所示。主机 1 的应用进程（$AP_1$）向主机 2 的应用进程（$AP_2$）传送数据时，AP 数据首先要经过发送方各层从上到下传递到物理传输媒介，通过物理传输媒介传输到接收方后，再经过从下到上各层的传递，最后到达 $AP_2$。

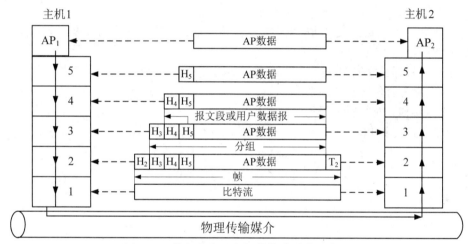

图 1-20　数据在各层之间的传递过程示意图

在发送方从上到下逐层传递的过程中，每层都要加上适当的控制信息，封装成下一层的数据单元，从第 5 层到第 3 层均遵循此操作。但到了第 2 层（数据链路层）后，控制信息被分成两个部分分别加到本层数据单元的首部和尾部，而第 1 层由于是比特流的传送，所以不再加上控制信息。然后将数据比特流转换为电信号或光信号在物理传输媒介上传输到接收方，接收方从第 1 层到第 5 层向上传递的过程正好相反，在每层根据控制信息进行必要的操作，剥去控制信息，完成解封装，然后将剩下的数据上交给更高的一层。最后把 $AP_1$ 发送的数据交给 $AP_2$，完成数据的传递。

由于接收方的某一层不会收到其下各层的控制信息，而高层的控制信息对于它来说又只是透明的数据，所以它只读取和去除本层的控制信息，并进行相应的协议操作。发送方和接收方的对等实体看到的信息是相同的，就好像这些信息通过虚通信直接传给了对方一样。

在后面的章节中，我们以具有 5 层协议的模型为主线，结合计算机网络的情况，自下而上依次介绍各层的相关内容。

# 习题 1

1. 计算机网络的形成和发展经历了哪几个阶段？具有哪些特点？

2. 什么是客户-服务器方式和对等连接方式？各有什么特点？

3. 计算机网络常用的性能指标中速率、带宽、吞吐量有何区别？

4. 数据在计算机网络中传输时产生的时延有几种？

5. 假设信号在传输媒介上的传播速率是 $2.3×10^8$m/s，传输媒介长度分别为 100m（局域网）、100km（城域网）和 5000km（广域网），当信号速率为 10Gbit/s 时，在上述传输媒介中正在传播的比特数有多少？

6. 假设收发两端之间的传输距离为 1000km，信号在传输媒介上的传播速率为 $2×10^8$m/s，试计算以下两种情况的发送时延和传播时延。

（1）数据长度为 $10^6$bit，数据发送速率为 100kbit/s。

（2）数据长度为 $10^4$bit，数据发送速率为 1Gbit/s。

7. 假设长度为 100 字节的应用层数据交给运输层传送，需要加上 20 字节的 TCP 首部后交给网络层传送，然后再加上 20 字节的 IP 首部，最后交给数据链路层的以太网传送，加上首部和尾部共 18 字节。试问数据传输效率是多少？

注：数据传输效率是指发送的应用层数据与所发送的总数据（应用数据加上各种首部和尾部的开销）的比值。

如果应用层数据长度为 1000 字节，则数据传输效率是多少？

8. 协议与服务有何区别和联系？

9. 什么是实体、对等层、服务访问点？

10. IDU、SDU 和 PDU 这三种类型的数据单元之间有何关系？

11. IP over everything 和 everything over IP 的含义是什么？

12. 5 层协议体系结构有哪些要点？各层的主要功能是什么？

# 第 2 章　数据通信基础知识

计算机网络的发展离不开数据通信技术的支撑，本章对数据通信基础知识和相关技术进行讲述，帮助理解消息、信息和信号之间的关系以及信道的极限容量，明确数据通信系统的构成，掌握数据传输、复用、交换技术等，为更好地学习和理解计算机网络奠定基础。

## 2.1　数据通信的几个重要概念及理论

### 2.1.1　消息、信息、信号与数据

为了更深入地理解计算机网络与数据通信技术之间的内在关系，首先需要学习和理解消息、信息、信号和数据之间的联系与区别。

消息是指能向人们表达客观物质运动和主观思维活动的文字、符号、语音、图像等，可见消息的物理特性具有多样性。从通信的角度看，消息有两个特点：① 能被通信双方所理解；② 可以互相传递。人们对接收到的消息，关心的是消息中包含的有价值的内容，即信息。因此对于消息而言，信息是指包含在消息中对通信者有意义的那部分内容。由此可见，消息是信息的物理表示形式，信息是消息的内涵。

那么一则消息中包含多少信息呢？信息的量值与消息所代表事件的随机性或事件发生的概率有关，把度量信息大小的物理量称为信息量。

假设信源发出的消息（$m_k$）所代表的事件出现的概率为 $P_k$，则消息所含有的信息量 $I(m_k)$ 为

$$I(m_k) = \log_a \left( \frac{1}{P_k} \right) = -\log_a P_k \tag{2-1}$$

式中，底数 $a$ 可能取不同的值，常见的取值有 2、e 和 10，对应的信息量的单位分别为比特（bit）、奈特（nat）和哈特莱（Hartley）。其中，最常用的是比特。

在通信系统中，消息是以电信号或光信号的形式来传递的，因此信号是消息的传输载体。

数据，一般认为是预先约定的具有某种含义的数字信号的组合，如数字、字母和符号等。用数据表示信息的内容是十分广泛的，如电子邮件、文本文件、电子表格、数据库文件、图形和二进制可执行程序等。数据是消息的一种表现形式，是传递某种信息的实体。

在数据通信过程中，数据以数字信号的方式表示还是以模拟信号的方式表示，主要取决于所用的通信信道所允许传输的信号类型。如果通信信道不允许直接传输计算机所产生的数字信号，则需要在发送端将数字信号变换成模拟信号，在接收端再将模拟信号还原成数字信号，这个过程称为调制解调。如果通信信道允许直接传输计算机所产生的数字信号，为了很好地解决收发双方同步及具体实现中的技术问题，有时也需要将数字信号进行适当的波形变换，因此数据传输类型可分为模拟通信、数字通信和数据通信。如果信源产生的是模拟数据并以模拟信号的形式传输，则称为模拟通信。如果信源产生的是模拟数据，但以数字信号的形式传输，则称为数字通信。如果信源产生的是数字数据，传输时既可以采用模拟信号，也可以采用数字信号，则称为数据通信。

数据传输类型见表 2-1。

表 2-1　数据传输类型

| 数据传输类型 | 信源产生的信号类型 | 信道中传输的信号类型 |
|---|---|---|
| 模拟通信 | 模拟数据 | 模拟信号 |
| 数字通信 | 模拟数据 | 数字信号 |
| 数据通信 | 数字数据 | 模拟信号 |
|  |  | 数字信号 |

## 2.1.2　信道的极限容量

信道容量是指信道所能支持的数据传输的最大速率，表征的是信道传输数字信号的能力，即信道所能支持的速率上限。信道容量取决于信道的带宽和信噪比，与所采用的具体通信技术没有关系。信道带宽是指信道所能传输的信道的频率范围。实际应用中所使用的信道都是不理想的，所能通过的信号的频率范围是受限的，即信道带宽是有限的，在传输信号时会有各种失真，而且在信道中也会存在各种干扰和噪声，从而导致信道的速率有一个上限。

1924 年，奈奎斯特推导出了具有理想低通或带通特性的信道在无噪声情况下信道容量与信道带宽的关系式，称为奈奎斯特准则。

对于一个带宽为 $W$（单位为 Hz）的理想低通信道，码元传输速率上限值（理想条件下信道的极限容量）为

$$R_{\max}=2W（单位为码元/s 或 Baud） \tag{2-2}$$

对于一个带宽为 $W$ 的理想带通信道，码元传输速率上限值为

$$R_{\max}=W \tag{2-3}$$

对于上述无噪声低通信道，如果码元状态数是 $M$，则信道的极限速率（信道容量）为

$$R_b=2W\log_2M（单位为 bit/s） \tag{2-4}$$

对于上述无噪声带通信道，如果码元状态数是 $M$，则信道的极限速率（信道容量）为

$$R_b=W\log_2M \tag{2-5}$$

奈奎斯特准则描述了带宽有限、无噪声理想信道的信道容量与信道带宽的关系。而实际的信道总是有噪声的，噪声的存在限制了信道的速率。1948 年，香农（Shannon）把奈奎斯特准则给出的结果推广到随机热噪声信道中，利用信息论的理论推导出了带宽受限且有高斯白噪声干扰的、信道的、极限且无差错的速率，即香农公式：

$$C=W\log_2(1+S/N)（单位为 bit/s） \tag{2-6}$$

式中，$W$ 是信道带宽，$S$ 是信道内传输信号的平均功率，$N$ 是信道内部的高斯噪声功率。

香农公式描述了有限带宽、有随机热噪声信道的信道容量与信道带宽、信号噪声功率比之间的关系。香农公式表明，信道的带宽或信道中的信噪比越大，则信道的极限速率就越高。只要信息传输的速率低于信道的极限速率，就一定可以找到某种办法来实现无差错的传输。若信道带宽 $W$ 和信噪比 $S/N$ 没有上限（当然实际信道不可能是这样的），则信道的极限速率 $C$ 也就没有上限。实际信道所能达到的速率要比香农公式中信道的极限速率低得多。

## 2.1.3　数据通信系统模型

数据通信系统是通过电路将分布在远端的数据终端设备（DTE，Data Terminal Equipment）和计算机系统连接起来，实现数据传输、交换、存储和处理的系统。从计算机网络的角度看，数据通信系统的功能是把数据源计算机所产生的数据快速、可靠、准确地传输到目标计算机或

专用外设.比较典型的数据通信系统主要由数据终端设备、数据电路终接设备（DCE，Data Circuit Terminating Equipment）、计算机系统和传输信道组成，如图2-1所示。

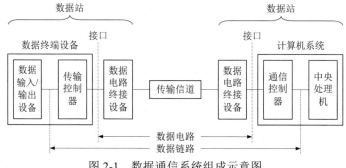

图 2-1　数据通信系统组成示意图

### 1.数据终端设备

数据终端设备（DTE）由数据输入设备（产生数据的数据源）、数据输出设备（接收数据的数据宿）和传输控制器组成。数据输入/输出设备是操作人员与终端之间的界面，它把人可以识别的数据变换成计算机可以处理的信息或者相反的过程。数据的输入/输出可以通过键盘、鼠标等手段来实现，最常见的输入设备是键盘、鼠标、扫描仪，输出设备可以是 CRT 显示器、打印机等。传输控制器主要执行与通信网络之间的通信过程的控制，包括差错控制和通信协议实现等。

### 2.数据电路终接设备

数据电路终接设备（DCE）是 DTE 和传输信道之间的接口设备，也是与 DTE 相连的数据电路的末端设备，其主要作用是信号变换。具体地说就是，在发送端，DCE 将来自 DTE 的数据信号进行变换。如果传输信道是模拟信道，DCE 的作用就是把 DTE 送来的数据信号变换成模拟信号再送往信道或进行相反的变换，这时 DCE 就是调制解调器。如果信道是数字信道，DCE 实际上是数字接口适配器，其中包含数据服务单元和信道服务单元，前者执行信号码型与电平的转换、定时、信号的再生和同步等功能，后者则执行信道特性的均衡、信号整形和环路检测等功能。

### 3.计算机系统

计算机系统由主机、通信控制器（又称前置处理机）和外围设备组成，其功能是，处理从 DTE 输入的数据，并将处理结果向相应 DTE 输出。主机又称中央处理机，由中央处理单元（CPU）、主存储器、输入/输出设备和其他外围设备组成，其主要功能是进行数据处理。通信控制器用于管理与 DTE 相连接的所有通信线路。

### 4.数据电路和数据链路

数据电路由传输信道（通信线路）和两端的 DCE 组成。数据电路位于 DTE 和计算机系统之间，为数据通信提供数字传输信道。当数据电路建立后，为了进行有效的数据通信，还必须由图2-1所示的传输控制器和通信控制器按照事先约定的传输控制规程对传输过程进行控制，以使双方能够协调和可靠地工作，包括流量控制等。通常，把由控制装置（传输控制器和通信控制器）和数据电路所组成的部分称为数据链路（data link）。一般来说，只有建立了数据链路以后，通信双方才能真正有效地进行数据通信。

### 5．传输信道

传输信道是指数据在信号变换器之间传输的通道，例如，电话线路等模拟通信信道，以及专用数字通信信道、宽带电缆和光纤等。

## 2.1.4　数据通信方式

数据通信方式从不同角度可以有不同的划分方式。按照传输信号是否调制（信号在传输过程中是否发生过频谱搬移）可分为基带传输和频带传输；按照数据传输中采用的同步技术可分为同步传输和异步传输；按照数据通信中使用的信道数量可分为串行传输和并行传输；按照信号在信道上的传输的方向与时间的关系可分为单工、半双工和全双工传输。

### 1．基带传输和频带传输

（1）基带传输

基带传输是指数字信号不做任何改变直接在信道中进行传输的过程。在计算机等数字设备中，二进制数字信号是用 1、0 分别表示高、低电平的矩形脉冲信号的，它所具有的频带称为基本频带（基带），因此矩形脉冲信号称为基带信号。基带信号没有经过调制，它所占据的频带一般是从直流或低频开始的。通常，发送端在进行基带传输前，需要对信源发送的数字信号进行编码；在接收端，对接收到的数字信号进行解码，以恢复原始数据。基带传输实现简单、成本低，得到了广泛应用。

（2）频带传输

频带传输也称为宽带传输，是指数字信号经过调制后在信道中传输的过程。调制的目的是使信号能更好地适应传输信道的频率特性，以减少信号失真。此外，数字信号经过调制处理后能够克服基带信号占用频带过宽的问题，从而提高线路的利用率。在接收端，需要使用专门的解调设备对调制后的信号进行解调。频带传输中最典型的设备是调制解调器。

### 2．同步传输和异步传输

在串行数据传输过程中，数据是逐位依次串行传输的，而每位数据的发送和接收都需要时钟脉冲的控制。发送方通过发送时钟确定数据位的开始和结束，而接收方为了能够正确识别数据，则需要以适当的时间间隔在适当的时刻对数据流进行采样。也就是说，接收方和发送方必须保持步调一致，否则就会出现传输差错。因此，在数据通信过程中，同步是必须要解决的一个重要问题。数据通信的同步包括位同步和字符（或帧）同步。

（1）位同步

数据通信的双方，即使时钟频率的标称值相同，实际的时钟频率也会存在微小的误差，这些误差将导致收发双方的时钟周期略有不同。尽管这种差异是微小的，但在大量数据的传输过程中，这些累积误差会造成接收数据采样周期和传输数据的错误。因此，数据通信首先要解决收发双方的时钟频率一致性问题。解决这个问题的基本方法是：要求接收方根据发送方发送数据的起止时间和时钟频率来校正自身的时间基准和时钟频率，这个过程就称为位同步。实现位同步的方法主要有两种——外同步法和内同步法。

① 外同步法。发送方发送两路信号：一路传输数据信号，另一路传输同步时钟信号，以供接收方校正时间基准和时钟频率，实现收发双方的位同步。由于传输数据需要专用的线路，这种位同步方法通信代价较高，很少采用。

② 内同步法。发送方发送的数据中含有用于同步的时钟编码，以供接收方提取并实现收发双方的位同步。曼彻斯特编码和差分曼彻斯特编码都自含时钟编码。

（2）字符（或帧）同步

在解决每个二进制位的同步问题之后，需要解决的是由若干二进制位组成的字符（字节）或数据块（帧）的同步问题。实现同步的方式有同步传输和异步传输两种。

同步传输是指一次传输若干字符或若干二进制位组成的数据块，在该数据块发送之前，先发送一个或多个同步字符 SYN（01101000）或一个同步字节（01111110），接收方接收到 SYN 字符或同步字节后，根据 SYN 字符或同步字节来确定数据的起始和终止，以实现同步传输。同步传输方式示意图如图 2-2 所示。

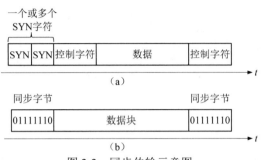

图 2-2　同步传输示意图

在异步传输中，每个要传送的字符前面都要加上 1 位起始位，用以表示字符的开始，在字符或校验码之后加上 1 位、1.5 位或 2 位停止位，用以表示该字符的结束，接收方根据起始位和停止位判断每个字符的开始和结束，如图 2-3 所示。在这种同步方式下，即使发送方和接收方的时钟有微小的偏差，但由于每次都重新识别字符的起始位，而且每个字符的位数较短，因此不会产生大的时钟误差累积，从而保证了通信双方的同步。

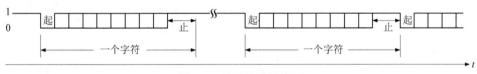

图 2-3　异步传输示意图

### 3．串行传输和并行传输

（1）串行传输

串行传输是指数据在一个信道上以串行的方式按位依次传输，每位数据占据一个固定的时间长度，如图 2-4 所示。串行传输只需要一个传输信道，易于实现，特别适用于计算机与外设之间、计算机与计算机之间的远距离通信。但是串行传输存在一个收发双方如何保持码或字符同步的问题，如果这个问题不解决，接收方就不能从接收到的数据流中正确地区分出一个一个字符来，传输也将失去意义，因此这个问题是串行传输必须解决的。解决码或字符的同步问题有两种办法，即异步传输和同步传输。

（2）并行传输

并行传输是指数据以成组的方式在多个并行信道上同时进行传输。常用的方法是将构成一个字符的几位二进制码分别在几个并行信道上进行传输，例如，采用 8 位的字符，可以用 8 个信道并行传输，如图 2-5 所示。并行传输的特点是：终端装置与线路之间不需要对传输数据进行时序变换，能简化终端装置的结构；需要有多个信道的传输设备，因此成本较高；一次传送一个字符，因此收发双方不存在字符同步问题，不需要另加起止信号或其他同步信号来实现收发双方的字符同步，这是并行传输的一个主要优点。但是，并行传输必须有并行信道，这往往会带来设备或实施条件上的限制，而且并行线路中的电平相互干扰也会影响传输质量，因此主要用于计算机内部或同一系统设备间的通信，而不适合进行较长距离的通信。

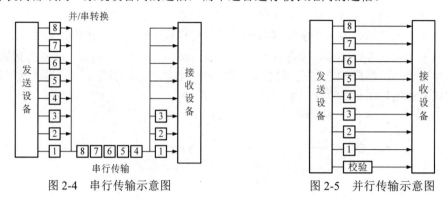

图 2-4  串行传输示意图          图 2-5  并行传输示意图

### 4．单工、半双工和全双工传输

（1）单工传输

单工传输是指两个数据站之间只能沿一个指定的方向传送数据信号，如图 2-6 所示。

图 2-6  单工传输示意图

（2）半双工传输

半双工传输是指两个数据站之间可以在两个方向上传送数据信号，但不能同时传送，即同一时刻只能沿一个方向传送数据信号，如图 2-7 所示。收发之间的转向时间通常为 20～50ms。

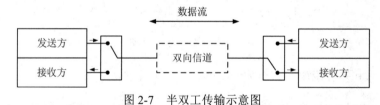

图 2-7  半双工传输示意图

（3）全双工传输

全双工传输是指两个数据站之间可以在两个方向上同时传送数据信号，如图 2-8 所示。与半双工传输相比，全双工传输的效率更高，特别适用于高速数据通信场合。

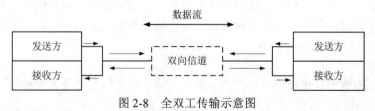

图 2-8  全双工传输示意图

## 2.2  传输媒介

传输媒介也称为传输媒体或传输介质，是网络中连接收发双方的物理通路，也是通信中实际传输信息的载体。常用的传输媒介分为有线传输媒介和无线传输媒介两大类。有线传输媒介将信号约束在一个物理导体之内，包括双绞线、同轴电缆、光纤等；无线传输媒介包括无线电波、微波、红外线等。

## 2.2.1 有线传输媒介

### 1. 双绞线

双绞线（twisted pair）也称双扭线，由两条相互绝缘的、直径约为1mm的铜导线按一定的规则绞扭在一起构成，一对线作为一条通信线路。采用绞合结构的双绞线可以大大减小对邻近线对的电磁干扰，其传输距离一般为几千米到几十千米，既可以用于传输模拟信号，也可以用于传输数字信号。为了进一步提高双绞线的抗电磁干扰能力，还可以在双绞线的外层加上一个用金属丝编制而成的屏蔽层。根据是否加屏蔽层，双绞线又可以分为两种，即屏蔽双绞线（STP，Shielded Twisted Pair）和非屏蔽双绞线（UTP，Unshielded Twisted Pair），如图 2-9（a）所示。屏蔽双绞线在双绞线与外层绝缘封套之间有一个金属屏蔽层。屏蔽层可减少辐射，防止信息被窃听，也可以阻止外部电磁干扰，与同类的非屏蔽双绞线相比具有更高的速率。但是屏蔽双绞线的价格比非屏蔽双绞线昂贵，安装起来也困难，因此不如非屏蔽双绞线使用广泛。非屏蔽双绞线具有直径小、节省空间、成本低、重量轻、易安装、串扰小、具有阻燃性等特点，故而成为计算机通信网中普遍采用的一种传输媒介。

### 2. 同轴电缆

同轴电缆（coaxial cable）由内导线铜质芯线（一般是单股实心线或多股绞合线）、绝缘层、网状编织的外导体屏蔽层或金属箔屏蔽层及保护塑料外层组成，如图 2-9（b）所示。实际使用中有时也将几根同轴电缆封装在一个大的塑料保护套内构成多芯同轴电缆。由于同轴电缆的金属屏蔽网可防止中心导线向外辐射电磁场，也可用来防止外界电磁场干扰中心导线的信号，因此同轴电缆的屏蔽性要好于双绞线，具有较好的噪声抑制特性和抗干扰特性，而且因趋肤效应所引起的功率损失也大大减小，具有更快的速率和更远的传输距离，但成本较高。与双绞线的信道特性相同，同轴电缆的信道特性也呈低通特性，但它的低通频带要比双绞线的频带宽。

（a）双绞线 　　　　　　　　　　　　　　　　（b）同轴电缆

图 2-9　有线传输媒介

根据阻抗特性的不同，同轴电缆又可以分为 50Ω 的基带同轴电缆和 75Ω 的宽带同轴电缆两种。一根基带同轴电缆只支持一个信道，以基带传输方式进行数据信号的传输。由于基带数字信号在传输过程中容易发生畸变和衰减，因此传输距离不长，一般在 1km 左右，典型的速率可达 10Mbit/s。基带同轴电缆还可以分为两种：粗同轴电缆和细同轴电缆。粗同轴电缆的直径为 2.54cm，以 10Mbit/s 的速率进行传输，抗干扰性能较好，传输距离比细同轴电缆要远，可靠性好，但价格稍高。细同轴电缆的直径为 1.02cm，也以 10Mbit/s 的速率进行传输，且抗干扰性能较好，价格较低，但传输距离较近，可靠性差。基带同轴电缆的优点是安装简单，且价格便宜。宽带同轴电缆支持的带宽为 300～450MHz，可以用于传输频分多路复用的宽带数据信号，传输距离可达 100km。宽带同轴电缆既能传输数据信号，也能传输诸如话音、视频等模拟信号，是综合服务宽带网的一种理想媒介。

### 3．光纤

光纤是光导纤维的简称，是一种截面很小的透明长丝，它在长距离内具有束缚和传输光的作用。

光纤是圆截面介质波导，由纤芯、包层和涂敷层（或称保护层、防护层）构成，如图 2-10 所示。纤芯由高度透明的材料构成；包层的折射率略小于纤芯，从而可以形成光波导效应，使大部分的光被束缚在纤芯中传输；涂敷层的作用是增强光纤的柔韧性。此外，为了进一步保护光纤，提高光纤的机械强度，一般在带有涂敷层的光纤外面再套一层热塑性材料构成套塑层（或称二次涂敷层）；在涂敷层和套塑层之间还需填充一些缓冲材料构成缓冲层（或称垫层）。

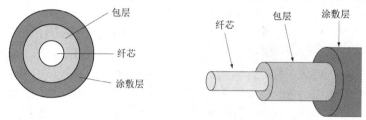

图 2-10　光纤的结构示意图

光是一种电磁波，它沿光纤传输时可能存在多种不同的电磁场分布形式（传播模式），能够在光纤中远距离传输的传播模式称为传导模式。根据传导模式数量的不同，光纤可分为单模光纤和多模光纤两类，如图 2-11 所示。

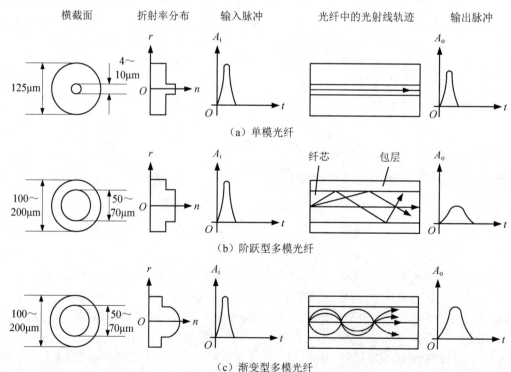

图 2-11　单模光纤和多模光纤

① 单模光纤。光纤中只传输一种模式，即基模（最低阶模式）。单模光纤的纤芯直径极小，约为 4～10μm，包层直径为 125μm，通常纤芯的折射率是均匀分布的。由于单模光纤只传输基

模，避免了模式色散，大大加宽了传输带宽，因此适用于长距离、大容量的光纤通信。

② 多模光纤。在一定的工作波长下，光纤中传输的模式不止一种，即在光纤中存在多种传导模式，则这种光纤称为多模光纤。多模光纤的纤芯可以采用阶跃分布（均匀分布），也可以采用渐变分布（非均匀分布），前者称为阶跃型多模光纤，后者称为渐变型多模光纤。阶跃型多模光纤的纤芯直径一般为 50～70μm，包层的直径为 100～200μm。由于纤芯直径较大，传输模式较多，存在模式色散，因此这种光纤的传输性能较差，带宽较窄，传输容量也较小。渐变型多模光纤的纤芯直径一般也为 50～70μm。这种光纤频带较宽，容量大，是 20 世纪 80 年代初采用较多的一种光纤形式，因此，多模光纤一般指的就是渐变型多模光纤。

与双绞线和同轴电缆相比，光纤价格贵，但带宽和速率高、传输距离长、抗干扰能力强，因此逐步成为一种主要的有线传输媒介。但是光纤之间不易连接，抽头分支困难，对于近距离、配置又经常变动的局域网来说，光纤依然不能取代金属传输媒介。有线传输媒介特性对比见表 2-2。

表2-2　有线传输媒介特性对比

| 传输媒介 | 价　格 | 带　宽 | 安装难度 | 抗干扰能力 |
|---|---|---|---|---|
| 屏蔽双绞线 | 比非屏蔽双绞线贵 | 中等 | 容易 | 较弱 |
| 非屏蔽双绞线 | 最便宜 | 低 | | |
| 单模光纤 | 最贵 | 最高 | 困难 | 强 |
| 多模光纤 | 比同轴电缆贵 | 极高 | | |

## 2.2.2　无线传输媒介

无线传输媒介即自由空间。当通信距离非常远或者需要经过高山河海时，铺设有线传输媒介就很困难，而且造价昂贵，而利用无线电波在自由空间传播则是非常容易实现的，因此在这些场合通常采用无线传输媒介。电磁波谱如图 2-12 所示。

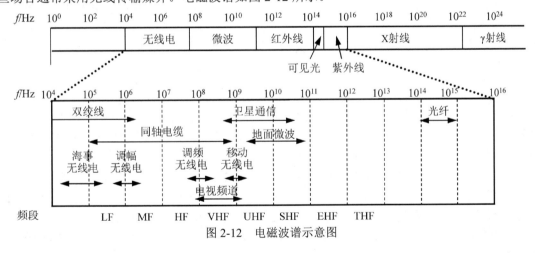

图 2-12　电磁波谱示意图

### 1. 无线电波

无线电波是指在自由空间（包括空气和真空）中传播的射频频段的电磁波，其频率范围是 10kHz～1GHz。无线电波的传输特性跟频率有关。中、低频（1MHz 以下）无线电波沿地表传播，此频段上的无线电波能够绕过障碍物，但其通信带宽较低。高频和甚高频（1MHz～1GHz）无线电波将被地表吸收，当通信高度距离地表 100～500km 时，靠电离层反射向前传播。

### 2．微波

微波是指频率为 300MHz～300GHz 的无线电波，其波长为 1mm～1m。目前，用于通信的频率范围主要是 2～40GHz，包括 L 频段、S 频段、C 频段、X 频段、Ku 频段和 Ka 频段。

由于微波的频率极高，波长短，其在空中的传播特性与光波相近，遇到阻挡会被反射或阻断，因此微波通信的主要方式是视距通信。由于阻挡和长距离传输的衰减，需要每隔一段距离建立一个中继站进行转发，因此这种通信方式也称为微波中继通信或微波接力通信。长距离微波通信干线可以经过几十次中继而将信号传至数千千米外。

### 3．红外线

红外线是波长为 0.75μm～1mm 的电磁波，其频率高于微波而低于可见光，因此人眼看不到。红外线采用低于可见光的部分频谱作为传输介质，因此，其使用不受无线电管理部门的限制。红外信号要求视距传输，方向性好，不易受电磁波干扰，因此窃听困难，对邻近区域的类似系统不会产生干扰。在实际应用中，由于红外线具有很强的背景噪声，受日光和环境等影响较大，因此一般要求其发射功率较高。

## 2.3  数据编码与传输

在数据通信中，将要传输的数据变换成另一种数据形式的过程看作数据编码。不论是数字数据还是模拟数据，都可以用模拟信号或数字信号发送或传输。有三类数据编码和数据传输方法，即数字数据的数字传输、数字数据的模拟传输和模拟数据的数字传输。

### 2.3.1  数字数据的数字传输

在计算机网络中最常用的是数字数据的数字传输技术，也称为基带传输技术。在传输时，必须将数字数据进行线路编码后再进行传输，在接收端进行解码后恢复原始数据。为使数字信号适用于数字信道传输，要对数字信号进行编码。数字信号编码是指用两个电平分别表示二进制数据 0 和 1 的过程，每位二进制数据和一个电平相对应。常用的数字数据的脉冲编码方案有单极性码、双极性码、曼彻斯特码和差分曼彻斯特码。

### 1．单极性码

基带传输时，需要解决数字数据的数字信号表示和收发两端之间的信号同步问题。对于传输数字信号来说，目前最简单、最常用的方法是用不同的电压电平来表示两个二进制数，即数字信号由矩形脉冲组成。按数字编码方式，极性码可分为单极性码和双极性码。根据信号是否归零，极性码还可以分为归零码和不归零码。

单极性码是指在每个码元时间（间隔）内，用"有电压"（或电流）表示二进制数 1，用"无电压"（或电流）表示二进制数 0。每个码元时间的中心是采样时间，判决门限为半幅度电压（或电流），设为 0.5。若接收信号的值在 0.5～1.0 之间，就判为 1；若在 0～0.5 之间，则判为 0。

如果在整个码元时间维持有效电平，则称为单极性不归零（NRZ，Not Return Zero）码。如果 1 在该码元时间仅维持一段时间（如码元时间的一半）就变成电平 0，则称为单极性归零（RZ，Return Zero）码。单极性码如图 2-13 所示。

单极性码的特点是，含有较大的直流分量，对传输信道的直流和低频特性要求较高。如果 0 和 1 出现的概率相同，则单极性不归零码的直流分量为 1 所对应的值的一半，而单极性归零码的直流分量会小于单极性不归零码。直流分量的存在会产生较大的线路衰减，不利于在使用变压器和交流耦合的线路中传送，其传输距离会受到影响。

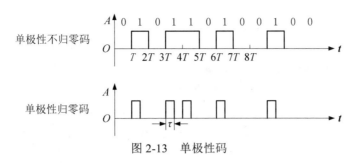

图 2-13　单极性码

单极性不归零码在传输中难以确定一位的结束和另一位的开始，在出现连 0 或连 1 情况时，线路会长时间维持一个固定的电平，使接收方无法提取同步信息。单极性归零码在出现连 1 情况时，线路电平有跳变，接收方可以提取同步信息，但出现连 0 情况时，接收方依然无法提取同步信息。

### 2. 双极性码

双极性码是指在每个码元时间（间隔）内，用正电压（或电流）表示二进制数 1，用负电压（或电流）表示二进制数 0。正幅值和负幅值相等，因此称为双极性码。与单极性码相同，如果整个码元时间内维持有效电平，则称为双极性不归零码。如果 1 和 0 的正、负电流只在该码元时间内维持一段时间（如码元时间的一半）就变成电平 0，则称为双极性归零码。双极性码如图 2-14 所示。

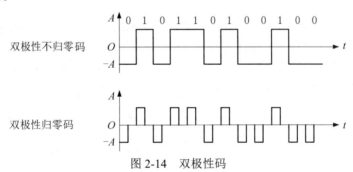

图 2-14　双极性码

双极性码的判决门限电平为 0，如果接收信号的值在电平 0 以上，则判为 1；如果在电平 0 以下，则判为 0。如果 0 和 1 出现的概率相同，则双极性码的直流分量为 0。但在出现连 0 或连 1 的情况时，依然会含有较大的直流分量。

双极性不归零码在出现连 0 或连 1 情况时，线路会长时间维持一个固定的电平，使接收方无法提取同步信息。双极性归零码在出现连 0 或连 1 情况时，线路电平有跳变，接收方可以提取同步信息。

### 3. 曼彻斯特码和差分曼彻斯特码

曼彻斯特码是指每个码元均用两个不同相位的电平信号表示，位周期中心的电平转换边既表示数据信号，也用作定时信号（时钟信号）。从高电平到低电平的跳变表示 1，低电平到高电平的跳变表示 0，反过来定义也可以。

差分曼彻斯特码是对曼彻斯特码的一种改进形式，每个码元的中间也有一个跳变，但该跳变仅提供时钟定时，用每位开始时有无跳变表示 0 或 1，有跳变为 0，无跳变为 1。

曼彻斯特码和差分曼彻斯特码如图 2-15 所示。与单极性码和双极性码相比，曼彻斯特码和差分曼彻斯特码在每个码元中间均有跳变，但不包含有直流分量。在出现连 0 或连 1 情况时，接收方可以从每位中间的电平跳变提取出时钟信号进行同步。因此,在计算机局域网中广泛采用曼彻斯特编码方式。其缺点是经过曼彻斯特编码后,信号的频率翻倍,相应地要求信道的带宽大,另外,对编/解码设备的要求也较高。

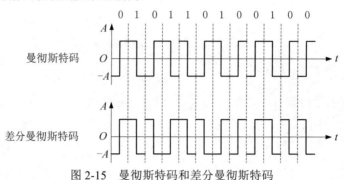

图 2-15　曼彻斯特码和差分曼彻斯特码

### 2.3.2　数字数据的模拟传输

计算机中使用的都是数字数据,在电路中用两种电平的电脉冲来表示,用一种电平表示 1,用另一种电平表示 0。这种原始的电脉冲信号就是基带信号,它的带宽很宽。当在模拟信道(如传统的公用电话交换网)中传输数字数据时,就需要将数字数据转换成模拟信号传输,在接收端再还原为数字数据。

通常会选择某一合适频率的正弦波作为载波,利用数据信号的变化分别对载波的某些特性(振幅、频率、相位)进行控制,从而达到编码的目的,使载波携带数字数据。携带数字数据的载波可在模拟信道中传输,这个过程称为调制。从载波上取出它所携带的数字数据的过程称为解调。基本的调制解调方法有调幅、调频、调相,如图 2-16 所示。

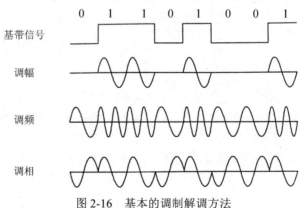

图 2-16　基本的调制解调方法

① 调幅:用数字数据的取值来改变载波信号的振幅。例如,用无载波和有载波分别表示 0 和 1。这种调制技术简单,但抗干扰能力较差,容易受到增益变化的影响,是一种效率较低的调制技术。

② 调频:用数字数据的取值去改变载波信号的频率,即用两种频率分别表示 0 和 1。调频是一种常用的调制方法,抗干扰性优于调幅,但所占频带较宽。

③ 调相:用载波信号的不同相位来表示二进制数。例如,用 π 相位和 0 相位分别表示 0 和 1。

### 2.3.3 模拟数据的数字传输

模拟信号数字化的基本过程是，对模拟信号在时间域和幅度域上都进行离散化处理，然后再把离散化的幅度值变换为数字信号代码。实现模拟信号数字化的一种常用方式是脉冲编码调制（PCM，Pulse Code Modulation）。PCM 系统中的信号变换和处理过程如图 2-17 所示。

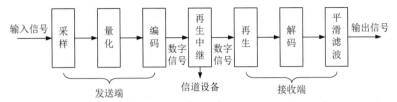

图 2-17 PCM 系统中的信号变换和处理过程示意图

为了实现从模拟信号到数字信号的变换，首先要把模拟信号用时间域上离散时间点的幅度值来表示，即用样值来表示（采样）；然后把连续取值的样值用离散的幅度值来近似表示（量化）；最后再把离散的幅度值变换为不易遭受传输干扰的二进制代码信号（编码）。也就是说，将模拟信号变换为数字信号需要三个步骤：采样、量化和编码。

#### 1. 采样

采样是将时间上连续变化的模拟信号变换为时间离散的信号的过程。从数据传输的角度考虑，对采样的要求应是用时间离散的采样序列代替原来时间连续的模拟信号，并要求能完全表示原信号的全部信息，也就是说，离散的采样序列能不失真地恢复出原模拟信号。根据奈奎斯特采样定理，当采样频率大于信号最高频率的 2 倍时，信息量就不会丢失，也就是说，可以由采样后的离散信号不失真地重建原始信号，即

$$f_s = \frac{1}{T_s} > 2f_m \tag{2-7}$$

式中，$f_s$ 是采样频率，$T_s$ 是采样周期，$f_m$ 是原始信号的最高频率。

在实际应用中，通常采样频率为信号最高频率的 5～10 倍。例如，计算机对语音信号的处理如下：语音信号的带宽范围为 300Hz～3.4kHz，为了保证声音不失真，采样频率应该在 6.8kHz 以上。常用的音频采样频率有 8kHz、22.05kHz（FM 广播的声音品质）、44.1kHz（CD 音质）等。

#### 2. 量化

采样后的信号是脉冲幅度调制（PAM，Pulse Amplitude Modulation）信号，PAM 信号在时间域上是离散的，但其幅度值仍然是连续的，因此还是模拟信号。这种幅度值连续的 PAM 信号无法用有限个二进制数字信号码的组合来表示，因此在进行 PCM 编码时还需要把幅度域上连续取值的样值进行离散化处理。

将信号在幅度域上的连续取值变换为幅度域上的离散取值的过程称为量化。量化的方法是，将幅度域连续取值的样值的最大变化范围划分成若干相邻的间隔，当某个样值落在某一间隔内时，采用"四舍五入"的方法将其输出数值用此间隔内的某个固定值来表示，因此，量化的实质是对幅度值进行化零取整的过程。

量化按照量化级别可以分为均匀量化和非均匀量化两种。均匀量化采用相等的量化间隔对采样得到的信号进行量化，这种量化也称为线性量化。均匀量化的优点是编译码容易，缺点是要达到相同的信噪比所占用的带宽较大。非均匀量化也称为非线性量化，采用不相等的量化间隔对采样得到的信号进行量化。非均匀量化根据输入信号的概率密度函数来分布量化电平，一般用类似指数的曲线进行量化。例如，目前国际上普遍采用的 A 律 13 折线压扩特性和 μ 律 15

折线压扩特性，二者的区别在于对数量化曲线不同。非均匀量化根据信号的不同区间来确定量化间隔，对于信号取值小的区间，其量化间隔小；反之，量化间隔大。与均匀量化相比，非均匀量化有两个主要的优点：① 当输入量化器的信号具有非均匀分布的概率密度时，非均匀量化器的输出端可以获得较高的平均信号量化噪声功率比；② 进行非均匀量化时，量化噪声功率的均方根值基本上与信号采样值成比例。因此，量化噪声对大、小信号的影响大致相同，改善了小信号时的量化信噪比。由于非均匀量化克服了均匀量化的缺点，因此在现代通信系统中通常采用非均匀量化。

量化还可以按照量化的维数进行分类，即分成标量量化和矢量量化。标量量化是指对每个时间离散样值分别进行量化的处理过程，它是一维的量化，即一个幅度值对应一个量化结果。标量量化的优点是易于实现，直观性好。矢量量化是指将若干时间离散、幅度连续的样值分为一组，形成一个多维空间矢量，然后再对这个矢量进行量化的过程。矢量量化是一种高效的数据压缩技术，常用来作为压缩编码方法。

量化过程是一个近似表示的过程，即无限个取值的模拟信号用有限个取值的离散信号近似表示，在这一过程中不可避免地会产生误差，因此在进行量化后，模拟信号必然会丢失一部分信息，产生量化失真，从而影响通信效果。量化值与模拟值之间的差值称为量化误差或量化失真，显然，量化级数越多，量化的相对误差越小，质量就越好。量化误差通常用功率来表示，称为量化噪声。

### 3. 编码

采样、量化后的信号还不是数字信号，需要转换成数字脉冲，这个过程称为编码。也就是说，编码是指按照一定的规律把量化后的值用二进制数字表示，然后转换成二值或多值的数字信息流。最简单的编码方式是二进制编码，即用 $n$ 位二进制码来表示已经量化的样值，每个二进制数对应一个量化值，然后对它们进行排列，得到由二值脉冲组成的数字信息流。该数字信息流在接收端可以按所收到的信息重新组成量化的样值（解码），再经过低通滤波器去除高频分量，即可恢复原模拟信号。采用这种方式组成的脉冲串的频率等于采样频率与量化比特数的乘积，称为所传输的数字信号的数码率。显然，采样频率越高，量化比特数越多，数码率就越高，所需传输带宽也就越宽。

## 2.4  信道复用技术

为了提高信道利用率，在计算机网络中广泛使用了各种复用技术。复用就是把多个信号组合起来在一条物理信道上进行传输，在远距离传输时可大大节省线路的安装和维护费用。复用的目的是提高信道的利用率，使多个信号沿同一信道传输而互不干扰。常用的复用技术有频分复用、时分复用、波分复用、码分复用。

### 2.4.1  频分复用

频分复用（FDM，Frequency Division Multiplexing）是指按照频率参量的差别来分割信号，即在一条通信线路上设置多个信道，每个信道的中心频率均不相同，各个信道的频率互不重叠，这样一条通信线路就可以划分为不同频率的多个信道，用于传输多路信号。频分复用原理如图 2-18 所示。

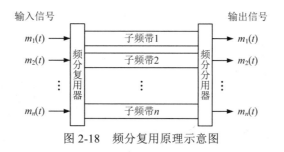

图 2-18　频分复用原理示意图

## 2.4.2　时分复用

时分复用（TDM，Time Division Multiplexing）是指按照时间参量的差别来分割信号，通过为多个信道分配互不重叠的时隙（时间片）的方法来实现多路复用。时分复用分为同步时分复用和异步（统计）时分复用。

同步时分复用是指将信道按时间分成多个时隙，再将这些时隙按照一定的规则分配给各个用户，每个时分复用的用户在每个 TDM 帧中占用固定序号的时隙，每个用户所占用的时隙是周期性地出现（其周期就是 TDM 帧的长度）的。TDM 信号也称为等时（isochronous）信号，时分复用的所有用户在不同的时间占用同样的频带宽度。同步时分复用原理如图 2-19 所示。

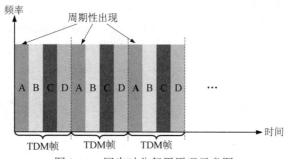

图 2-19　同步时分复用原理示意图

同步时分复用可能会造成线路资源的浪费，这是因为计算机数据具有突发性，当用户在某段时间暂时没有数据传输时（如用户正在键盘上输入数据或正在浏览屏幕上的信息时），那么分配给这个用户的子信道就会处于空闲状态，而其他用户也无法使用这个暂时空闲的线路资源，从而造成线路资源的浪费。为此，提出了一种改进的时分复用技术——异步时分复用，也叫统计时分复用（STDM，Statistic Time Division Multiplexing），这种复用技术能明显提高信道的利用率。集中器常使用统计时分复用技术。图 2-20 给出了 STDM 的原理。一个使用 STDM 的集中器连接了 4 个低速用户（A、B、C、D），然后将它们的数据（*a*、*b*、*c*、*d*）集中起来通过高速线路发送到一个远地计算机。STDM 使用 STDM 帧来传送复用的数据，但是每个 STDM 帧中的时隙数少于连接到集中器上的用户数，各个用户有了数据就随时将其发往集中器的输入缓存，然后集中器按顺序依次扫描输入缓存，把其中的输入数据放入 STDM 帧中，当一个帧的数据放满了，就发送出去。STDM 帧不是固定分配时隙的，而是按需动态分配时隙，因此，STDM 可以提高线路的利用率。集中器能正常工作的前提是假定各用户都是间歇地工作的。由于 STDM 帧中的时隙并不是固定分配给用户的，因此在每个时隙中还必须有用户的地址信息，这是 STDM 必须要有的开销。在输出线路上，每个时隙之前的短时隙（白色）存放的就是地址信息。使用 STDM 的集中器也叫智能复用器，它能提供对整个报文的存储转发（但大多数复用器一次只能存储一个字符或一个比特），通过排队方式使各用户更合理地共享信道。此外，许多集中器还可能具有路由选择、数据压缩、前向纠错等功能。

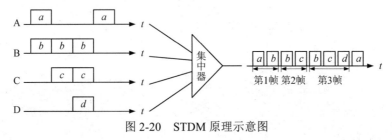

图 2-20  STDM 原理示意图

需要说明的是，TDM 帧和 STDM 帧都是在物理层传送的比特流中所划分的帧，这种帧与数据链路层中的帧是完全不同的概念，不能混淆。

### 2.4.3  波分复用

波分复用（WDM，Wavelength Division Multiplexing）技术是在一根光纤中同时传输多波长光信号的一种复用方式。其基本原理是，在发送端将不同波长的信号组合起来（复用），送入光缆线路上的同一根光纤中进行传输，在接收端又将组合波长的光信号分开（解复用），并做进一步处理，恢复出原信号后送入不同的终端，因此将此项技术称为光波长分割复用，简称波分复用。最初，在一根光纤上只复用两路光载波信号，随着技术的发展，可以在一根光纤上复用几十路或更多的光载波信号，即密集波分复用（DWDM，Dense Wavelength Division Multiplexing）。

DWDM 原理如图 2-21 所示。8 路速率为 2.5Gbit/s 的光载波（其波长均为 1310nm），经光调制后，分别将波长变换到 1550～1557nm，每个光载波相隔 1nm（注：这里只是为了方便说明问题。实际上，对于 DWDM，光载波的间隔一般是 0.8nm 或 1.6nm）。这 8 个波长接近的光载波经过光复用器（波分复用的光复用器又称为合波器）后，在一根光纤上传输数据的总速率就达到了 8×2.5Gbit/s=20Gbit/s。但是由于光信号在光纤上传输会产生衰减，必须对衰减的光信号进行放大才能继续传输。图中使用的光放大器是掺铒光纤放大器（EDFA，Erbium Doped Fiber Amplifier），它不需要进行光/电转换而直接对光信号进行放大，并在 1550nm 波长附近有 35nm（4.2THz）频带范围提供较均匀的、最高可达 40～50dB 的增益。两个 EDFA 之间的中继距离可达 120km，而光复用器和光分用器（波分复用的光分用器又称为分波器）之间的无光/电转换的距离可达 600km（只需放入 4 个 EDFA）。

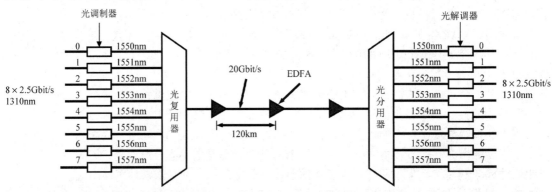

图 2-21  DWDM 原理示意图

波分复用具有以下特点：① 充分利用光纤的低损耗波段，增加了光纤的传输容量，使一根光纤传送数据的物理限度增加一倍至数倍；② 具有在一根光纤中传送两个或多个非同步信号的能力，这有助于数字信号和模拟信号的兼容，且与速率和调制方式无关；③ 对已建光纤通信系统，尤其是早起铺设的芯数不多的光缆，只要原系统有功率余量，便可进行增容，实现多个单向信号或双向信号的传送，而不必对原系统做较大改动，具有较强的灵活性；④ 由于大大减少了光纤的使用量，从而降低了建设成本；⑤ 有源光设备的共享性有利于多个信号的传送或新业务的增加，且降低了成本；⑥ 系统中有源设备的数量大幅减少，提高了系统的可靠性。

## 2.4.4 码分复用

码分复用（CDM，Code Division Multiplexing）是指利用各路信号码型结构正交性而实现多路复用的技术。其原理是，每比特时间被分成 $m$ 个更短的时间槽，称为码片（Chip）。在通常情况下，每比特有 64 或 128 个码片，每个站点被指定一个唯一的 $m$ 位的码片序列，这个 $m$ 位的码片序列就好像站点的地址。各个站点的码片序列是相互正交的，所以多个码片一起传输时不会相互干扰。当两个或多个站点同时发送时，各路数据在信道中被线性相加，接收端可以将不同的码片分离出来，传送给相应的站点。

CDM 是一种共享信道的方法，当码分复用信道为多个不同地址的用户所共享时，称为码分多址（CDMA，Code Division Multiple Access）。每个站点可在同一时间使用同样的频带进行通信，但使用的是基于码型的逻辑信道的方法，即每个用户分配一个码片序列，各个码型正交，通信各方之间不会相互干扰，且保密性强。

CDMA 的规则如下：

① 当发送 1 时，站点发送码片序列；当发送 0 时，站点发送码片序列的反码。例如，按照惯例将码片中的 0 写成-1，将 1 写成+1。假设站点 A 的码片序列为 00011011，则可以表示为（-1-1-1+1+1-1+1+1）。

② CDMA 给每个站点分配的码片序列不仅必须各不相同，并且还必须相互正交。用数学公式可以这样表示：令向量 $S$ 表示 S 站的码片向量，再令 $T$ 表示其他任何站点的码片向量，两个不同站点的码片序列正交，就是向量 $S$ 和 $T$ 的规则化内积为 0，即

$$S \cdot T = \frac{1}{m} \sum_{i=1}^{m} S_i T_i = 0 \tag{2-8}$$

③ 任何一个码片向量和该码片向量自己的规格化内积都是 1。

$$S \cdot S = \frac{1}{m} \sum_{i=1}^{m} S_i S_i = \frac{1}{m} \sum_{i=1}^{m} S_i^2 = 1 \tag{2-9}$$

④ 任何一个码片向量和该码片的反码的向量的规格化内积都是-1。

⑤ 码分叠加：根据发送数据（0/1）写出相应序列后进行相加。

下面举例说明 CDMA 的工作原理。如图 2-22 所示，假设 S 站要发送的数据为"1 1 0"三个码元，CDMA 将每个码元扩展为 8 个码片，S 站选择的码片序列为（-1-1-1+1+1-1+1+1），S 站发送的扩频信号为 $S_x$；T 站选择的码片序列为（-1-1+1-1+1+1+1-1），T 站的扩频信号为 $T_x$；在扩频信号中只包含互为反码的两种码片序列。

由于所有站都使用相同的频率，因此每个站都能够收到所有的站发送的叠加扩频信号 $S_x + T_x$。

当接收站接收 S 站发送的信号时，就用 S 站的码片序列与收到的信号求规格化内积，这相当于分别计算 $S \cdot S_x$ 和 $S \cdot T_x$。显然，按式（2-8）相加的各项或者都是+1，或者都是-1；而 $S \cdot T_x$ 一定是 0，因为按式（2-8）相加的各项中，+1 和-1 各占一半，因此总和一定为 0。

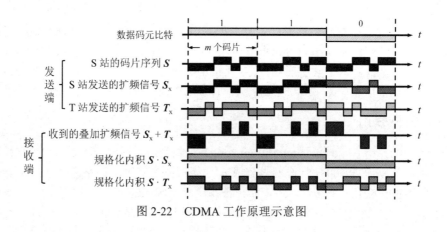

图 2-22 CDMA 工作原理示意图

# 2.5 数据交换技术

## 2.5.1 电路交换

数据通信中的电路交换（CS，Circuit Switching）是指两台计算机或终端在互相通信之前需预先建立起一条实际的物理链路，在通信中自始至终使用该条链路进行数据传输，并且不允许其他计算机或终端同时共享该链路，通信结束后再拆除这条物理链路。电路交换的原理如图 2-23 所示。

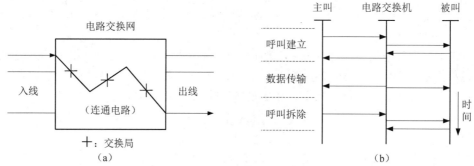

图 2-23 电路交换原理示意图

当用户要求发送数据时，向本地交换局呼叫，在得到应答信号后，主叫用户开始发送被叫用户的号码或地址；本地交换局根据被叫用户号码确定被叫用户属于哪一个局的管辖范围，并随之确定传输路由；如果被叫用户属于其他交换局，则将有关号码经局间中继线传送给被叫用户所在交换局，被叫端交换局呼叫被叫用户，从而在主叫用户和被叫用户之间建立一条固定的通信线路。在数据通信结束时，当其中一个用户表示通信完毕需要拆线时，该链路上各电路交换机将本次通信所占用的设备和通路释放，以供后续呼叫使用。

由此可见，采用电路交换方式，数据通信需经历呼叫建立（建立一条实际的物理链路）、数据传输和呼叫拆除三个阶段。

电路交换属于预分配电路资源，在一次接续中，电路资源就预先分配给一对用户固定使用，不管在这条电路上有无数据传输，电路都将一直被占用，直到双方通信完毕拆除电路连接为止。

需要注意的是，数据通信中的电路交换是根据电话交换原理发展起来的一种交换方式，但又不同于利用公用电话交换网进行数据交换的方式。在电路交换网上进行数据传输和交换与利用公用电话交换网进行数据传输和交换的区别主要体现在两个方面：① 不需要调制解调器；② 电路交换网采用的信令格式和通信过程不相同。

实现电路交换的主要设备是电路交换机，它由交换电路部分和控制电路部分构成。交换电路部分用来实现主叫用户和被叫用户的连接，其核心是电路交换网，电路交换网可以采用空分交换方式和时分交换方式；控制部分的主要功能是，根据主叫用户的选线信号控制交换电路完成接续。

电路交换的主要优点有：① 数据的传输时延小，且对一次接续而言，传输时延固定不变。② 电路交换机对用户信息不进行存储、分析和处理，因此，电路交换机在处理方面的开销比较小，传送用户信息时不必附加许多控制信息，传输的效率比较高。③ 信息的编码方法和格式由通信双方协调，不受网络的限制。

其主要缺点有：① 电路接续时间较长。当传输较短信息时，电路接续时间可能大于通信时间，网络利用率低。② 电路资源被通信双方独占，电路利用率低。③ 不同类型的终端（终端的速率、代码格式、通信协议等不同）不能互相通信，这是因为电路交换机不具备代码变换、变速等功能。④ 有呼损。当对方用户终端忙或电路交换网负载过重而呼叫不通时，会出现呼损。⑤ 传输质量差。电路交换机不具备差错控制、流量控制等功能，只能在"端一端"间进行差错控制，其传输质量较多地依赖于线路的性能，因而差错率较高。

正因为电路交换方式自身的一些特点，使其适合于传输信息量较大、通信对象比较确定的用户。

## 2.5.2　报文交换

报文交换（MS，Message Switching）属于"存储—转发"交换方式，与电路交换的原理不同，不需要提供通信双方的物理连接，当用户的报文到达报文交换机时，先将接收的报文暂时存储在报文交换机的存储器（内存储器或外存储器）中，当所需要的输出电路有空闲时再将该报文发向接收交换机或用户终端。

报文交换是以报文为单位进行信息的接收、存储和转发的，为了准确地实现报文转发，一个报文应包括以下三个部分：① 报头或标题，包括源地址、目标地址和其他辅助的控制信息等；② 报文正文，用于传输用户信息；③ 报尾，表示报文的结束标志，若报文长度有规定则可省去此标志。

报文交换原理如图 2-24 所示。报文交换机中的通信控制器探询各条输入用户线路，若某条用户线路有报文输入，则向中央处理机发出中断请求，并逐字把报文送入内存储器。一旦接收到报文结束标志，则表示一个报文已全部接收完毕，中央处理机对报文进行处理，如分析报头、判别和确定路由、输出排队表等。然后将报文转存入外部的大容量存储器，等待一条空闲的输出线路。一旦线路空闲，就再把报文从外存储器调入内存储器，经通信控制器向线路发送出去。在报文交换中，由于报文是经过存储的，因此通信就不是交互式的或实时的。不过，对不同类型的信息可以设置不同的优先等级，优先级高的报文可以缩短排队等待时间。采用优先等级方式也可以在一定程度上支持交互式通信，在通信高峰时也可把优先级低的报文送入外存储器排队，以减少由于繁忙引起的阻塞。

报文交换的主要优点有：① 可使不同类型的终端设备之间相互进行通信。因为报文交换机具有存储和处理能力，可对输入、输出电路上的速率和编码格式进行交换。② 在报文交换过程中没有电路接续过程，来自不同用户的报文可以在同一条线路上以报文为单位实现时分多路复用，线路可以以它的最高传输能力工作，大大提高了线路利用率。③ 用户不需要叫通对方就可以发送报文，所以无呼损。④ 可以实现同报文通信，即同一报文可以由报文交换机转发到不同的收信地点。

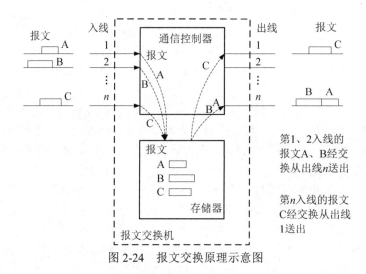

图 2-24 报文交换原理示意图

其主要缺点有：① 信息的传输时延大，而且时延的变化也大。② 要求报文交换机有高速处理能力且缓冲存储器容量大，因此报文交换机的设备费用高。由此可见，报文交换不利于实时通信，而适用于公众电报和电子信箱业务。

### 2.5.3 分组交换

分组交换（PS，Packet Switching）也称为包交换，它是把要传送的信息分割成若干比较短的、规格化的数据段，这些数据段称为分组（或称为包），然后加上分组头，采用"存储—转发"的方式进行交换和传输；在接收端，将这些分组按顺序进行组合，还原成原始信息。由于分组的长度较短，具有统一的格式，便于在分组交换机中存储和处理，分组进入分组交换机后只在主存储器中停留很短的时间进行排队和处理，一旦确定了新的路由，就很快传输到下一个分组交换机或用户终端。

分组由分组头和其后的用户数据部分组成。分组头含有接收地址和控制信息，其长度为 3～10 字节；用户数据部分长度一般是固定的，平均为 128 字节，最大不超过 256 字节。

分组交换的工作原理如图 2-25 所示。假设分组交换网中有三个交换中心（又称交换节点），即图中的分组交换机 1、2、3，有 4 个用户数据终端 A、B、C、D，其中 B 和 C 是分组型终端，A 和 D 是一般终端（非分组型终端）。分组型终端以分组的形式发送和接收信息，而一般终端发送和接收的是报文（或字符流），因此，一般终端发送的报文要由分组装拆设备（PAD，Packet Assembler Disassembler）将其拆成若干分组，以分组的形式在网络传输和交换；若接收终端为一般终端，则由 PAD 将若干分组重新组装成报文再送给一般终端。

图 2-25 中存在以下两个通信过程。

① 一般终端 A 和分组型终端 C 之间的通信。一般终端 A 发出带有接收终端 C 地址的报文，分组交换机 1 将此报文拆成两个分组，存入存储器并进行路由选择，决定将分组 1|C 直接传送给分组交换机 2，将分组 2|C 先传给分组交换机 3，再由分组交换机 3 传给分组交换机 2，最后由分组交换机 2 将两个分组排序后送给接收终端 C。由于 C 是分组型终端，因此在分组交换机 2 中不必经过 PAD，直接将分组送给 C。

② 分组型终端 B 和一般终端 D 之间的通信。分组型终端 B 发送的数据是分组，在分组交换机 3 中不必经过 PAD。1|D、2|D、3|D 这三个分组经过相同的路由传输，由于接收终端 D 为一般终端，因此在分组交换机 2 中由 PAD 将三个分组组装成报文送给 D。

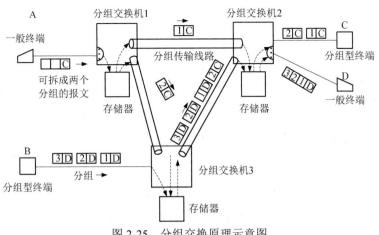

图 2-25　分组交换原理示意图

分组交换的主要优点如下。

① 传输质量高。分组交换机具有差错控制、流量控制等功能，可实现逐段链路的差错控制（差错校验和重发），而且对于分组型终端来说，在用户线部分也可以同样进行差错控制，因此，分组在网内传输的差错率大大降低（一般 Pe 低于 10），传输质量明显提高。

② 可靠性高。在电路交换方式中，一次呼叫的通信电路固定不变，而分组交换方式则不同，报文中的每个分组可以自由选择传输途径。由于分组交换机至少与另外两个分组交换机相连接，因此，当网中发生故障时，分组仍能自动选择一条避开故障地点的迂回路由传输，不会造成通信中断。

③ 为不同类型的终端相互通信提供了方便。分组交换网进行"存储—转发"交换工作，并以 X.25 建议的规程向用户提供统一的接口，从而能实现不同速率、码型和传输控制规程终端间的互通，同时也为异种计算机互通提供了方便。

④ 能满足通信实时性的要求。信息的传输时延较小，而且变换范围不大，能够较好地适应会话型通信的实时性要求。

⑤ 可实现分组多路通信。由于每个分组都含有控制信息，因此，尽管分组型终端和分组交换机之间只有一条用户线相连，但仍可以同时和多个用户终端进行通信。这是公用电话交换网和用户电报网等现有的公用网以及电路交换网所不能实现的。

⑥ 经济性好。在网内传输、交换的是一个个被规范化的分组，这样可以简化交换处理，不要求分组交换机具有很大的存储容量，降低了网内设备的费用。此外，由于可进行分组多路通信，从而大大提高了通信电路的利用率。由于是在用户中继线上以高速传输信息的，只有在有用户信息的情况下才使用中继线，因而降低了通信电路的使用费用。

其主要缺点如下。

① 由于传输分组时需要通过分组交换机，有一定的开销，因而使网络附加的传输信息增多，造成长报文通信的传输效率降低。为了保证分组能按正确的路由安全、准确地到达终点，要给每个数据分组加上控制信息（分组头），除此之外，还要设计若干不含用户信息的控制分组，用来实现数据通路的建立、保持和拆除，并进行差错控制和数据流量控制等。由此可见，在分组交换网内除了用户信息传输，还有许多辅助信息在网内流动，对于较长的报文来说，分组交换的传输效率低于电路交换和报文交换。

② 要求分组交换机有较高的处理能力。分组交换机要对各种类型的分组进行分析和处理，为分组在网中的传输提供路由，并在必要时自动进行路由调整，为用户提供速率、代码和规程的变换，为网络的维护管理提供必要的信息等，因而要求分组交换机具有较高的处理能力，从

而使大型分组交换网的投资较大。

由于每个分组都带有地址信息和控制信息，因此分组可以在网内独立地传输，并且在网内可以以分组为单位进行流量控制、路由选择和差错控制等通信处理。分组在分组交换网中的传输方式有数据报和虚电路两种方式。

（1）数据报方式

数据报方式类似于报文交换方式，将每个分组单独当作一个报文一样对待，分组交换机为每个数据分组独立地寻找路径，同一终端送出的不同分组（分组型终端送出的不同分组或一般终端送出的一个报文拆成的不同分组）可以沿着不同的路径到达终点。在网络终点，分组的顺序可能不同于发送端，需要重新排序。图 2-25 中一般终端 A 和分组型终端 C 之间的通信方式采用的就是数据报方式。

需要说明的是，分组型终端有排序功能，而一般终端没有排序功能。如果接收端是分组型终端，那么排序既可以由终点交换机完成，也可以由分组型终端自己完成；如果接收端是一般终端，那么排序功能必须由终点交换机完成，并将若干分组组装成报文再送给一般终端。

数据报方式的特点如下：① 用户之间的通信不需要经历呼叫建立和呼叫拆除阶段，对于数据量小的通信来说，传输效率比较高。② 数据分组的传输时延大（与虚电路方式相比），且离散度大（同一终端的不同分组的传输时延差别较大）。因为不同的分组可沿不同的路径传输，而不同传输路径的时延差别较大。③ 同一终端送出的若干分组到达终端的顺序可能不同于发送端，需要重新排序。④ 对网络拥塞或故障的适应能力较强，一旦某个经由的节点出现故障或网络的一部分形成拥塞，数据分组就可以另外选择传输路径。

（2）虚电路方式

虚电路方式是指两个用户终端设备在开始互相传输数据之前必须通过网络建立一条逻辑上的连接（称为虚电路），一旦这种连接建立以后，用户发送的数据（以分组为单位）将通过该路径按顺序通过网络传送到终点。当通信完成之后，用户发出拆除连接请求，网络拆除连接。

虚电路方式的原理如图 2-26 所示。假设终端 A 有数据要送往终端 C，终端 A 首先要送出一个"呼叫请求"分组到节点 1，要求建立到终端 C 的连接。节点 1 进行路由选择后决定将该"呼叫请求"分组发送到节点 2，节点 2 又将该"呼叫请求"分组（由于此"呼叫请求"分组是送给被叫终端的，因此应称为"呼入"分组）发送到终端 C。如果终端 C 同意接受这一连接，则发回一个"呼叫接受"分组到节点 2，这个"呼叫接受"分组再由节点 2 送往节点 1，最后由节点 1 送回给终端 A（此时称为"呼叫连通"分组）。至此，终端 A 和终端 C 之间的逻辑连接（虚电路）就建立起来了。此后，所有终端 A 送给终端 C 的分组（或终端 C 送给终端 A 的分组）都将沿已建好的虚电路进行传送，不必再进行路由选择。

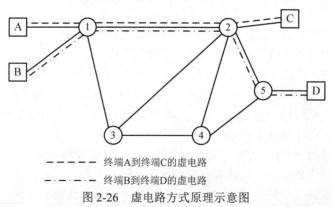

————— 终端A到终端C的虚电路

—·—·— 终端B到终端D的虚电路

图 2-26　虚电路方式原理示意图

假设终端 B 和终端 D 也要进行通信，同样需要预先建立一条虚电路，其路径为终端 B→节点 1→节点 2→节点 5→终端 D。由此可见，终端 A 和终端 B 送出的分组都要经过节点 1 到节点 2 的路由传送，即共享此路由（还可与其他终端共享）。那么，不同终端的分组是如何区分的呢？为了区分一条线路上不同终端的分组，要对分组进行编号（分组头中的逻辑信道号），不同终端送出的分组，其逻辑信道号不同，这相当于把线路分成了许多子信道，每个子信道用相应的逻辑信道号表示。多段逻辑信道链接起来就构成一条端到端的虚电路。

虚电路方式的优点如下：① 一次通信具有呼叫建立、数据传输和呼叫拆除三个阶段，对于数据量较大的通信来说，传输效率较高。② 终端之间的路由在数据传送前已被决定，不必像数据报那样要求节点为每个分组做路由选择的决定，但分组还要在每个节点上存储、排队，等待输出。③ 数据分组按已建立的路径顺序通过网络，在网络终点不需要对分组重新排序，分组传输时延小，而且不容易产生数据分组的丢失。虚电路方式的缺点是，当网络中由于线路或设备故障可能使虚电路中断时，需要重新呼叫建立新的连接，但现在很多采用虚电路方式的网络已能提供重连接的功能，当网络出现故障时将由网络自动选择并建立新的虚电路，不需要用户重新呼叫，并且不会丢失用户数据。

### 2.5.4 三种交换技术的对比

上述三种交换技术的对比如图 2-27 所示。图中 A 和 D 分别表示源点和终点，B 和 C 则是 A、D 之间的中间交换节点。由图可见，若要连续传送大量的数据，且其传送时间远大于连接建立时间，则电路交换的传输速率较快。由于报文交换和分组交换不需要预先分配传输带宽，因此在传送突发数据时可提高整个网络的信道利用率。一个分组的长度往往远小于整个报文的长度，与报文交换相比，分组交换的时延小，灵活性也更好。

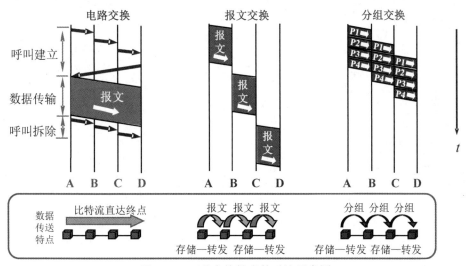

图 2-27　三种交换技术的对比示意图

# 习题 2

1. 简述消息、信息和信号之间的关系。
2. 已知电话线带宽为 4kHz，根据奈奎斯特准则，无噪声信道的最大速率是多少？
3. 假设信道带宽为 5kHz，信噪比为 30dB，则信道的最大速率是多少？
4. 数据电路和数据链路有何区别？

5．基带传输具有怎样的特点？

6．位同步和字符同步的作用是什么？

7．串行传输和并行传输分别适用于哪种场合？

8．简述单工传输、半双工传输、全双工传输。

9．试画出序列 10011101 的曼彻斯特码和差分曼彻斯特码的波形图。

10．为什么同步时分复用不适用于计算机网络？

11．如果共有 4 个站点进行码分多址通信，4 个站点的码片分别为

  A：（-1-1-1+1+1-1+1+1）

  B：（-1-1+1-1+1+1+1-1）

  C：（-1+1-1+1+1+1-1-1）

  D：（-1+1-1-1-1-1+1-1）

  现收到这样的码片序列：（-1+1-3+1-1-3+1+1）

  问：哪个站点发送数据了？发送数据的站点发送的是 1 还是 0？

12．分组交换有哪两种交换方式？试对它们进行比较。

# 第3章 物 理 层

从本章开始将沿着计算机网络体系结构从下到上的顺序讲述有关知识，物理层是计算机网络的最低层，提供实际的物理传输。本章主要讲述物理层的基本概念、接口特性、数字传输系统和几种常用的宽带接入技术。

## 3.1 物理层概述

计算机网络很庞大，网络中的硬件设备和传输媒介的种类繁多，通信手段也有许多不同的方式。物理层位于计算机网络 5 层体系结构的最低层，但它并不是指直接连接计算机的具体物理设备或具体的传输媒介，而是指在物理硬件的基础上，要尽可能地屏蔽不同传输媒介和通信手段的差异，为数据链路层提供一个透明的原始比特流传输的物理连接，也就是说，物理层要构造一个可以传输各种数据比特流的透明通信信道。

从逻辑角度看，物理层是传输媒介与数据链路层之间的接口，其逻辑位置如图 3-1 所示。

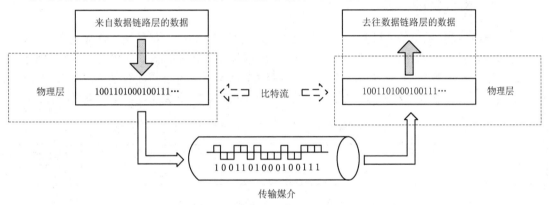

图 3-1 物理层的逻辑位置示意图

物理层定义了在传输媒介上传输比特流所必需的功能，它向数据链路层提供的服务主要有以下三项。

① 物理连接的建立、维持和释放。当数据链路层实体发出建立物理连接的请求时，物理层实体使用相关的接口协议（物理层协议）完成连接的建立，并且在数据信号传输过程中维持这个连接，直到传输结束后再释放这个连接。

② 传输数据。物理层为数据传输提供服务，需要形成适合数据传输需要的实体。该实体应能提供足够的带宽，保证数据正确通过。传输数据的方式要能满足点到点、点到多点、串行或并行、半双工或全双工、同步或异步传输的需要。

③ 物理层的管理。对物理层内的一切活动进行管理。在将数据发送到传输媒介上之前，本地节点必须处理原始的数据流，把从数据链路层接收的数据帧转换为用 0 和 1 表示的适合传输的电、光或电磁信号。

## 3.2 物理层的接口特性

物理层接口协议实际上是数据终端设备（DTE）与数据电路终接设备（DCE）之间的一组约定，规定了 DTE 与 DCE 之间的标准接口特性。标准化的 DTE/DCE 接口具有机械特性、电气特性、功能特性和规程特性。

### 3.2.1 机械特性

DTE/DCE 接口的机械特性涉及接口的物理结构，DTE 与 DCE 之间通常采用连接器来实现机械上的连接。机械特性就是对所用接线器（包括插头和插座的形状及尺寸、引脚数目及其排列、固定或锁定装置等）做出详细的规定。

在 ISO 标准中，涉及 DTE/DCE 接口机械特性的标准如表 3-1 所示。

表 3-1　DTE/DCE 接口机械特性的标准

|  | 引　脚　数 | 应 用 环 境 |
|---|---|---|
| ISO 2110 | 25 | 串行和并行音频调制解调器、公用数据网接口、电报（包括用户电报）接口和自动呼叫设备 |
| ISO 2593 | 34 | ITU-T V.35 的宽带调制解调器 |
| ISO 4902 | 37，9 | 串行音频和宽带调制解调器 |
| ISO 4903 | 15 | ITU-T X.20、X.21 和 X.22 所规定的公用数据网接口 |

### 3.2.2 电气特性

DTE/DCE 接口的电气特性规定了 DTE/DCE 之间接口多根信号线的电气连接及有关电路特性，通常包括发送器和接收器的电路特性（如发送信号电平、发送器的输出阻抗、接收器的输入阻抗、平衡特性等）、负载要求、速率和连接距离等。表 3-2 和表 3-3 分别列出了普通电话网接口电气特性的主要规定和 ITU-T V.28、V.10/X.26、V.11/X.27 有关建议的某些电气特性。

表 3-2　普通电话网接口电气特性的主要规定

| 发 送 电 平 | 接 收 电 平 | 阻　　抗 | 平 衡 特 性 |
|---|---|---|---|
| ≤0dBm | −35dBm～−5dBm，视各种 Modem 而定 | 600Ω | 平衡输入/输出 |

表 3-3　ITU-T V/X 系列有关建议的某些电气特性

| ITU-T | V.28 | V.10/X.26 | V.11/X.27 |
|---|---|---|---|
| 1 信号电平 | −15～−5V（对地） | −6～−4V（对地） | −6～−2V（差动） |
| 0 信号电平 | +5～+15V（对地） | +4～+6V（对地） | +2～+6V（差动） |
| 速率范围 | ≤20kbit/s | ≤300kbit/s | ≤10Mbit/s |

### 3.2.3 功能特性

DTE/DCE 接口的功能特性主要是指对各接口信号线做出确切的功能定义，以及互相间的操作关系定义，对每根接口信号线的定义通常采用两种方法：① 一线一义法，即每根接口信号线被定义为一种功能，ITU-T V.24、EIA RS-232-C、EIA RS-449 等都采用这种方法。② 一线多义法，即每根接口信号线被定义为多种功能，该方法有利于减少接口信号线的数目，被 ITU-T X.24、ITU-T X.21 所采用。

接口信号线按其功能一般分为接地线、数据线、控制线、定时线等类型。对各信号的命名通常采用数字、字母组合或英文缩写三种形式。例如，ITU-T V.24 以数字命名，EIA RS-232-C 采用字母组合，而 EIA RS-449 则采用英文缩写。

表 3-4 列出了 EIA RS-232-C DB-9 接口的功能特性。

表 3-4  EIA RS-232-C DB-9 接口的功能特性

| 针　脚 | 符　号 | 方　向 | 说　明 |
|---|---|---|---|
| 1 | DCD | 输入 | 数据载波检测 |
| 2 | RXD | 输入 | 接收数据 |
| 3 | TXD | 输出 | 发送数据 |
| 4 | DTR | 输出 | 数据终端准备好 |
| 5 | GND | — | 信号地 |
| 6 | DSR | 输入 | 数据装置准备好 |
| 7 | RTS | 输出 | 请求发送 |
| 8 | CTS | 输入 | 允许发送 |
| 9 | RI | 输入 | 振铃指示 |

### 3.2.4  规程特性

DTE/DCE 接口的规程特性规定了各接口信号线之间的相互关系、工作顺序和时序，以及维护测试操作等内容。规程特性反映了通信双方在数据通信过程中可能发生的各种事件。由于这些可能事件出现的先后次序不尽相同，而且又有多种组合，因此规程特性往往比较复杂。目前用于物理层规程特性的标准有 ITU-T V.24、V.25、V.54、X.20、X.20bis、X.21、X.21bis、X.22、X.150 等。

表 3-5 列出了 EIA、ITU-T 和 ISO 有关 DTE/DCE 的主要接口标准及其兼容关系。

表 3-5  DTE/DCE 的主要接口标准及其兼容关系

| 接口特性 | EIA | ITU-T | ISO | 说　明 |
|---|---|---|---|---|
| 机械特性 | RS-232-C | V.24、X.20bis | ISO 2110 | 25 芯引脚 |
| | RS-366-A | X.21bis | | |
| | RS-449 | | ISO 4902 | 37 芯及 9 芯引脚 |
| | | X.20、X.21 | ISO 4903 | 15 芯引脚 |
| | | | ISO 2593 | 34 芯引脚 |
| 电气特性 | RS-232-C | V.28、X.20(DTE)*、X.20bis、X.21bis | ISO 2110 | 用于非平衡电路 |
| | RS-423-A | V.10/X.26、X.20、X.21、X.21bis(DTE)* | ISO 4903 | 用于集成电路的非平衡电路 |
| | RS-422-A | V.11/X.27、X.21、X.20(DTE)* | ISO 4903 | 用于集成电路的平衡电路 |
| 功能特性 | RS-232-C | V.24、X.20bis | ISO 1177 | 接口间互换电路的规定 |
| | RS-366-A | X.21bis | | |
| | RS-449 | | | |
| | | X.20 | | 用于异步数据公用网 |
| | | X.21 | | 用于异步数据公用网 |

| 接口特性 | EIA | ITU-T | ISO | 说　　明 |
|---|---|---|---|---|
| | RS-232-C | V.24、X.20bis | | 接口间互换电路的工作过程 |
| 规程特性 | RS-366-A | X.21bis | ISO 1177 | |
| | RS-449 | | | |
| | | X.20 | | 用于异步数据公用网 |
| | | X.21 | | 用于异步数据公用网 |

# 3.3　数字传输系统

早期电话网的长途干线采用语音信号频分多路载波通信系统，该系统采用频分复用（FDM）的模拟传输方式。由于数字通信的性能优于模拟通信，因此长途干线采用时分复用脉冲编码调制（PCM）的数字传输方式，模拟线路就基本上只剩下从用户电话机到市话交换机之间的这一段几千米长的用户线。但是PCM传输体制存在许多不足，最主要的有两个问题。

（1）速率标准不统一

由于历史的原因，多路复用的速率体系标准互不兼容，北美和日本的基础码速率使用T1速率（1.544Mbit/s），欧洲和中国的基础码速率使用E1速率（2.048Mbit/s），但是在三次群以上，日本又使用了与北美不一样的第三种不兼容的标准（见表3-6），因此，难以实现国际互通。

表3-6　PCM传输体制的速率系列

| 系统类型 | | 一次群 | 二次群 | 三次群 | | 四次群 | |
|---|---|---|---|---|---|---|---|
| 欧洲中国 | 速率符号 | E1 | E2 | E3 | | E4 | |
| | 话路数 | 30 | 120 | 480 | | 1920 | |
| | 速率/（Mbit/s） | 2.048 | 8.448 | 34.368 | | 139.264 | |
| 北美日本 | 速率符号 | T1 | T2 | T3（北美） | T3（日本） | T4（北美） | T4（日本） |
| | 话路数 | 24 | 96 | 672 | 480 | 4032 | 1440 |
| | 速率/（Mbit/s） | 1.544 | 6.312 | 44.736 | 32.064 | 274.176 | 97.728 |

（2）通信双方不同步

在过去相当长的时间，各国的数字网主要采用准同步数字系列（PDH，Plesiochronous Digital Hierarchy）。在PDH系统中由于各支路信号的时钟频率有一定的偏差，因此时分复用和分用较为复杂。当数据传输的速率很高时，收发双方的时钟同步就成为很大的问题。

为此，美国在1988年首先提出采用光纤传输的物理层标准——同步光网络（SONET，Synchronous Optical NETwork），整个同步光网络的各级时钟都来自一个非常精确的铯原子钟（其精度优于$\pm 1 \times 10^{-11}$）。SONET为光纤传输系统规定了同步传输的线路速率等级结构，其速率以51.84Mbit/s为基础，大约对应T3/E3的速率。此速率对电信号称为第1级同步传送信号（STS，Synchronous Transport Signal），即STS-1；对光信号则称为第1级光载波（OC，Optical Carrier），即OC-1。

SONET规定了光纤电缆和发生光的规范，以及数据的多路传送和帧的生成。SONET信号以同步数据流形式运载数据和控制信息，控制信息被嵌入信号中并被看作辅助操作。SONET信号的辅助操作包括：① 分段，用于处理帧生成和差错监控；② 线路，用于监控线路状态；③ 路径，用于控制网上端点（路径终端设备）间的信号传送和差错监控等。

ITU-T以美国标准SONET为基础，于1988年制定出国际标准同步数字系列（SDH，

Synchronous Digital Hierarchy），使之成为不仅适用于光纤，也适用于微波和卫星传输的通用技术体制。SDH 可以实现网络有效管理、实时业务监控、动态网络维护、不同制造商设备的互通等多项功能，从而大大提高了网络资源的利用率，降低了管理及维护费用，实现了灵活、可靠和高效的网络运行和维护。

SDH 采用一套标准化的信息结构等级，称为同步传送模块 STM-N（N 代表复用等级）。SDH 的帧结构与一般信息的帧结构不同，属于块状帧结构（见图 3-2），由纵向 9 行和横向 270×N 列字节（Byte）组成，每字节含 8 位（bit）。从结构组成来看，整个结构可分为段开销、STM-N 净负荷和管理单元指针三个基本区域。其中，段开销（SOH）是指为保证信息正常、灵活、有效地传送所必须附加的字节，主要用于网络的运行、管理、维护和指配（OAM&P），它又分为再生段开销（RSOH）和复用段开销（MSOH）。STM-N 净负荷是指 SDH 帧结构中用于承载各种业务信息的部分。另外，在该区域中还存放了少量可用于通道性能监视、管理和控制的通道开销（POH）字节。管理单元指针（AU-PTR）是一组特定的编码，主要用来指示净负荷区域内的信息首字节在 STM-N 帧内的准确位置，以便接收时能正确分离净负荷。SDH 帧传输时按照由左到右、由上到下的顺序排列成串行码流依次传输，传输 1 帧的时间为 125μs，每秒共传输 8000 帧。因此，对于 STM-1 而言，速率为 8×9×270×8000=155.520Mbit/s。

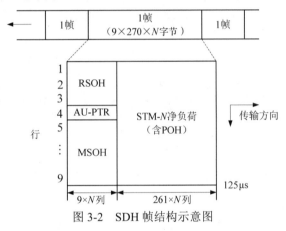

图 3-2　SDH 帧结构示意图

更高等级的 STM-N 是将 N 个 STM-1 按同步复用，经字节间插后得到的，例如，4 个 STM-1 构成 STM-4，速率为 622.080Mbit/s；16 个 STM-1 构成一个 STM-16，速率为 2448.320Mbit/s。SONET 和 SDH 的线路速率等级对应关系见表 3-7。为方便起见，在谈到 SONET/SDH 的常用速率时，往往不使用线路速率的精确数值而是使用线路速率的近似值。

表 3-7　SONET 和 SDH 的线路速率等级对应关系

| SONET | | SDH | 线路速率<br>/（Mbit/s） | 线路速率近似值<br>/（Mbit/s） | 相当的话路数<br>（每话路 64kbit/s） |
|---|---|---|---|---|---|
| STS-1 | OC-1 | — | 51.840 | — | 810 |
| STS-3 | OC-3 | STM-1 | 155.520 | 156 | 2430 |
| STS-12 | OC-12 | STM-4 | 622.080 | 622 | 9720 |
| STS-24 | OC-24 | STM-8 | 1244.160 | — | 19440 |
| STS-48 | OC-48 | STM-16 | 2488.320 | 2500 | 38880 |
| STS-96 | OC-96 | STM-32 | 4976.640 | — | 77760 |
| STS-192 | OC-192 | STM-64 | 9953.280 | 10000 | 155520 |
| STS-768 | OC-768 | STM-256 | 39813.120 | 40000 | 622080 |

SDH/SONET 标准的制定使北美、日本和欧洲这三个地区和国家三种不同的数字传输体制在 STM-1 等级上获得了统一，各国都同意将这一速率以及在此基础上的更高的速率作为国际标准，从而第一次真正实现了数字传输体制上的世界性标准。

# 3.4 宽带接入技术

任何用户要想连接到互联网上，都必须首先连接到地区的某个 ISP 上，然后通过省市级、国家级主干网才能与互联网相连。根据我国电信管理部门的规定，互联网接入是指利用服务器和相应的软/硬件资源建立业务节点，并利用公用电信基础设施将业务节点与互联网相连接，以便为各类用户提供接入互联网的服务。研究接入网技术就是为了解决最终用户接入网络的问题。为了提高用户上网的速率，近年来已经有很多宽带技术应用于用户家庭。然而至今"宽带"尚无统一的定义。一般有以下几种说法：① 接入互联网的速率远大于 56kbit/s 就是宽带（注：56kbit/s 是用户电话线接入互联网的最高速率）。② 接入互联网的速率大于 1Mbit/s 就是宽带。③ 美国联邦通信委员会（FCC，Federal Communications Commission）认为，只要双向速率之和超过 200kbit/s 就是宽带。2015 年 1 月，FCC 又对接入网的"宽带"进行了重新定义，将原定的宽带下行速率调整至 25Mbit/s，原定的宽带上行速率调整至 3Mbit/s。

宽带接入技术主要包括以现有电话铜线为基础的 xDSL 接入技术、以电缆电视为基础的混合光纤同轴（HFC）接入技术、光纤接入技术等多种有线接入技术及无线接入技术，见表 3-8。由于无线接入技术比较复杂，本节主要介绍宽带有线接入技术。

表 3-8　宽带接入技术分类

| | | |
|---|---|---|
| 有线接入 | 铜线接入 | 公用交换电话网（PSTN）、高速率数字用户线（HDSL）、不对称数字用户线（ADSL）、甚高速率数字用户线（VDSL） |
| | 光纤接入 | 光纤到路边（FTTC）、光纤到大楼（FTTB）、光纤到办公室（FTTO）、光纤到楼层（FTTF）、光纤到小区（FTTZ）、光纤到户（FTTH）、光纤到桌面（FTTD） |
| | 混合光纤/同轴电缆接入 | |
| 无线接入 | 固定接入 | 微波一点多址（DRMA）、无线本地环路（WLL）、直播卫星（DBS）、多点多路分配业务（MMDS）、本地多点分配业务（LMDS）、甚小天线地球站（VSAT） |
| | 移动接入 | 移动蜂窝通信网、无线寻呼网、无绳电话网、集群电话网、卫星全球移动通信网、个人通信网 |
| 综合接入 | 有线+无线接入 | |

## 3.4.1 基于铜线的 xDSL 接入技术

xDSL 技术是以电话铜线（普通电话线）为传输介质、点对点传输的宽带接入技术。铜线接入网络是目前使用时间最长、分布地域最广、覆盖用户群最大的接入网络，xDSL 是各种数字用户线（DSL，Digital Subscriber Line）的统称。xDSL 技术最大的优势在于利用现有的电话网络架构，不需要对现有接入系统进行改造就可以方便地开通宽带业务，被认为是解决"最后一公里"问题的最佳选择之一。

xDSL 技术在线路编码、回波抵消、自适应均衡等方面都采用了数字信号处理的新技术。目前有多种 xDSL 技术被应用于不同的场合，如不对称数字用户线（ADSL，Asymmetric DSL）、对称数字用户线（SDSL，Symmetric DSL）、高速率数字用户线（HDSL，High-speed DSL）、甚高速率数字用户线（VDSL，Very-high-speed DSL）等。其中使用最为广泛的是 ADSL 技术，它是利用现有电话网络的双绞线资源实现宽带接入的一种技术。ADSL 的上行和下行带宽不对称，其传输距离取决于速率和用户线的线径（用户线越细，信号传输时的衰减就越大）。例如，0.5mm线径的用户线，速率为 1.5～2.0Mbit/s 时的传输距离为 5.5km，但当速率提高到 6.1Mbit/s 时，传输距离就缩短为 3.7km。如果把用户线的线径减小到 0.4mm，那么在 6.1Mbit/s 速率下，传输距离只有 2.7km。此外，ADSL 所能得到的最高速率与实际用户线上的信噪比密切相关。

ADSL 技术在用户线（铜线）的两端各安装一个 ADSL 调制解调器，这种调制解调器的实现有很多种方案。我国目前采用的实现方案是离散多音调（DMT，Discrete Multi-Tone）调制技术，这里的"多音调"是多载波或多子信道的意思。DMT 调制技术采用 FDM 的方法，把 40kHz以上一直到 1.1MHz 的高端频谱划分为许多子信道，其中 25 个子信道用于上行信道，而 249 个子信道用于下行信道。每个子信道占用 4kHz 带宽（实际为 4.3125kHz），并使用不同载波（不同的音调）进行数字调制，这种做法相当于在一对用户线上使用许多小的调制解调器并行地传送数据。由于用户线的具体条件往往相差很大（距离、线径、受到相邻用户线的干扰程度等都不同），因此 ADSL 采用自适应调制技术使用户线能够有尽可能高的速率。当 ADSL 启动时，用户线两端的 ADSL 调制解调器将测试可用的频率、各子信道受到的干扰情况，以及在每个频率上测试信号的传输质量，这样就使 ADSL 能够选择合适的调制方案以获得尽可能高的速率，可见ADSL 不能保证固定的速率，对于质量很差的用户线甚至无法开通 ADSL，因此电信局需要定期检查用户线的质量，以保证能够提供用户承诺的最高的 ADSL 数据率。DMT 调制技术的频谱结构如图 3-3 所示。

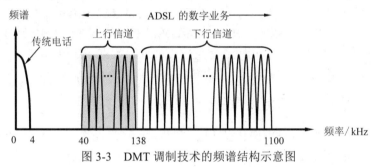

图 3-3　DMT 调制技术的频谱结构示意图

基于 ADSL 的接入网由数字用户线接入复用器（DSLAM，DSL Access Multiplexer）、用户线和用户住宅中的一些设施三大部分组成，如图 3-4 所示。数字用户线接入复用器包括许多 ADSL调制解调器，ADSL 调制解调器又称为接入端接单元（ATU，Access Termination Unit）。由于 ADSL调制解调器必须成对使用，因此把在电话端局（或远端站）和用户住宅中所用的 ADSL 调制解调器分别记为 ATU-C（C 代表端局，Central Office）和 ATU-R（R 代表远端，Remote）。用户电话通过电话分离器（PS，POTS Splitter）和 ATU-R 连在一起，经用户线到端局，并再次经过一

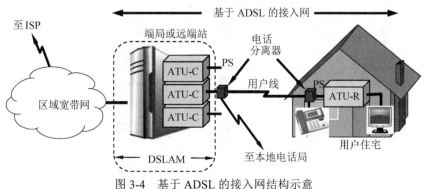

图 3-4　基于 ADSL 的接入网结构示意

个电话分离器把电话连到本地电话交换机。电话分离器利用低通滤波器将电话信号与数字信号分开，它是无源的，因此在停电时不影响电话的使用。一个 DSLAM 可支持多达 500～1000 个用户，若按每户 6Mbit/s 计算，则具有 1000 个端口的 DSLAM（这需要用 1000 个 ATU-C）应有高达 6Gbit/s 的转发能力。

ADSL 最大的好处就是可以利用现有电话网中的用户线（铜线），而不需要重新布线，节省了大量投资。目前 ADSL 技术还在不断发展，ITU-T 已颁布了更高速率的 ADSL 标准，即 G 系列标准，例如，ADSL2（G992.3 和 G.992.4）和 ADSL2+（G.992.5），它们都称为第二代 ADSL。第二代 ADSL 技术的主要改进如下。

① 速率进一步提升。例如，ADSL2 要求至少应支持下行 8Mbit/s、上行 800kbit/s 的速率。而 ADSL2+则将频谱范围从 1.1MHz 扩展至 2.2MHz（相应的子信道数量也增多了），下行速率可达 16Mbit/s（最高 25Mbit/s），而上行速率可达 800kbit/s。

② 功能进一步增强。增加了分组传送模式，能更高效地传送日益增长的以太网和 IP 业务；增强了线路故障诊断和频谱控制能力，能支持单端和双端测试功能；采用了无缝速率自适应技术（SRA，Seamless Rate Adaptation），能在不影响业务的情况下，根据线路的实时状况，自适应地调整线路速率；改善了线路质量评测和故障定位功能，提高了网络的运行维护水平。

需要说明的是，ADSL 不适合企业使用，因为企业往往需要使用上行信道发送大量数据给许多用户。为了满足企业的需要，ADSL 技术有几种变形：SDSL 把带宽平均分配到下行和上行两个方向，很适合企业使用，每个方向的速率分别为 384kbit/s 或 1.5Mbit/s，传输距离分别为 5.5km 或 3km；HDSL 是一种使用一对线或两对线的对称 DSL，用来取代 T1 线路的高速率数字用户线，速率可达 768kbit/s 或 1.5Mbit/s，传输距离为 2.7～3.6km；VDSL 的速率更快，上行速率是 1.5～2.5Mbit/s，下行速率可达 50～55Mbit/s，适合短距离传输（300m～1.8km）。

### 3.4.2　基于混合光纤同轴电缆的接入技术

随着有线电视网（CATV）的双向传输改造，有线电视网络也可以提供双向数据的传输服务。1988 年提出的混合光纤同轴电缆（HFC，Hybrid Fiber Coaxial）网就是新一代的有线电视网，它除了按照传统方式接收电视信号，还提供电话、数据和其他宽带交互型业务。

为了提高传输的可靠性和电视信号的质量，HFC 网把原有线电视网中的同轴电缆主干部分换成光纤，如图 3-5 所示。光纤从头端连接光纤节点，在光纤节点上，光信号被转换为电信号，然后通过同轴电缆传送到每个用户住宅中。从头端到用户住宅所需的放大器数目也就减少到仅有 4～5 个。连接到一个光纤节点的典型用户数是 500 左右，但不超过 2000。光纤节点与头端的典型距离为 25km，而从光纤节点到其用户住宅的距离则不超过 2～3km。

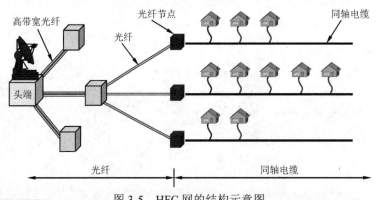

图 3-5　HFC 网的结构示意图

原有线电视网的最高传输频率是 450MHz，并且仅用于电视信号的下行传输。但是现在的 HFC 网具有双向传输功能，而且扩展了传输频带。根据有线电视频率配置标准 GB/T 17786—1999，目前我国 HFC 网的频率分配如图 3-6 所示。

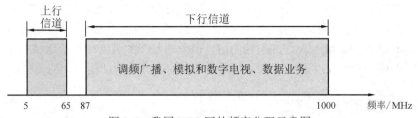

图 3-6　我国 HFC 网的频率分配示意图

要使现在的模拟电视机能够接收数字电视信号，需要把一个称为机顶盒的设备连接在同轴电缆和用户的电视机之间。但为了使用户能够利用 HFC 网接入互联网，以及在上行信道中传送交换数字电视所需的一些信息，还需要增加一个供 HFC 网使用的调制解调器，又称为电缆调制解调器。电缆调制解调器可以做成一个单独的设备（类似于 ADSL 调制解调器），也可以做成内置式的，安装在电视机的机顶盒里面。用户只要把自己的计算机连接到电缆调制解调器上，就可以方便地上网了。电缆调制解调器不需要成对使用，只需安装在用户端。电缆调制解调器比 ADSL 调制解调器复杂得多，因为它必须解决共享信道中可能出现的冲突问题。在使用 ADSL 调制解调器时，用户计算机所连接的电话用户线是该用户专用的，因此在用户线上所能达到的最高速率是确定的，与其他 ADSL 用户是否在上网无关。但在使用 HFC 的电缆调制解调器时，在同轴电缆这一段，用户所享用的最高速率是不确定的，因为某个用户所能享用的速率大小取决于这段电缆上现在有多少个用户正在传送数据。

### 3.4.3　光纤接入技术

光纤接入技术实际就是在接入网中全部或部分采用光纤传输介质，构成光纤用户环路，实现用户高性能宽带接入的一种方案。光纤接入网是指在接入网中用光纤作为主要传输媒介来实现信息传输的网络形式，它不是传统意义上的光纤传输系统，而是针对接入网环境所专门设计的光纤传输网络。光纤接入网从技术上可分为两大类：有源光网络（AON，Active Optical Network）和无源光网络（PON，Passive Optical Network）。AON 指从端局设备到用户分配单元之间均采用有源光纤传输设备，如光/电转换设备、有源光电器件、光纤等连接成的光网络。PON 指从端局设备到用户分配单元之间不含有任何电子器件及电子电源，全部由光分路器等无源器件连接而成的光网络。由于 PON 不含有源设备和器件，避免了外部设备的电磁干扰和雷电影响，减少了线路和外部设备的故障率，故而可靠性高，维护方便，投资也比 AON 低，所以光纤接入网中多采用 PON 结构。

PON 的种类很多，最流行的有两种：① 以太网无源光网络（EPON，Ethernet PON），标准是 IEEE 802.3ah。EPON 在数据链路层使用以太网协议，利用 PON 的拓扑结构实现以太网接入。EPON 与现有的以太网兼容性好，且成本低，扩展性强，管理方便。② 吉比特无源光网络（GPON，Gigabit PON），标准是 ITU-T G.984。GPON 采用通用封装方法，可承载多种业务类型，并能提供服务质量保证，是一种很有潜力的宽带光纤接入技术。

为了有效地利用光纤资源，光纤干线与用户之间还设置了一个光配线网（ODN，Optical Distribution Network），以便多个用户共享一根光纤干线。现在广泛使用的无源光配线网组成如图 3-7 所示。图中，光线路终端（OLT，Optical Line Terminal）是连接到光纤干线的终端设备。

OLT 把收到的下行数据发往无源的 1∶N 光分路器（splitter），然后用广播方式向所有用户端的光网络单元（ONU，Optical Network Unit）发送。典型的光分路器使用的分路比是 1∶32，有时也可以使用多级的光分路器。每个 ONU 根据特有的标识只接收发送给自己的数据，然后转换为电信号发往用户住宅。每个 ONU 到用户住宅的距离可根据具体情况来设置，OLT 则给各 ONU 分配适当的光功率。当 ONU 发送上行数据时，先把电信号转换为光信号，光分路器把各 ONU 发来的上行数据汇总后，以 TDMA 方式发往 OLT，而发送时间和长度都由 OLT 集中控制，以便有序地共享光纤干线。光配线网采用 WDM 技术，上行和下行分别使用不同的波长。

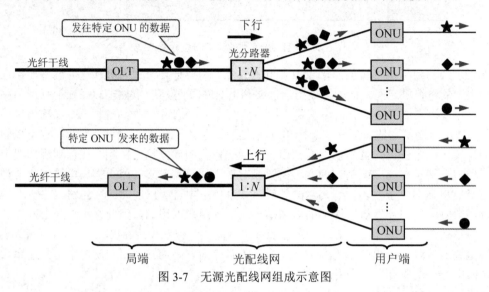

图 3-7　无源光配线网组成示意图

根据 ONU 所在位置不同，光纤接入网的接入方式可分为光纤到路边（FTTC，Fiber To The Curb）、光纤到大楼（FTTB，Fiber To The Building）、光纤到办公室（FTTO，Fiber To The Office）、光纤到楼层（FTTF，Fiber To The Floor）、光纤到小区（FTTZ，Fiber To The Zone）、光纤到户（FTTH，Fiber To The Home）、光纤到桌面（FTTD，Fiber To The Desk）等，统称为 FTTx 接入方式。

# 习题 3

1. 物理层具有哪些功能？提供哪些服务？
2. 物理层接口有哪些基本特性？
3. SDH 帧结构有何特点？从结构组成来看，SDH 帧由几部分构成？
4. 为什么光纤接入网中多采用无源光网络？
5. 宽带接入技术有哪些？

# 第 4 章　数据链路层

数据链路层是计算机网络体系结构中的次低层，位于物理层之上。本章主要讲述数据链路层的基本功能和基本问题、典型的数据链路层协议、扩展局域网的方法和技术，以及地址解析协议等内容。

## 4.1　数据链路层概述

无论是 OSI/RM 的 7 层网络体系结构模型，还是计算机网络采用的 5 层网络体系结构模型，都包含了数据链路层。数据链路层位于物理层和网络层之间，在物理层提供的服务基础上向网络层提供服务。其最基本的服务就是利用物理层提供的原始比特流传输服务，通过协议在两个相邻节点之间进行无差错的数据传输，从而向网络层提供透明、可靠的数据传输服务。

图 4-1 给出的是主机 A 通过通信网（电话网、局域网和广域网）和路由器与远程主机 B 进行通信的例子，从中可以看出数据在协议栈中的流动情况。主机 A 和主机 B 都有完整的协议栈，但路由器在转发分组时使用的协议栈一般只有最下面的三层。在发送端，数据链路层把网络层交下来数据封装成帧，然后调用物理层提供的服务将帧发送出去，物理层对数据进行编码，将代表数据的比特流发送到链路上。当路由器的物理层收到比特流后，向上送至数据链路层，由数据链路层从比特流中取出帧，再从帧中提取 IP 数据报上交给网络层。路由器的网络层根据 IP 地址的首部信息，在转发表中找到下一跳的地址后，再将 IP 数据报向下送至数据链路层，重新封装成新的帧，然后交给物理层发送出去。由于主机 A 和主机 B 之间有多个节点，因此数据从主机 A 传送到主机 B 需要在路径中的各节点的协议栈向上和向下流动多次。在接收端，物理层对收到的信号进行解码，将解码后的二进制数据交给数据链路层。数据链路层识别出帧，从接收的帧中取出数据，再上交给网络层。在这个过程中，数据链路层不必考虑物理层实现的比特流传输的细节。

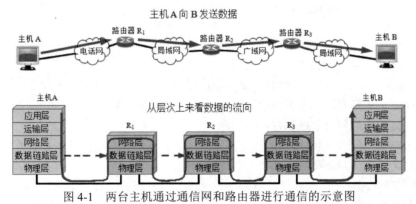

图 4-1　两台主机通过通信网和路由器进行通信的示意图

如果单看数据链路层，数据就像是从主机 A 的数据链路层传送到路由器 $R_1$ 的数据链路层，然后再从路由器 $R_1$ 的数据链路层传送到路由器 $R_2$ 的数据链路层，再从路由器 $R_2$ 的数据链路层传送到路由器 $R_3$ 的数据链路层，最后从路由器 $R_3$ 的数据链路层传送到主机 B 的数据链路层。从这个过程可以看出，数据链路层实现的通信是相邻节点之间的通信，它为网络层实现的主机之间的通信提供了支持。需要注意的是，不同的数据链路层可能采用不同的数据链路层协议。针对不同类型的信道，数据链路层协议完成的功能也不尽相同。数据链路层使用的信道主要有以下两种类型。

① 点对点信道。点对点信道使用一对一的点对点通信方式。例如，利用电话线通过 ADSL 实现连网通信的信道就是典型的点对点信道。

② 广播信道。广播信道使用一对多的广播通信方式来实现通信。一台计算机发送的数据可以被该信道上的其他计算机所接收。广播信道属于共享信道，如果多台主机同时发送，那么它们的发送会彼此相互干扰，造成发送失败，因此必须使用专用的共享信道协议来协调这些主机的数据发送。早期的以太网就是使用广播信道来实现通信的。

在学习数据链路层时，还要明确两个完全不同的概念——物理链路和数据链路。从图 4-2 给出的数据链路层模型中可以看出，物理链路（简称链路）是相邻两个节点（中间没有任何其他的交换节点）之间的一条无源的点到点的物理线路。在进行数据通信时，两台计算机之间的通信路径往往是由许多段链路组成的，也就是说，一条链路只是一条通路的一个组成部分。当需要在一条通路上传送数据时，除了必须有一条链路，还必须有一些必要的通信协议来控制这些数据在链路上的传输。把实现这些协议的硬件和软件加到链路上，就构成了数据链路。现在最常用的方法是使用适配器（网卡）来实现这些协议的硬件和软件。一般的适配器都包括数据链路层和物理层这两层的功能。实际的物理链路常采用多路复用技术，这样一条物理链路可以构成多条数据链路，从而提高链路利用率。

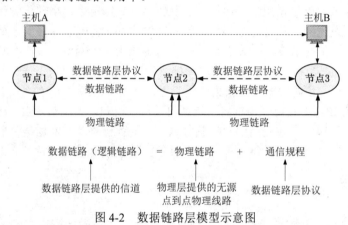

图 4-2　数据链路层模型示意图

数据链路层的主要功能如下。

① 数据链路的建立、拆除和管理。该功能提供识别和寻址一个特别的发送端或接收端（该发送端或接收端可能是多点连接设备中的一个）的手段，即在两个实体之间如何建立数据链路、如何拆除数据链路和如何对数据链路进行管理。

② 封装成帧。帧是数据链路层的传送单位。封装成帧功能是指把网络层的数据分割成数据块并组织成帧，且帧的开始和结束都要有明确的标记。

③ 透明传输。透明传输是指不管链路上传输的是何种形式的比特组合，都能够按照原样无差错地通过数据链路层。

④ 差错控制。该功能提供检错和纠错机制，以保证报文的高度完整性，还必须提供流量控制手段，以调节发送速率，使之与接收端接收帧的能力相匹配。

⑤ 流量控制。流量控制并不是数据链路层特有的功能，许多高层协议中也提供流量控制功能，只不过是流量控制的对象不同而已。例如，对于数据链路层来说，控制的是相邻两个节点之间数据链路上的流量；而对于运输层来说，控制的则是从源到最终目标之间的端对端的流量。由于收发双方各自使用的设备的工作速率和缓冲存储空间存在差异，可能出现发送端发送能力

大于接收端接收能力的现象，如果此时不对发送端的发送速率（链路上的信息流量）进行适当的限制，那么前面来不及接收的帧将被后面不断发送来的帧"淹没"，从而造成帧的丢失。由此可见，流量控制实际上是对发送端数据流量的控制，使其发送速率不超过接收端的速率，也就是需要有一些规则使得发送端知道在什么情况下可以继续发送下一帧，而在什么情况下必须暂停发送，以等待收到某种反馈信息后再继续发送。

## 4.2 数据链路层的三个基本问题

数据链路层的协议有很多种，但不论哪种协议，都必须解决三个基本问题，即封装成帧、透明传输和差错检测。

### 4.2.1 封装成帧

数据链路层协议是以帧为单位进行数据处理的，例如发送、检错等。为了便于接收端的数据链路层从其物理层上交的一长串比特流中识别出各个帧，需要在发送端的数据链路层发送数据时给数据加上标记，确定一个帧的边界，即帧的开始和结束。封装成帧（framing）就是在一段数据的前、后分别添加首部和尾部，这样就构成了一个帧。添加的首部和尾部，分别称为帧首部和帧尾部。这样接收端的数据链路层在收到物理层上交的比特流后，就能够根据帧首部和帧尾部的标记从收到的比特流中识别出一帧的开始和结束。帧首部和帧尾部的一个重要作用就是进行帧定界。此外，在帧首部和帧尾部中还包含许多必要的控制信息。各种数据链路层协议都对帧首部和帧尾部的格式有明确的规定。为了提高帧传输的效率，应该尽可能地使帧的数据部分的长度大于帧首部和帧尾部的长度。因此，每种数据链路层协议都规定了其所能传送的帧的数据部分的长度上限——最大传送单元（MTU）。封装成帧示意图如图4-3所示。

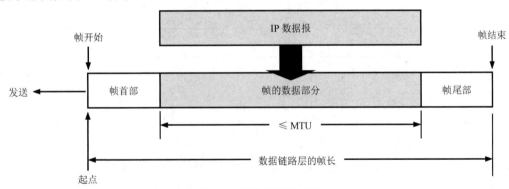

图 4-3　封装成帧示意图

那么，什么样的标记适合用作帧的定界符呢？不同的协议有不同的规定。如果数据是由可打印的 ASCII 码组成的文本文件，帧定界可以使用不同于可打印的 ASCII 码的特殊字符作为帧定界符。如图4-4所示，可以用控制字符 SOH（Start Of Header）放在一帧的最前面，表示帧的开始，将控制字符 EOT（End Of Transmission）放在帧的末尾，表示帧的结束。如果接收端收到的数据有明确的定界符 SOH 和 EOT，那么这个帧就是完整的帧，应该被接收下来，否则丢弃该帧。

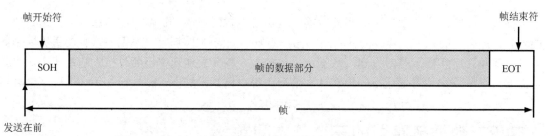

图 4-4　用控制字符进行帧定界的示意图

## 4.2.2　透明传输

为什么会产生透明传输问题呢？这与所添加的帧定界符有关。由于帧的开始和结束的标记使用专门指明的控制字符，因此所传输的数据中的任何 8 个比特的组合一定不允许和用作帧定界的控制字符的比特编码一样，否则会出现帧定界的错误。

当传送的帧是由文本文件组成的帧时（文本文件中的字符都是从键盘上输入的），其数据部分显然不会出现像 SOH 或 EOT 这样的帧定界控制字符。可见，不管从键盘上输入什么字符都可以放在这样的帧中传输过去，因此这样的传输就是透明传输。但是当数据部分是非 ASCII 码的文本文件时（如二进制代码的计算机程序或图像等），情况就完全不同了。如图 4-5 所示，数据部分的某字节的二进制代码恰好和 SOH 或 EOT 一样，数据链路层就会错误地"找到帧的边界"。图 4-5 中数据部分的 EOT 将被接收端错误地解释为数据结束，而不是数据。剩下的那部分数据，因为找不到 SOH，将被接收端当作无效帧而丢弃。在这种情况下，帧的传输显然就不是透明的。究其原因，就是因为数据链路层的存在才导致这样的传输错误。

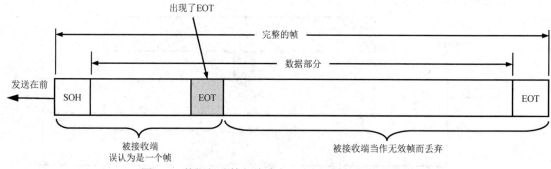

图 4-5　数据部分恰好含有与 EOT 一样的代码示意图

为了解决这个问题，就必须设法使数据部分可能出现的控制字符 SOH 和 EOT 在接收端不被解释为控制字符，可以通过字节填充或字符填充来解决透明传输问题。具体方法：发送端的数据链路层在数据部分出现的控制字符 SOH 和 EOT 的前面插入一个转义字符 ESC（对应的十六进制数是 1B，二进制数是 00011011，十进制数是 27），接收端的数据链路层在把数据部分送往网络层之前删除这个插入的转义字符。如果转义字符 ESC 也出现在数据中，防止误删的解决方法是：在转义字符 ESC 的前面再插入一个转义字符 ESC，当接收端收到连续的两个转义字符时，删除前面的一个 ESC。图 4-6 给出的是用字节填充法解决传输问题的示意图。

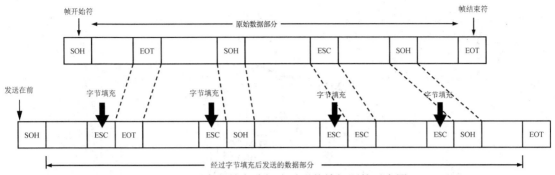

图 4-6 用字节填充法解决透明传输问题的示意图

### 4.2.3 差错检测

实际的通信链路都不是理想的，也就是说，比特在传输过程中可能会产生差错，1 可能会变成 0，而 0 也可能变成 1。比特流在传输过程中可能只传错 1 个比特，也可能同时传错几个比特，这种差错称为"比特差错"。数据在传输过程中还会产生其他错误，比特差错只是其中一种。通常用误比特率或误码率来衡量通信线路的质量。误比特率是指在一段时间内传输错误的比特数占所传输的总比特数的比率。由于差错是客观存在的，为了使数据能够正确、可靠地传输，必须采取相关措施。一种措施是设法提高信噪比。误比特率与信噪比有很大的关系，提高信噪比可以减小误比特率。但是由于实际的通信链路并不是理想的，因此，提高信噪比并不能使误比特率下降到 0。另一种措施就是在传输数据时采取各种差错检测、差错纠正等差错控制措施。在数据链路层传送的帧中，广泛使用了循环冗余检验（CRC，Cyclic Redundancy Check）的检错技术，以使接收端能对接收到的数据是否存在差错进行检测。

CRC 的工作原理如下：在发送端，先把数据划分为组，假定每组 $k$ 个比特。在每组后面再添加用于差错检测的 $n$ 个比特冗余码（监督码元），这 $m=k+n$ 个比特就构成了一个帧，然后将其发送出去。增加的 $n$ 个比特冗余码并不是有效数据，因而增大了数据传输的开销，但是却可以用来进行差错检测，当传输可能出现差错时，付出这样的代价往往也是值得的。

CRC 码是一种典型的线性分组码，广泛地应用于计算机通信中。线性分组码的构成是，将信息序列划分为等长（$k$ 个比特）的序列段，共有 $2^k$ 个不同的序列段。如果 $(m, k)$ 线性分组码中各码字的码元循环左移（或右移）所形成的码字仍然是码组中的一个码字（除全零码外），则这种码为循环码。

在循环码中，有且仅有一个 $m-k$ 次的码多项式 $P$，称为生成多项式，循环码中的所有码多项式都能被 $P$ 整除。

冗余码使用二进制数模 2 运算方法得到，具体计算过程如下：在 $k$ 个比特数据单元的末尾加上 $n$ 个 0，$n$ 是冗余码的比特数，是一个比生成多项式 $P$ 的比特数少 1 的数。$k+n$ 个比特的数除以 $n+1$ 个比特的生成多项式 $P$，得到的商是 $Q$，余数是 $R$，余数 $R$ 比除数 $P$ 少 1 个比特，即 $R$ 是 $n$ 个比特，$R$ 就是得到的冗余码。

在接收端把接收到的数据以帧为单位进行 CRC，即把收到的每个帧都除以同样的除数 $P$（模 2 运算），然后检查得到的余数 $R$。如果在传输过程中没有差错，则经过 CRC 后得出的余数 $R$ 肯定是 0。

【例 4-1】 假设要发送的数据为 1101011010，已知 CRC 码的生成多项式为 $G(X)=X^4+X+1$，试求添加在数据后面的余数。

【解】 将 CRC 码的生成多项式 $G(X)=X^4+X+1$ 用二进制数表示为 $G=10011$，这是模 2 运算中的除数。在发送的数据后面添加 4 个 0，得到被除数 11010110100000。

用被除数除以除数（模 2 运算），得到余数 $R$ 为 1101：

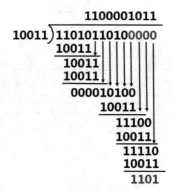

需要说明的是，仅用 CRC 只能做到无差错接收。无差错接收是指，凡是接收到的帧（不包括丢弃的帧），我们都能以非常接近于 1 的概率认为这些帧在传输过程中没有产生差错。也就是说，凡是接收端的数据链路层接收到的帧都没有传输差错（有差错的帧就丢弃而不接收）。单纯使用 CRC 不能实现无差错传输或可靠传输。应当明确，无比特差错与无传输差错是两个不同的概念。在数据链路层使用 CRC，能够实现无比特差错的传输，但这还不是可靠传输。要想做到无差错传输（发送什么就收到什么），就必须再加上确认和重传机制。

## 4.3  点对点信道的数据链路层协议

### 4.3.1  串行线路 IP

串行线路 IP（SLIP，Serial Line IP）是由 IETF 于 20 世纪 80 年代中期定义的一种在串行线路上支持 TCP/IP 协议的点对点的数据链路层通信协议（是一种在串行线路上对 IP 数据报进行封装的简单形式），其不但能发送和接收 IP 数据报，还提供了 TCP/IP 协议的各种网络应用服务（如 Telnet、FTP 等）。换句话说就是，SLIP 实现了在串行线路上运行 TCP/IP 协议及其应用服务的功能。

SLIP 允许主机和路由器混合连接，即主机-主机、主机-路由器、路由器-路由器都是 SLIP 网络通用的配置。SLIP 使用的线路速率非常低，一般为 1.2～19.2kbit/s，允许用户传送低速的交互性业务。SLIP 为个人用户上网提供拨号 IP 模式，为行业用户通过串行媒介传输业务数据提供了专线 IP 模式，因而非常有用。

SLIP 是数据链路层协议，IP 数据报在数据链路层要进行封装。SLIP 协议定义帧格式的规则如下。

① IP 数据报以一个称作 END（0xc0）的特殊字符结束。为了防止数据报到来之前的线路噪声被当作数据报内容，大多数实现在数据报的开始处也传一个 END 字符。

② 如果 IP 数据报中某个字符为 END，则要连续传输 2 字节的 0xdb（SLIP 的 ESC 字符，十进制数是 219）和 0xdc（十进制数是 220）来取代它。

③ 如果 IP 数据报中某个字符为 SLIP 的 ESC，则要连续传输 2 字节的 0xdb 和 0xdd（十进制数是 221）来取代它。

在图 4-7 所示的 SLIP 报文封装例子中，IP 数据报中含有一个 END 和一个 ESC，因此在串行链路上传输的 SLIP 数据报的总字节数是原 IP 数据报的长度再加上 4 字节。

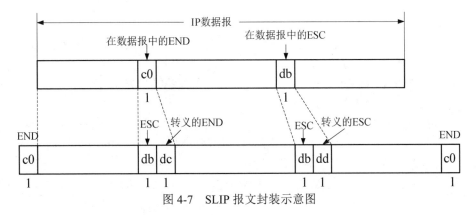

图 4-7　SLIP 报文封装示意图

SLIP 只是一个很久以前设计的非常简单的协议，适合当时的应用，在后期的应用中则显现出以下问题。

① 没有寻址功能。SLIP 连接的两台计算机都必须知道对方的 IP 地址才能传输。另外，在主机使用 SLIP 拨号连接一个路由器时，地址设置可能随时变化，路由器可能需要通知拨号主机 IP 地址的变更。SLIP 目前没有为主机提供通过 SLIP 连接交换地址信息的机制。

② 数据帧中没有类型标记。SLIP 没有类型字段，因此在一个 SLIP 连接上只能运行一个协议，即使在两台运行 TCP/IP 和 DECnet 协议的 DEC 计算机的配置中，如果使用 SLIP，也不可能让 TCP/IP 和 DECnet 协议同时使用一条连接两者的串行线路。因为 SLIP 是 "串行线路 IP"，如果串行线路连接两台多协议计算机，这些计算机可以在这条线路上使用多个协议。

③ 没有差错检测与校正功能。线路噪声可能使分组在传送过程中被损坏，由于 SLIP 线路速率比较低，因此重新发送的代价是昂贵的。在 SLIP 层，差错控制并不是必需的，因为 IP 应用程序可以检测到损坏的分组（IP 头与 TCP 和 UDP 的校验码和就足够了），但是一些应用程序（如网络文件系统）通常会忽略错误而单纯依靠网络媒介来检测损坏的包，因此由 SLIP 提供差错检测与校正是更有效的方法。

由于串行线路的速率通常较低（1.2～19.2kbit/s），而且通信经常是交互式的（如 Telnet 和 Rlogin，二者都使用 TCP），因此在 SLIP 线路上有许多小的 TCP 分组进行交换。为了传送 1 字节的数据需要 20 字节的 IP 首部和 20 字节的 TCP 首部，总字节数超过 40 字节，这样就会使交互响应时间很长。为了克服这些性能上的缺陷，提出了一个改进的协议——压缩 SLIP（CSLIP），它能把 40 字节压缩到 3 或 5 字节，大大缩短了交互响应时间。

拨号线路速率非常慢，分组压缩可以大幅提高分组的吞吐量。通常，单独一个 TCP 连接分组流在 IP 和 TCP 头部几乎没有多少变化，只有几个很少变动的字段，因而可以使用一种简单的压缩算法只发送分组头部变化的部分而不是整个分组头部。

## 4.3.2　点对点协议

互联网用户通常都要连接到某个 ISP 上才能接入互联网，点对点协议（PPP，Point-to-Point Protocol）就是用户主机和 ISP 进行通信时所使用的数据链路层协议。PPP 是 IETF 在 SLIP 的基础上于 1992 年制定的协议，经过 1993 年和 1994 年的修订，在 1994 年成为互联网的正式标准（RFC 1661）。

### 1. PPP 应满足的需求

在制定 PPP 时，IETF 认为应该考虑满足以下需求。

① 简单。这是设计 PPP 的首要需求，因为 IP 协议本身就简单，数据链路层的 PPP 没有必

要那么复杂。

② 封装成帧。PPP 必须规定特殊的字符作为帧定界符，以便使接收端从收到的比特流中能准确地找出帧的开始和结束位置。

③ 透明性。PPP 必须保证数据传输的透明性，如果数据中恰好出现了与帧定界符一样的比特组合，就要采取有效的措施来解决来这个问题。

④ 多种网络层协议。PPP 必须能够在同一条物理链路上同时支持多种网络层协议（如 IP、IPX 等协议）的运行。当点对点链路所连接的是局域网或路由器时，PPP 必须同时支持在链路所连接的局域网或路由器上运行的各种网络层协议。

⑤ 多种类型链路。PPP 除了要支持多种网络层的协议，还必须能够在多种类型的链路上运行。例如，串行的或并行的、同步的或异步的、低速的或高速的、电的或光的、交换的或非交换的点对点链路等。

⑥ 差错检测。PPP 能够对接收端收到的帧进行检测，并立即丢弃有差错的帧。如果在数据链路层不进行差错检测，那么已出现差错的无用帧还会在网络中继续向前转发，从而浪费网络资源。

⑦ 检测连接状态。PPP 必须具有一种能够及时、自动检测出链路是否处于正常工作或连接状态的机制，当出现故障的链路隔了一段时间后又重新恢复正常工作状态时，就特别需要有这种及时检测功能。

⑧ 最大传送单元。为了促进各种实现之间的互操作性，PPP 必须对每种类型的点对点链路设置最大传送单元（MTU）的标准默认值。如果高层协议发送的分组过长且超过了 MTU 的数值，PPP 就要丢弃这样的帧，并返回差错。需要注意的是，MTU 是数据链路层的帧可以载荷的数据部分的最大长度，而不是帧的总长度。

⑨ 网络层地址协商。PPP 必须提供一种机制使通信的两个网络层实体能够通过协商知道或配置彼此的网络层地址。协商的算法应尽可能简单，并且能够在所有情况下得出协商的结果。这对拨号连接的链路特别重要，因为如果仅仅在数据链路层建立了连接而不知道对方的网络层地址，就不能保证网络层可以传送分组。

⑩ 数据压缩协商。PPP 必须提供一种协商所使用的数据压缩算法的方法，但并不要求将数据压缩算法进行标准化。

PPP 功能简单且丰富，但是它并不提供以下功能：① 在 TCP/IP 协议中，由于可靠传输由运输层的 TCP 协议负责，因此数据链路层的 PPP 不需要进行纠错，不需要设置序号，也不需要进行流量控制。② PPP 不支持多点线路，所谓多点线路，是指一个主站轮流和链路上的多个从站进行通信的一种链路，它只支持点对点的链路通信，且只支持全双工链路通信。

## 2．PPP 的组成

PPP 提供了在点对点链路上传输多种不同类型协议数据的标准方法，由以下三个部分组成。

① 一个将 IP 数据报封装到串行线路的方法，以使 IP 数据报能在不同类型的串行线路上传输。PPP 既支持面向字符的异步链路，也支持面向比特的同步链路。

② 一个用来建立、配置和测试数据链路连接的链路控制协议（LCP，Link Control Protocol）。通信双方可协商一些选项，如最大接收单元（MRU）、认证协议、链路压缩、多链路捆绑等。

③ 一个或多个网络控制协议（NCP，Network Control Protocol）。每个 NCP 协议支持不同的网络层协议，如 IP、OSI 网络层协议、DECnet 协议及 AppleTalk 协议等）。NCP 可以为网络层协商可选的配置参数，如 IP 地址、TCP/IP 头压缩等。

PPP 的层次结构如图 4-8 所示。

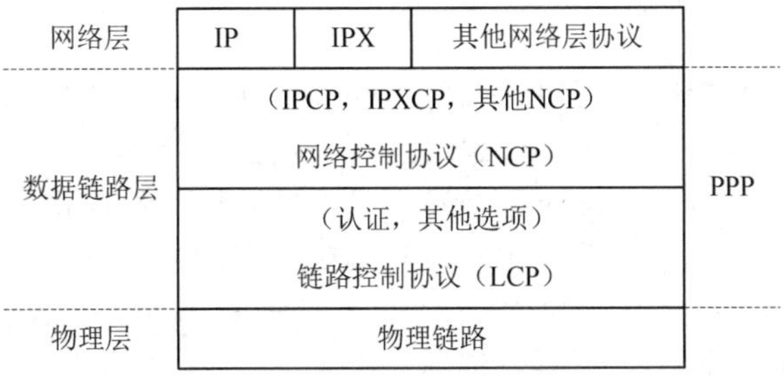

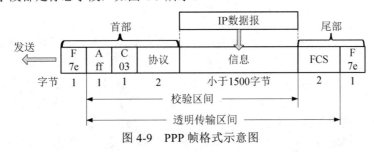

图 4-8　PPP 的层次结构示意图

## 3. PPP 的帧格式

（1）PPP 帧格式

PPP 定义了设备之间交换的帧格式，PPP 帧格式源自 HDLC 协议的帧格式，由首部、尾部和信息三个部分组成。PPP 帧的首部和尾部分别为 4 个字段和 2 个字段，首部的第一个字段和尾部的第二个字段都是标志字段，如图 4-9 所示。

图 4-9　PPP 帧格式示意图

① 标志（F）字段：占 1 字节，每个 PPP 帧都以标志字符 0x7e 开始和结束。符号 0x 表示后面的字符是十六进制数，十六进制数 7e 用二进制数形式表示为 01111110。该标志字段作为 PPP 帧定界符，表示一帧的开始或结束。若两个标志字段连续出现，则表示这是一个空帧，应将其丢弃。

② 地址（A）字段：占 1 字节，表示对方的数据链路层地址。因为 PPP 是点对点的数据链路层协议，所以此字节无意义，用 0xff（11111111）填充。

③ 控制（C）字段：占 1 字节，通常用 0x03（00000011）填充，表明这是一个无序号帧。

④ 协议字段：占 2 字节，表明信息字段中含有的数据属于何种网络层协议。例如，当值为 0x0021 时，表示信息字段是一个 IP 数据报；当值为 0xc021 时，表示信息字段是 LCP 的数据；当值为 0xc023 时，表示信息字段是口令鉴别协议（PAP）的数据；当值为 0xc223 时，表示信息字段是质询握手鉴别协议（CHAP）的数据；当值为 0x8021 时，表示信息字段是 NCP 的数据。

⑤ 信息字段：该字段携带用户数据或控制信息，根据协议字段的内容而定。当协议字段为 LCP 时，信息字段内为 LCP 协商参数；当协议字段为 NCP 时，信息字段内为 NCP 协商参数；当协议字段为 IP 时，信息字段内为用户数据。信息字段的长度是可变的，一般不超过 1500 字节。

⑥ 帧校验序列（FCS）字段：占 2 字节，规定使用 CRC 的帧校验序列，以检测数据帧中的错误。

PPP 是面向字节的协议，因此所有的 PPP 帧的长度都是整数字节。

（2）透明传输

当信息字段中出现和标志字段（0x7e）相同的比特组合时，就会出现透明传输问题。为了实现透明传输，PPP 提供了两种方法——字节填充和零比特填充。

1）字节填充

当 PPP 工作于异步传输链路时，使用逐字节传送的方式。如果信息字段中包含和标志字段一样的比特组合，则使用转义字节 0x7d 去填充。具体过程如下。

① 将信息字段中出现的每个 0x7e 字节转变成为 2 字节序列（7d5e）。

② 若信息字段中出现一个 0x7d 字节，则将其转变成为 2 字节序列（0x7d5d）。

③ 若信息字段中出现 ASCII 码的控制字符（数值小于 0x20 的字符），则在该字符前面加入一个 0x7d 字节，同时将该字符与 0x20 进行异或操作。

假设信息字段数据为 0x6e7e7f7d5019，则使用 PPP 字节填充法处理后的数据为 0x6e7d5e7f7d5d507d39，如图 4-10 所示。在接收端进行与发送端相反的操作，即可恢复原来的数据。

| 信息字段数据 | 0x6e | 7e | 7f | 7d | 50 | 19 |
|---|---|---|---|---|---|---|
| | | ↓ | | ↓ | | ↓ |
| PPP字节填充 | 0x6e | 7d5e | 7f | 7d5d | 50 | 7d39 |

图 4-10 PPP 字符填充示意图

2）零比特填充

PPP 用于 SONET/SDH 链路时，使用同步传输（一连串的比特连续传送）。如果信息字段中包含和标志字段一样的比特组合，则采用零比特填充法实现透明传输。具体做法如下：在发送端，当一串比特流尚未加上标志字段时，先扫描全部比特（通常用硬件实现，也可以用软件实现，只是速度会慢些）。只要发现有 5 个连续的 1，则立即填入一个 0，因此，经过这种零比特填充后的数据就可以保证不会出现 6 个连续的 1。接收端在收到一帧时，先找到标志字段以确定帧的定界，接着再对帧中的比特流进行扫描。每当发现 5 个连续的 1 时，就把这 5 个连续的 1 后的一个 0 删除，以还原成原来的比特流。这样就保证了在所传送的比特流中，不管出现什么样的比特组合，都不会引起帧边界的判断错误。零比特填充与删除的过程如图 4-11 所示。

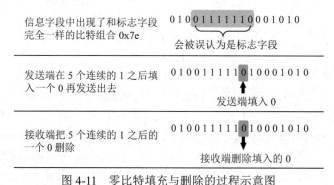

图 4-11 零比特填充与删除的过程示意图

#### 4．PPP 的工作过程

当用户拨号接入 ISP 时，路由器对拨号做出确认，并建立一条物理连接，这时主机向路由器发送一系列的 LCP 帧（封装成多个 PPP 帧）。这些帧及其响应帧选择将要使用的 PPP 参数，然后进行网络层配置，NCP 给新接入的主机分配一个临时 IP 地址，此时，主机便接入互联网中。当用户通信完毕时，首先由 NCP 释放网络层连接，并收回原来分配出去的 IP 地址，然后 LCP 释放数据链路层连接，最后释放物理层连接。PPP 的工作过程如图 4-12 所示。

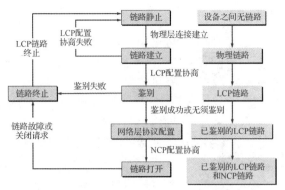

图 4-12　PPP 工作过程示意图

图 4-12 中，PPP 的各种状态说明如下。

（1）链路静止状态

PPP 链路的起始和终止状态永远是"链路静止"，这时在用户主机和 ISP 的路由器之间并不存在物理层的连接。因此，要先建立物理层连接。当用户主机通过调制解调器呼叫路由器成功后，这样就建立了一条从用户主机到 ISP 的物理连接。之后，就进入 PPP 链路建立状态，准备建立数据链路层的 LCP 连接。

（2）链路建立状态

用户主机向路由器发送一系列的 LCP 分组（封装成多个 PPP 帧），以便建立 LCP 连接，即数据链路连接。这些 LCP 分组及其响应对将要使用的 PPP 参数进行协商配置，选项包括链路上的最大帧长、使用的鉴别协议等。如果协商失败，双方无法建立 LCP 链路，则转回到链路静止状态；若协商成功，双方就建立了 LCP 链路，接着就会转入鉴别状态。

（3）鉴别状态

在鉴别状态下，只允许传送 LCP 协议的分组、鉴别协议的分组，以及监测链路质量的分组。在该状态下，双方通过 LCP 协商好的鉴别方法进行鉴别。目前，PPP 中普遍使用的鉴别协议有口令鉴别协议（PAP，Password Authentication Protocol）和质询握手鉴别协议（CHAP，Challenge-Handshake Authentication Protocol）两种。

若使用 PAP，则需要发起通信的一方发送身份标识符和口令，系统允许用户重试若干次。如果需要更好的安全性，则可以使用更加复杂的 CHAP。若鉴别失败，则转到链路静止状态；若鉴别成功，则进入网络层协议配置状态。

① PAP。PAP 是一种简单的两次握手鉴别协议，用户名和密码（口令）采用明文传送，被鉴别方（客户端）首先发起鉴别请求，即客户端直接发送包含用户名和密码的鉴别请求给主鉴别方（服务器端），主鉴别方通过查验比对数据库处理鉴别请求，并向被鉴别方发回通过或拒绝的回应信息。PAP 鉴别工作过程如图 4-13 所示。

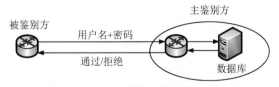

图 4-13　PAP 鉴别工作过程示意图

② CHAP。CHAP 是三次握手鉴别协议，通过三次握手周期性地校验对端的身份，不发送口令。由于主鉴别方首先发起鉴别请求，因此安全性比 PAP 高。

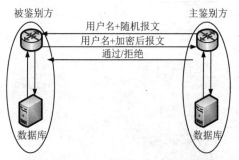

图 4-14　CHAP 鉴别工作过程示意图

CHAP 鉴别工作过程如图 4-14 所示，三次握手的顺序如下。

i）主鉴别方向被鉴别方发送随机产生的报文和本端用户名。

ii）被鉴别方收到请求后，根据此报文中主鉴别方的用户名查找密码。如果找到和主鉴别方相同的用户名，就可以接受鉴别。然后用 MD5 算法加密报文 ID 和用户表中主鉴别方用户名的密码。将加密后的密文和自己的用户名发送给主鉴别方。

iii）主鉴别方接到以后，根据报文中被鉴别方的用户名，在自己的用户数据库中查找有没有相同的用户名和对应的密码。如果有，同样用 MD5 算法加密报文 ID 和用户对应的密码。然后将加密的密文和被鉴别方发送过来的密文进行比较。如果相同，则鉴别通过，向被鉴别方发送鉴别通过消息，否则发送拒绝消息。

（4）网络层协议配置状态

在该状态下，双方协商需使用的网络层协议，使用 NCP 配置网络层。这个步骤是非常重要的，因为 PPP 支持多个网络层协议，如果某节点在其网络层上同时运行了多个协议，则另一方必须知道该节点使用哪个网络层协议来接收或处理数据。NCP 有很多种，如 IPCP、BCP、IPv6CP 等。其中，最为常用的是允许在 PPP 链路上运行的 IP 协议的 IP 控制协议（IPCP，IP Control Protocol）。NCP 的主要功能是协商网络层参数，如 IP 地址、DNS 服务器的 IP 地址等。NCP 给新接入的 PC 机分配一个临时的 IP 地址，这样 PC 机就成为互联网上一个有 IP 地址的主机了。NCP 配置好后，双方的逻辑通信链路就建立完成了。

（5）链路打开状态

在该状态下，链路的两个 PPP 端点可以彼此向对方发送 IP 分组。当然，两个 PPP 端点还可以发送 LCP 分组，以检查链路的状态。

（6）链路终止状态

数据传输后，就可以由链路的任何一端发出终止请求 LCP 分组，请求终止链路的连接，在收到对方发来的终止确认 LCP 分组后，进入链路终止状态。如果链路出现故障，也会从链路打开状态转到链路终止状态。当用户通信完毕，NCP 会释放网络层配置，收回原来分配出去的 IP 地址，从而释放网络层连接。接着，LCP 会释放数据链路层连接，最后释放物理层连接，关闭物理链路。当调制解调器载波停止后，则回到链路静止状态。

从设备之间的无链路开始到建立物理链路，再建立 LCP 链路，经过鉴别后，再建立 NCP 链路，然后才能交换数据。由此可见，PPP 已经不是纯粹的数据链路层的协议，它还包含了物理层和网络层的内容。

### 4.3.3　基于以太网的 PPP

随着宽带接入技术的发展，PPP 也衍生出了新的应用。典型的应用就是在 ADSL 接入方式中，用基于以太网的 PPP 进行用户鉴别接入，即 PPP over Ethernet，简称 PPPoE（RFC 2516）。PPPoE 既保护了用户方的以太网资源，又完成了 ADSL 接入要求，是目前 ADSL 接入方式中应用最广泛的技术标准。

PPPoE 的工作流程包括两个阶段：发现（Discovery）和会话（Session）。当一台主机想开始一个 PPPoE 会话时，必须首先进入发现阶段，发现阶段是无状态的，目的是识别接入服务器的以太网硬件地址，并建立一个唯一的 PPPoE 会话标识符（Session ID），在发现阶段结束后，就进入标准的 PPP 会话阶段。

在发现阶段，基于网络的拓扑结构，主机可以发现多个接入服务器，然后允许用户选择一个。当发现阶段成功完成后，主机和选择的接入服务器便都有了它们在以太网上建立 PPP 连接的信息。直到 PPP 会话建立，发现阶段一直保持无状态的客户-服务器模式。该阶段包括 4 个步骤。

① 主机首先主动发送一个广播包，即 PPPoE 主动发现初始包（PADI，PPPoE Active Discovery Initiation），寻找接入服务器，PADI 数据部分必须至少包含一个服务类型的标签，以表明主机所要求提供的服务。

② 接入服务器收到 PADI 包后，如果可以提供主机要求的服务，则给主机发送应答包，即 PPPoE 主动发现提议包（PADO，PPPoE Active Discovery Offer）。

③ 主机在回应 PADO 的接入服务器中选择一个合适的服务器，并发送请求包，即 PPPoE 主动发现请求包（PADR，PPPoE Active Discovery Request），告知接入服务器，PADR 中必须声明向接入服务器请求的服务类型。

④ 接入服务器收到 PADR 包后，开始为用户分配一个唯一的会话标识符，启动 PPP 以准备开始 PPP 会话，并向主机发送一个会话确认包，即 PPPoE 主动发现会话确认包（PADS，PPPoE Active Discovery Session-confirmation）。主机收到 PADS 后，双方进入 PPP 会话阶段，执行标准的 PPP 工作过程。

在 PPPoE 中定义了一个 PPPoE 主动发现终止包（PADT，PPPoE Active Discovery Terminate）来结束会话，它可以由会话双发的任意一方发起，但必须在会话建立之后才有效。

PPPoE 帧就是在 PPP 帧前面加上 PPPoE 首部和以太网帧的首部，使得 PPPoE 可以通过简单的桥接设备连入远端接入设备。PPPoE 的帧首部格式如图 4-15 所示，包括以下 5 部分：① 版本。占 4 位，其值为 0x01。② 类型。占 4 位，其值为 0x01。③ 编码。占 8 位，表示 PPPoE 的数据类型，对于 PPPoE 的不同阶段，其值不同。在 PPP 会话阶段，其值为 0x00；如果主机发送的是广播包 PADI，其值为 0x09。④ 会话标识符（Session ID）。占 16 位，用来定义一个 PPP 会话。当接入服务器还没有分配唯一的 Session ID 给用户主机时，该域的值为 0x0000，一旦主机获取了 Session ID，在后续的所有报文里就必须填充此 ID 值。⑤长度。占 16 位，表示负载长度，但不包括以太网首部和 PPPoE 首部。

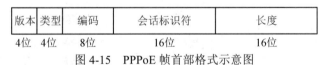

图 4-15　PPPoE 帧首部格式示意图

# 4.4　广播信道的数据链路层协议

广播信道使用一对多的通信方式，其典型应用是局域网。局域网（LAN）通常是指在某一区域范围内，将各种计算机、外部设备和数据库等互相连接起来组成的计算机通信网。某一区域是指同一办公室、同一建筑物、同一公司或同一学校等，一般在方圆几千米以内。局域网是封闭型的，可以由办公室内的两台计算机组成，也可以由一个公司内的上千台计算机组成，能够实现文件管理、应用软件共享、打印机共享、工作组内的日程安排、电子邮件和传真通信服务等功能。局域网是计算机网络的重要组成部分，其优点是组网简单、通信方式灵活、应用范围广等，是日常生活中最常见的一种网络形式。

从功能的角度来看，局域网具有以下特点。

① 共享传输信道。在局域网中，多个站连接到一个共享的传输媒介上。

② 覆盖的地理范围有限，用户个数有限。通常，局域网仅为一个单位服务，只在一个相对独立的局部范围内联网，如一座楼或集中的建筑群内。一般来说，局域网的覆盖范围约为 10m～10km 或更大一些。

③ 速率高。局域网中数据传输的速率一般为 10～100Mbit/s，能支持计算机之间的高速通信，所以时延较低。

④ 误码率低。因为近距离传输，所以误码率很低，一般在 $10^{-11}～10^{-8}$ 之间。

⑤ 采用分布式控制和广播式通信。在局域网中，各站是平等关系而不是主从关系，可以进行广播或组播。

⑥ 便于安装、扩展和维护，提高了系统的可靠性和可用性。

共享传输媒介的局域网的数据链路层在进行数据传输时应遵循怎样的规范？数据以怎样的帧格式进行传输？如何使网中的用户合理共享传输媒介资源？如何在广播信道上实现一对一的通信？

针对上述问题，制定了局域网数据链路层规范。以太网（Ethernet）是由美国 Xerox 公司和斯坦福大学于 1975 年合作推出的一种局域网规范。随着计算机和计算机技术的快速发展，DEC、Intel、Xerox 三家公司合作于 1980 年 9 月第一次公布了以太网物理层和数据链路层的规范，也称 DIX 规范。IEEE 802.3 就是以 DIX 规范为主要来源而制定的以太网标准。以太网的帧格式特别适合于传输 IP 数据报。随着互联网的快速发展，以太网被广泛应用于局域网。

### 4.4.1 以太网帧

以太网帧有很多种类型，不同类型的帧具有不同的帧格式和最大传送单元（MTU，Maximum Transmission Unit）值，如图 4-16 所示。

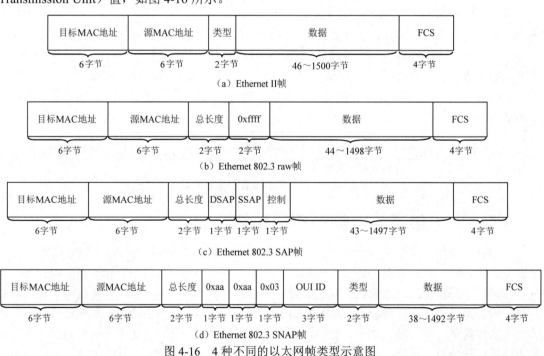

图 4-16  4 种不同的以太网帧类型示意图

① Ethernet II 帧，又称为 DIX 2.0 帧，是 Xerox 与 DEC、Intel 公司在 1982 年制定的以太网标准帧格式。

② Ethernet 802.3 raw 帧是 Novell 公司在 1983 年公布的专用以太网标准帧格式。

③ Ethernet 802.3 SAP 帧是 IEEE 在 1985 年公布的 Ethernet 802.3 的 SAP 版本以太网帧格式。

④ Ethernet 802.3 SNAP 帧是 IEEE 在 1985 年公布的 Ethernet 802.3 的 SNAP 版本以太网帧格式。

在上述 4 种以太网帧中，Ethernet II 帧是最常见的帧类型，并通常直接被 IP 使用，因此，这里只对 Ethernet II 帧进行介绍。

在 Ethernet II 帧（MAC 帧）中，前 12 字节是"目标 MAC 地址"和"源 MAC 地址"，两个地址各占 6 字节，它们分别用来标识接收数据帧的目标节点 MAC 地址和发送数据帧的源节点 MAC 地址。MAC 是媒体接入控制（Medium Access Control）的英文缩写，MAC 地址是一个 48 位的地址，如图 4-17 所示。前 24 位是由 IEEE 的注册管理机构（RA，Registration Authority）给不同厂商分配的代码，称为组织唯一标识符；后 24 位由厂商定义，称为扩展唯一标识符，必须保证生产出的适配器没有重复地址。

| 24位（3字节） | 24位（3字节） |
|---|---|
| 组织唯一标识符 | 扩展唯一标识符 |

图 4-17　48 位的 MAC 地址示意图

接下来的 2 字节是"类型"，用来标识以太网帧所携带的上层数据类型，如十六进制数 0x0800 代表 IP 数据，十六进制数 0x0806 代表 ARP 请求/应答，十六进制数 0x8035 代表 RARP 请求/应答等。MAC 帧的数据长度取值范围为 46～1500 字节，因此，MAC 帧的最小长度为 64 字节，最大长度为 1518 字节。如果字节数少于要求的最小长度，则需要在不足的空间插入填充（pad）字节。在不定长的数据字段后是 4 字节的帧校验序列（FCS，Frame Check Sequence），采用 32 位 CRC 码对从"目标 MAC 地址"到"数据"的数据进行校验。

实际传输时，在 MAC 帧前面还要加上 8 字节的前导码，如图 4-18 所示。这是因为当一个站点开始接收 MAC 帧时，由于适配器的时钟尚未与到达的比特流达成同步，因此 MAC 帧的最前面的若干比特就无法接收，结果使整个 MAC 帧成为无用帧。为了接收端实现位同步，从 MAC 层向下传到物理层时要在帧的前面插入 8 字节（由硬件生成），分成两个字段：第一个字段共 7 字节，是前同步码，它的作用是使接收端适配器在接收 MAC 帧时能够迅速调整其时钟频率，使它和发送端的时钟同步，也就是实现位同步；第二个字段的 1 字节是帧开始定界符，定义为 10101011，表示后面的信息就是 MAC 帧。

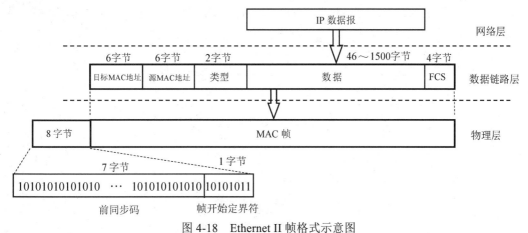

图 4-18　Ethernet II 帧格式示意图

当 MAC 帧为以下 4 种情况时，视为无效 MAC 帧。

① 数据字段的长度与长度字段的值不一致。

② 表示帧长度的字节数不是整数。

③ 用收到的 FCS 检查出有差错。

④ 数据长度不在 46～1500 字节之间。

对于检查出的无效 MAC 帧，以太网就简单地将其丢弃，且不负责重传丢弃的帧。

MAC 帧中的 MAC 地址实际上就是网络适配器地址或网络适配器的标识符，在生产网络适配器时，MAC 地址被固化在它的只读存储器（ROM，Read Only Memory）中，因此 MAC 地址又称为物理地址或硬件地址。网络适配器又称为网络接口卡（NIC，Network Interface Card）或网卡，是组建计算机局域网时必不可少的连接设备，提供了与网络传输媒介相连的接口。网络适配器是一种工作在物理层和数据链路层的网络设备，其主要功能有以下 5 项。

① 数据帧的封装与解封。发送时将上一层交下来的数据报加上首部和尾部，封装成为以太网帧，接收时将以太网帧剥去首部和尾部，然后送交给上一层。

② 数据转换。由于数据在计算机内是并行传输的，在计算机之间却是串行传输的，因此网络适配器就必须有对数据进行并/串和串/并转换的功能。

③ 编码与译码。例如，曼彻斯特编码与译码。

④ 数据缓存。网络与主机 CPU 之间的速率往往不匹配，为了防止数据丢失，网卡必须设置数据缓存功能。

⑤ 数据过滤功能。网络适配器从网络上每收到一个 MAC 帧，就首先用硬件检查 MAC 帧中的目标 MAC 地址。如果是发往本站的帧则收下，然后再进行其他的处理；否则将此帧丢弃，不再进行其他的处理。这里说的“发往本站的帧”包括以下三种帧：① 单播（unicast）帧，是指接收到的帧中的MAC地址与本站的MAC地址相同，实现的是一对一通信；② 广播（broadcast）帧，是指发送给本局域网上所有站点的帧（全 1 地址），实现的是一对全体的通信；③ 多播（multicast）帧，是指发送给本局域网上一部分站点的帧，实现的是一对多的通信。需要注意的是，只有目标地址才能使用广播地址和多播地址。

网络适配器在接收和发送各种帧时，不使用计算机的 CPU，这时计算机的 CPU 可以处理其他任务。当网络适配器收到有差错的帧时，就把这个帧直接丢弃而不必通知计算机。当网络适配器收到正确的帧时，它就使用中断来通知该计算机，并交付协议栈中的网络层。当计算机发送 IP 数据报时，就由协议栈把 IP 数据报向下交给网卡，组装成帧后发送到局域网上。图 4-19 显示的是网络适配器的作用，从图中可以看出，计算机的硬件地址存储在网卡的 ROM 中，而计算机的 IP 地址（软件地址）存储在计算机的存储器中。

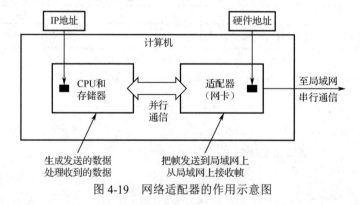

图 4-19　网络适配器的作用示意图

网络适配器还可以设置为工作在一种特殊的方式下，即混杂方式（promiscuous mode）。工作在混杂方式下的网络适配器只要“听到”有帧在以太网上传输就都接收下来，而不管这些帧是发往哪个站的，这种"窃听"其他站点的通信不会中断其他站点的通信。网络嗅探器（sniffer）就使用了设置混杂方式的网络适配器。

### 4.4.2 CSMA/CD 协议

局域网使用共享的广播信道，当有多个用户在共享的广播信道上同时发送数据时会造成彼此干扰，从而导致发送失败。因此，共享信道首先要解决的问题就是使网中的用户能够合理地共享传输媒介资源。实现传输媒介共享的技术有以下两类。

（1）静态划分信道。利用频分复用、时分复用、波分复用、码分复用等技术对信道进行划分，用户只要分配到了信道就不会和其他用户发生冲突。但是这种划分信道的方法代价较高，不适用于局域网。

（2）动态媒介接入控制，又称为多点接入。其特点是信道并非在用户通信时固定分配给用户，这种方法又分为随机接入和受控接入两类。

① 随机接入。就是所有的用户随机地在共享信道上发送信息。如果在某个时刻，正好有两个或多个用户同时发送信息，就会产生碰撞（发生了冲突），致使发送失败，需要重传。因此，随机接入时需要使用能够解决碰撞问题的协议。

② 受控接入。是指用户在共享信道上发送信息时需要遵循一定的控制，不能随机地发送。例如多点线路探询（polling），或称为轮询。

对于多点配置结构，通常安排一个主站（或控制站）来管理数据链路，其他站点为从站（或辅助站），如图 4-20 所示。主站负责探询、选择和异常情况的处理。选择是指主站要发送信息时通知 1 个站点或几个站点接收电文的过程。选择命令必须带有从站地址，以区分哪个从站接收信息。探询是指主站接收信息时，为了防止冲突，由主站逐个通知从站要求从站发送信息的过程。探询方式有两种：顺序探询和传递探询。顺序探询时，主站顺序地向每个从站发出探询，探询命令中包含被探询从站的地址。如果该从站没有数据发送，则向主站发送否定响应；如果该从站有数据发送，则向主站发送数据，直到发送结束为止。此后，主站再向下一个从站发出探询，各从站只能在收到探询后才向主站发送数据，主站通过检查从站地址获悉是哪个从站发来的响应。顺序探询中对各从站的探询信号均由主站发出，探询扫描时间较长，因此又提出了另一种探询方法，称为传递探询。传递探询的基本方法是，当主站向第一个从站 S1 发出探询后，若该站无数据发送，则由 S1 站代表主站向下一站 S2 再发探询信号，然后 S2 站再重复上述过程，这样就减少了探询时间。

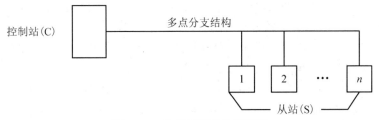

图 4-20 多点配置结构示意图

受控接入在目前的局域网中使用的较少，主要使用随机接入的方法。载波监听多址接入/碰撞检测（CSMA/CD，Carrier Sense Multiple Access with Collision Detection）就是一种随机媒体接入控制方式，它讨论网络上多个站点如何共享一个广播型的公共传输媒介，即解决"下一个该轮到谁往传输媒介上发送帧"的问题。它是一种完全分布的控制方法，没有任何集中控制部件和公共定时单元。对网络上的任何工作站来说，不存在预知的或由调度来安排的发送时间，每个站的发送都是随机发生的，网上所有站都在时间上对传输媒介进行争用。若在同一时刻有多个工作站向总线发送信息就会发生冲突，因此必须指定一个处理过程，以解决当要发送信息的工作站发现传输媒介忙时应怎样工作，以及当发生冲突时应怎样处理等问题。"载波监听"是指每个站在发送数据之前先要检测一下总线上是否有其他计算机在发送数据，如果有，则暂时不要发送数据，以免发生碰撞。总线上并没有什么"载波"。因此，载波监听就是用电子技术检测总线上有没有其他计算机发送的数据信号。"多址接入"表示许多计算机以多点接入的方式连接在一根总线上。"碰撞检测"就是计算机边发送数据边检测信道上的信号电压大小。当几个站点同时在总线上发送数据时，总线上的信号电压摆动值将会增大（互相叠加）。当一个站点检测到的信号电压摆动值超过一定的门限值时，就认为总线上至少有两个站点同时在发送数据，表明产生了碰撞。

既然每个站点在发送数据前已经对信道是否处于空闲状态进行了监听，为什么还要进行碰撞检测呢？这是因为信号在信道中传播会产生传播时延，从而对载波监听产生影响。

在图 4-21 给出的例子中，假设局域网两端的 A 站和 B 站相距一段距离，用同轴电缆连接。在局域网的分析中，常把总线上的单程端到端传播时延记为 $\tau$。假设 A 站向 B 站发出的数据，要经过 $\tau$ 时间到达 B 站，如果 B 站在 A 站发送的数据到达 B 站之前发送自己的帧（因为这时 B 站的载波监听检测不到 A 站发送的信息），那么在发送数据之后的某个时刻，B 站发送的数据肯定要和 A 站发送的数据发生碰撞。碰撞的结果是两个帧都变成了无用帧，需要重传。

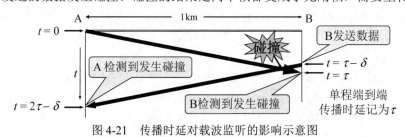

图 4-21　传播时延对载波监听的影响示意图

假设在 $t=0$ 时刻，A 站发送数据，B 站监听到信道为空闲状态。在 $t=\tau-\delta$ 时刻（$0<\delta<\tau$），A 站发送的数据还没有到达 B 站，而 B 站监听信道的结果是信道空闲，因此 B 站发送数据。经过 $\delta/2$ 时间后，即在 $t=\tau-\delta/2$ 时，A 站发送的数据与 B 站发送的数据发生了碰撞，但此时 A 站和 B 站都不知道发生了碰撞。在 $t=\tau$ 时刻，B 站检测到发生了碰撞，于是停止发送数据。在 $t=2\tau-\delta$ 时刻，A 站也检测到发生了碰撞，因此也停止发送数据。

这个例子说明，一个站点在发送数据之后的一段时间内存在着发生碰撞的可能性。这段时间是不确定的，取决于另一个发送数据的站点到本站点的距离。因此，以太网规范不能保证在某一时间内一定能把自己的数据帧成功地发送出去（因为存在产生碰撞的可能性）。

那么发送端需要多长时间才能确定数据帧已经成功发送了呢？假设 A 站先发送数据，如果图 4-21 中的 $\delta$ 趋于 0，$t \approx 2\tau$，也就是说，A 站最多需要单程传播时延 2 倍的时间就能检测到与 B 站发送的数据产生了碰撞。因此，把以太网端到端的往返时间 $2\tau$ 称为争用期或碰撞窗口。只有经过争用期这段时间还未检测到碰撞，才能确定这次发送不会发生碰撞。

对于 10Mbit/s 以太网，取 51.2μs 为争用期的长度，MAC 帧最小为 64 字节（512 位）。如果发生冲突，就一定是在发送的前 64 字节之内。由于一检测到冲突就立即停止发送，因此这时已经发送出去的数据一定小于 64 字节。以太网规定了最短有效帧长为 64 字节，凡是长度小于 64 字节的帧都是由于冲突而异常中止的无效帧。局域网上最大的端到端单程时延必须小于争用期的一半（25.6μs），这相当于使用同轴电缆的局域网的最大端到端长度约为 5km。

发生碰撞后，发送数据的站点都要延迟一段时间再重新发送数据。这个重传时间如何来确定呢？以太网使用截断二进制指数退避（truncated binary exponential backoff）算法来确定碰撞后的重传时间。该算法规定发生碰撞的站点在停止发送数据后，要推迟（退避）一个随机时间才能再发送数据。具体算法如下：

① 基本退避时间取为争用期 $2\tau$，对于 10Mbit/s 以太网就是 51.2μs。

② 定义一个参数 $k$，用来表示重传次数，$k$ 的取值为

$$k=\text{Min}[重传次数,\ 10] \tag{4-1}$$

③ 从离散的整数集合 $[0, 1, \cdots, (2k-1)]$ 中随机地取出一个数，记为 $r$。重传所需的时延就是 $r$ 倍的基本退避时间（$r\times 2\tau$）。

④ 当 $k\leqslant 10$ 时，参数 $k$ 等于重传次数。

⑤ 重传也不会无休止地进行，当重传达 16 次仍不能成功时，就丢弃该帧，传输失败，并报告给高层协议。

若连续多次发生冲突，表明可能有较多的站点参与争用信道。采用截断二进制指数退避算法可以使重传需要推迟的平均时间随重传次数的增多而增大（也称为动态退避），因而减小了发生碰撞的概率，有利于整个系统的稳定。

在实际应用中，当发送数据的站发现发生碰撞后，除了立即停止发送数据，还要再继续发送 32 位或 48 位的人为干扰信号，对碰撞进行强化，以便让所有的用户都知道已经发生了碰撞，如图 4-22 所示。10Mbit/s 以太网发送 32 位（或 48 位）只需要 3.2（或 4.8）μs。

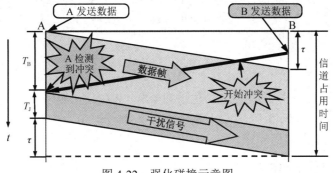

图 4-22　强化碰撞示意图

从上述过程还可以看出，使用 CSMA/CD 协议时，一个站点不可能同时进行发送和接收（但必须边发送边监听信道），因此，使用 CSMA/CD 协议的局域网不可能进行全双工通信，只能进行双向交替的半双工通信。不管是最小发送间隔（9.6μs），还是最小帧长（64 字节）的规定，都是为了避免发生冲突。

由于多个站点共享局域网信道资源，就可能发生碰撞。当发生碰撞时，信道资源实际上是被浪费了。因此，当扣除碰撞所造成的信道损失后，以太网总的信道利用率并不能达到 100%。

图 4-23 给出了一个共享信道被占用的例子。假设一个站点在发送数据帧时发生了碰撞，等了一个争用期后，又可能发生碰撞，经历多个争用期后，数据帧终于发送成功了。假设 $\tau$ 是以太网单程端到端传播时延，则争用期长度为 $2\tau$，即端到端传播时延的两倍。检测到碰撞后不发送干扰信号。设帧长为 $L$（单位为 bit），数据发送速率为 $R$（单位为 bit/s），则帧的发送时间为 $T_0=L/C$。

注意到，成功发送一帧需要占用信道的时间是 $T_0+\tau$，比该帧的发送时间要多一个单程端到端时延 $\tau$。这是因为当一个站点发送完最后一个比特时，这个比特还要在以太网上传播。

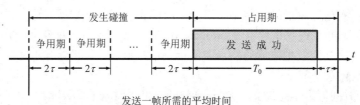

发送一帧所需的平均时间

图 4-23　共享信道被占用示意图

在最极端的情况下，发送站在传输媒介的一端，而比特流在传输媒介上传输到另一端所需的时间是 $\tau$。也就是说，必须经过 $T_0+\tau$ 时间后，传输媒介才完全进入空闲状态，才能允许其他站点发送数据。要提高以太网的信道利用率，就必须减小 $\tau$ 与 $T_0$ 之比。

定义参数 $a$，该参数为单程端到端时延 $\tau$ 与帧的发送时间 $T_0$ 之比，即

$$a = \tau/T_0 \tag{4-2}$$

当 $a\rightarrow0$ 时，表示只要数据一发生碰撞就立即能检测出来，并且站点立即停止发送数据，因而信道利用率很高。$a$ 的值越大，表明争用期所占的比例增大，每发生一次碰撞就浪费许多信道资源，使得信道利用率明显降低。为了保证 $a$ 的值尽可能小，当速率一定时，局域网连线的长度要有限制，否则 $\tau$ 的值会太大。MAC 帧长不能太短，否则 $T_0$ 的值会太小，从而使 $a$ 的值太大。

考虑一种理想化的情况，假设局域网上的各站发送数据都不会产生碰撞（这显然已经不是 CSMA/CD，而是需要使用一种特殊的调度方法），即信道一旦空闲就有某个站点立即发送数据。发送一帧占用线路的时间是 $T_0+\tau$，而帧本身的发送时间是 $T_0$，因此可计算出理想情况下的极限信道利用率 $S_{max}$，即

$$S_{max} = \frac{T_0}{T_0+\tau} = \frac{1}{1+a} \tag{4-3}$$

实际的网络不可能达到这么高的极限信道利用率。式（4-3）说明，只有当 $a$ 小于 1 才能得到尽可能高的极限信道利用率。据统计，当网络利用率达到 30%时就已经处于重载的情况。很多的网络容量被网上的碰撞消耗掉了。

## 4.5　扩展局域网

随着局域网的使用和普及，用户希望能扩展局域网的覆盖范围。如何扩展局域网的覆盖范围呢？还要取决于它的拓扑结构和传输媒介。

局域网按拓扑结构不同可分为总线网、星形网和环状网等，如图 4-24 所示。

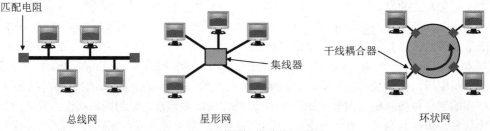

图 4-24　局域网拓扑结构示意图

总线网中所有的主机都通过一条电缆相互连接起来。在总线上，任何一台主机在发送信息时，其他主机必须等待，而且主机发送的信息会沿着总线向两端扩散，从而使网络中的所有主机都会收到这个信息。但是否接收，取决于信息的目标地址是否与网络主机地址相一致，若一

致，则接收；若不一致，则不接收。在总线网中，信号会沿着网线发送到整个网络。当信号到达线缆的端点时，将产生反射信号，这种反射信号会与后续信号发送冲突，从而使通信中断。为了防止通信中断，必须在线缆的两端安装终结器，以吸收端点信号，防止信号反弹。

星形网以中心节点设备（集线器或交换机）为核心，每个终端节点都由一个单独的通信线路连接到中心节点上，最外端是网络终端设备。星形网易连接、易管理、传输效率高，得到了广泛应用。

环状网中通信线路沿各个节点连接成一个闭环，数据传输经过中间节点的转发，最终可以到达目标节点。环状网中各节点地位相等，信息设有固定方向且单向流动，两个节点之间仅有一条通路，网中无信道选择问题。由于环路是封闭的，所以不便于扩充，系统响应时延长，且信息传输效率相对较低。因此，从拓扑结构看，可对总线网和星形网进行扩展。

从网络体系结构的角度看，对局域网覆盖范围的扩展既可以在物理层进行，也可以在数据链路层进行，这种扩展的局域网在网络层看来仍然是一个网络。

### 4.5.1　在物理层扩展局域网

局域网最初使用的传输媒介是粗同轴电缆，后来改用质地较软、价格便宜的细同轴电缆，由于信号在信道中传输会受到衰减，因此对电缆长度有一定限制，这使得局域网中主机之间的距离不能太远。为了扩展局域网的范围，就要使用转发器（或称为中继器）将局域网中的两个网段连接起来。转发器是最简单的网络连接设备，工作在物理层，完成物理线路的连接，对衰减的信号进行放大，保持与原数据相同。转发器只是将一个电缆段上的数据发送到另一段电缆上，并不管数据中是否有错误的数据或不适合网段传输的数据。一般情况下，转发器两端连接的是相同的媒介，但有的转发器也可以完成不同媒介的转接工作。从理论上讲，转发器的使用是无限的，网络也因此可以无限延长。事实上这是不可能的，因为网络标准中都对信号的延迟范围做了具体规定，转发器只能在此规定范围内进行有效的工作，否则会引起网络故障，因此IEEE 802.3 标准规定任意两个站点之间最多可以经过三个电缆网段。但是随着双绞线的出现和使用，粗缆和细缆局域网就不再使用了，扩展局域网的覆盖范围也很少使用转发器了。

在总线网之后，主要是使用双绞线作为传输媒介的星形网，星形网的中心是集线器（Hub）。集线器是一个多接口的局域网设备，工作在物理层。其基本工作原理是，使用广播技术从任意一个端口收到一个包后，将此包广播发送到其他的所有端口，集线器并不记忆该包是由哪一个MAC 地址主机发往哪一个端口的。这里说的广播技术是指集线器将该包以广播发送的形式发送到其他所有端口，而不是将该包改变为广播包。

扩展主机和集线器之间距离的一种简单方法就是使用光纤（通常是一对光纤）和一对光纤调制解调器。光纤调制解调器的作用就是进行电/光信号的转换，如图 4-25 所示。由于光纤带来的时延很小，并且带宽很宽，因此使用这种方法可以很容易地使主机和几千米以外的集线器相连接。

图 4-25　主机通过光纤和一对光纤调制解调器连接集线器示意图

使用集线器的局域网在物理上是一个星形网，但由于集线器是使用电子器件来模拟实际电缆线工作的，因此整个网络仍然像一个传统的局域网那样运行。也就是说，使用集线器的局域网在逻辑上仍是一个总线网，使用的还是 CSMA/CD 协议，各台连接到端口的主机共享逻辑上的总线，各台主机必须竞争对传输媒介的控制，并且在同一时刻只允许一个站点发送数据。集线器内采用专用的芯片进行自适应串音回波抵消，这样可避免较强信号的回波对接收到的较弱信号产生干扰。

如果使用多个集线器就可以连接成覆盖范围更大的多级星形结构的局域网。在图 4-26 给出的例子中，假设一个学院的三个系各有一个 100Base-T 局域网（100 表示速率为 100Mbit/s，Base 表示采用基带传输，T 表示传输媒介为双绞线。100Base-T 下有 X 和 4 两个标准，TX 表示传输媒介是两对高质量的双绞线，一对用于发送数据，另一对用于接收数据），通过一个主干集线器把各系的局域网相互连接起来，构成一个更大的局域网。

这样做的好处有两个：第一，使这个学院不同系的局域网上的主机能够进行跨系的通信；第二，扩大了局域网的覆盖范围。例如，在一个系的 10Base-T 局域网中，主机与集线器的最大距离是 100m，因而两台主机之间的最大距离是 200m。但在通过主干集线器相连接后，不同系的主机之间的距离就扩展了，因为集线器之间的距离可以是 100m（使用双绞线）甚至更远（如使用光纤）。利用集线器扩展的局域网通常采用堆叠式集线器，即将多个（如 4～8 个）集线器堆叠在一起级联使用。通过对集线器的配置，可识别正在阻塞网络的出错站，并把该站与网络隔离。但是使用集线器的多级结构局域网也存在以下两个问题。

主干集线器

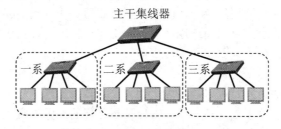

图 4-26　利用多个集线器扩展局域网示意图

① 在图 4-26 给出的例子中，三个系的局域网在相互连接之前每个系的 10Base-T 局域网均是一个独立的碰撞域（又称为冲突域）。碰撞域是指这样一部分网络，其中任何一台设备都能接收到所有被发送的帧，任何两台或多台设备同时传输数据将引发冲突，导致这些设备都必须重传。也就是说，在任一时刻，在每一个碰撞域中只能有一个站点发送数据。连接到集线器上的所有主机（假设有 $N$ 台）共享带宽 $B$，每台主机的可用带宽随接入主机数的增加而减少，即平均每台主机仅占有 $B/N$ 的带宽。集线器不允许多个接口同时工作，因此不可能增加局域网的总吞吐量。

图 4-26 中的每个系的局域网的最大吞吐量为 10Mbit/s，因此三个系总的最大吞吐量为 30Mbit/s。在三个系的局域网通过集线器相互连接后，就把三个碰撞域变成了一个碰撞域（范围扩大到三个系），而这时扩展局域网的最大吞吐量仍然是一个系的吞吐量 10Mbit/s。也就是说，当某个系的两台主机在通信时所传送的数据会通过所有的集线器进行转发，使得其他系的内部在这时都不能通信，因为一发送数据就会产生碰撞。

② 如果不同的系使用不同的局域网技术（如速率不同），那么不可能用集线器将它们相互连接起来。如果在图 4-26 中，一个系使用 10Mbit/s 的适配器，而另外两个系分别使用 10Mbit/s 和 100Mbit/s 的适配器，那么用集线器连接起来后，大家都只能工作在 10Mbit/s 的速率。集线器基本上是一个多接口的转发器，它只能消除信号因传输距离较远而造成的失真和衰减，使信号的波形和强度恢复到所要求的指标，不能把帧进行缓存，无法实现存储转发。

## 4.5.2　在数据链路层扩展局域网

扩展局域网更常用的方法是在数据链路层进行，早期使用网桥，现在使用以太网交换机。

网桥也叫桥接器，是连接两个局域网的一种存储转发设备。从实现协议和功能转换的角度看，网桥工作在数据链路层，它收到一帧时，并不是向所有的端口转发此帧，而是先检查此帧的 MAC 地址，然后通过查找网桥中的地址表，找到该帧应从哪个接口进行转发和过滤（丢弃 CRC 发现的存在差错的帧和无效帧）。

以太网交换机（或称第二层交换机）工作在数据链路层，是一种在局域网之间进行数据包转发和过滤的设备。以太网交换机实质上就是一个多端口的网桥，通常都有十几个或更多的端口。每个端口都直接与单台主机或另一个以太网交换机相连，并且一般都工作在全双工方式下。以太网交换机具有并行性，能同时连通多对端口，使多对主机能同时通信。以太网交换机使用了专用的交换结构芯片，用硬件转发，其转发速率要比使用软件转发的网桥快很多。

以太网交换机的每个端口均是一个碰撞域，相互通信的主机都独占传输媒介，彼此通信时互不干扰。在使用以太网交换机时，假设每个端口到主机的速率还是 10Mbit/s，由于用户在通信时是独享传输媒介带宽的，因此，对于有 $N$ 对端口的以太网交换机的局域网，其总容量为 $N\times10$Mbit/s。以太网交换机所有的端口属于同一个广播域。广播域是指这样一部分网络，其中任何一台设备发出的广播通信都能被该部分网络中的所有其他设备所接收。

以太网交换机主要有 4 种转发方式。

① 存储转发方式。这是大多数交换机采用的转发方式，该方式对输入端口接收到的数据帧进行缓存，并进行差错检测，滤去无效帧，对正确接收的数据帧提取其目标地址，通过内部地址表确定其相应的输出端口再进行转发。

② 直通方式。这种方式在输入端口接收数据帧的同时就立即按数据帧的目标 MAC 地址决定该帧的转发端口，因而提高了帧的转发速度。其缺点是由于它不检查差错就直接将帧转发出去，因此有可能也将一些无效帧转发给其他的站点。

③ 无碎片直通方式。碎片是指发送信息过程中由于冲突而产生的残缺不全的无用帧（残帧）。这种方式采用先进先出（FIFO，First Input First Out）的工作方式，其转换速率比存储转发方式高，但比直通方式低。

④ 混合式。这种方式综合了前三种方式的优点，根据网络状况采用多种转发方式共存的设计理念来决定其转发方式，因而是一种自适应交换方式。采用自适应交换方式的交换机通过检测各个端口信号的速率来确定所连接的局域网类型，支持不同速率之间的转换，具备对速率的自适应能力。由于自适应交换机结构复杂、造价高、需要更多的时间判断网络工作状态，因此不适用于各种方式频繁切换的复杂网络环境。

以太网交换机通过自学习算法自动地逐渐建立起内部的帧交换表（又称为地址表），因此是一种即插即用的设备。以太网交换机内部的 CPU 会在每个端口成功连接时，通过地址解析协议（ARP）学习它的 MAC 地址，保存成一张地址表。在今后的通信中，发往该 MAC 地址的数据包将仅送往其对应的端口，而不是所有的端口。

图 4-27 给出了交换机通过自学习来建立其地址表的例子。假设以太网交换机有 6 个端口，每个端口连接主机，其 MAC 地址分别为 A、B、C、D、E、F。以太网交换机内的地址表中包含 MAC 地址、（转发）端口和有效时间，在初始状态下，地址表是空的。

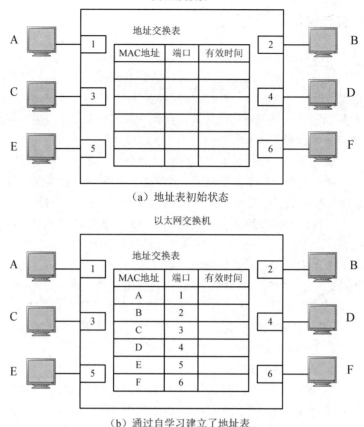

（a）地址表初始状态

（b）通过自学习建立了地址表

图 4-27  以太网交换机自学习建立地址表示意图

假设主机 A 先向主机 B 发送一帧，从端口 1 进入交换机。交换机收到该帧后，先查找地址表。由于此时地址表是空的，因此查不到应从哪个端口转发该帧给主机 B。于是，交换机把该帧的源地址 A 和端口 1 写入地址表中，然后交换机向除端口 1 以外的所有的端口（端口 2～6）进行洪泛（flooding）转发，即广播该帧。广播发送可以保证让主机 B 收到该帧，而主机 C、D、E 和 F 在收到该帧后，由于目标地址不匹配，因此将该帧丢弃（过滤）。

写入地址表的项目（MAC 地址 A，端口 1）表明，以后不管从哪个端口接收到帧，只要其目标地址是 A，就应该把收到的帧从端口 1 转发出去，送往主机 A。

接下来假定主机 B 向主机 A 发送一帧，该帧通过端口 2 进入交换机。交换机收到该帧后，先查找地址表。发现地址表中的 MAC 地址有 A，表明要发送给主机 A 的帧应从端口 1 转发出去。于是就把该帧传送到端口 1 转发给主机 A。然后，交换机把该帧的源地址 B 和端口 2 写入地址表中。

显然，经过一段时间后，除主机 A 和主机 B 以外的其他主机发送帧，如果未能从地址表中查到想要的项目，都会通过广播方式向除本端口以外的其他端口转发帧，而只有目标地址相符的主机才会接收帧，非目标主机都会将其过滤。这样，地址表就逐渐建立起来了，任何一台主机发送帧，都可以从地址表中找到相应的转发端口并送至目标主机，而不必再发送广播帧了。

考虑到交换机端口上的主机有时可能会更换，或者主机要更换其网络适配器，这需要更改地址表中的项目。为此，在地址表中每个项目都设有一定的有效时间，过期的项目就自动被删除，从而使地址表的内容符合网络当前的最新状态。

以太网交换机的这种自学习方法使得以太网交换机能够即插即用，不必人工进行配置，因此非常方便。

为了提高网络可靠性，交换网络中通常会使用一些冗余链路。然而，冗余链路会给交换网络带来环路风险，并导致广播风暴及 MAC 地址表不稳定等问题，进而会影响用户的通信质量。以太网交换机自学习过程可能导致数据帧在网络中的两个交换机之间的某个环路中兜圈子如图 4-28 所示。

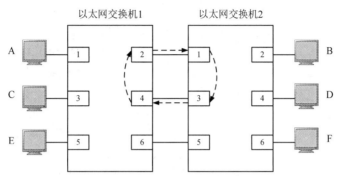

图 4-28　数据帧在两个交换机之间的某个环路中兜圈子示意图

在图 4-28 中，主机 A 与主机 B 之间通信要经历以太网交换机 1 和以太网交换机 2。主机 A 发送帧到以太网交换机 1 的端口 1，以太网交换机 1 接收到帧后就向所有其他端口进行广播发送。其中一帧从以太网交换机 1 的端口 2 离开，之后可能有这样一种走向：以太网交换机 2 的端口 1→以太网交换机 2 的端口 3→以太网交换机 1 的端口 4→以太网交换机 1 的端口 2→以太网交换机 2 的端口 1→……上述过程无限循环，就造成了兜圈子的现象，从而白白浪费了网络资源。

为了解决环路造成的兜圈子问题，IEEE 802.1 D 标准制定了一个生成树协议（STP, Spanning Tree Protocol）。该协议的要点是不改变网络的实际拓扑结构，但在逻辑上却切断了某些链路，使得从一台主机到所有其他主机的路径是无环路的树状结构，从而消除了数据帧在网络中兜圈子的现象。

早期的局域网采用无源的总线结构，现在采用以太网交换机的星形结构成为局域网的首选拓扑。总线结构的局域网使用 CSMA/CD 协议以半双工方式工作。而以太网交换机不使用共享总线，没有碰撞问题，因此不使用 CSMA/CD 协议，以全双工方式工作，但仍然采用以太网的帧结构。

### 4.5.3　虚拟局域网

#### 1. 基本概念

在采用以太网交换机局域网的基础上，利用增值软件可以组建一个跨越不同物理局域网、不同类型网络用户但同属于一个逻辑局域网的虚拟工作组，这样就构成了虚拟局域网（VLAN，Virtual LAN）。IEEE 802.1 Q 标准对 VLAN 的定义是：VLAN 是由一些局域网网段构成的、与物理位置无关的逻辑组，这些网段具有某些共同的需求。每个 VLAN 的帧都有一个明确的标识符，用来指明发送帧的用户属于哪一个 VLAN。VLAN 并不是一种新型局域网，它是用户和网络资源的一种逻辑组合，可以根据需要将有关设备和资源非常方便地重新组合起来，使用户从不同的服务器或数据库中存取所需的资源。由此可见，VLAN 只是局域网给用户提供的一种服务。

VLAN 在功能和操作上与传统的局域网基本相同，"虚拟"两字主要体现在组网方式上，网络上的同一个工作组内的用户不一定都连接在同一个物理网段上，它们只是因某种性质关系或隶属关系而逻辑地连接在一起。虚拟工作组的划分和管理由虚拟管理软件来实现，而不需要改变原来的网络物理连接，增加了组网的灵活性。

VLAN 示意图如图 4-29 所示。假设一个局域网中有 10 台主机和 4 个以太网交换机，10 台主机分别布设在三个楼层中，每个楼层的主机构成一个局域网，共有三个局域网，即 $LAN_1$（$A_1$, $A_2$, $B_1$, $C_1$）、$LAN_2$（$A_3$, $B_2$, $C_2$）和 $LAN_3$（$A_4$, $B_3$, $C_3$）。因工作需要，10 台主机需要划分为三个工作组，也就是要划分为三个 VLAN，即 $VLAN_1$（$A_1$, $A_2$, $A_3$, $A_4$）、$VLAN_2$（$B_1$, $B_2$, $B_3$）和 $VLAN_3$（$C_1$, $C_2$, $C_3$）。每个 VLAN 中的主机可以处在不同的局域网中，也可以处在不同楼层。每个 VLAN 是一个广播域，三个 VLAN 就是三个不同的广播域。对于同一 VLAN 中的主机来说，每台主机都能收到其他主机发送的广播信息，但是其他 VLAN 中的主机收不到。例如，当主机 $B_1$ 向 $VLAN_2$ 中的主机发送数据时，主机 $B_2$ 和 $B_3$ 将会收到其广播的信息，而 $VLAN_1$ 和 $VLAN_3$ 中的主机 $A_1$、$A_2$ 和 $C_1$ 虽然与主机 $B_1$ 连在同一个交换机上，但不会收到 $B_1$ 发出的广播信息，因为它们属于不同的 VLAN。也就是说，以太网交换机不向 VLAN 以外的主机传送广播信息。这样，VLAN 就限制了接收广播信息的主机数，使得网络不会因传播过多的广播信息（广播风暴）而引起性能恶化。因此，划分 VLAN 的主要作用是隔离广播域，增强网络的安全性和管理。

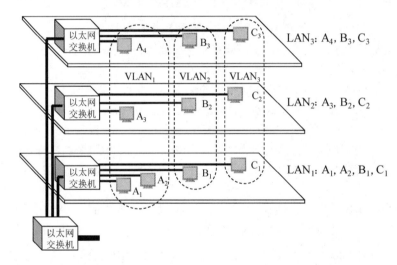

图 4-29　VLAN 示意图

### 2．组网方法

（1）基于交换机端口的 VLAN

基于交换机端口的 VLAN 的组网是最简单、有效的方法，它按照局域网交换机端口来定义 VLAN 成员。VLAN 从逻辑上把局域网交换机的端口划分开来，从而把终端系统划分为不同的部分，各部分相对独立，在功能上模拟了传统的局域网。基于交换机端口的 VLAN 又分为单交换机端口定义和多交换机端口定义两种情况：① 单交换机端口定义的 VLAN 如图 4-30 所示，交换机的端口 1、2、6、7 和 8 组成 $VLAN_1$，端口 3、4 和 5 组成了 $VLAN_2$。这种 VLAN 只支持一个交换机。② 多交换机端口定义的 VLAN 如图 4-31 所示，交换机 1 的端口 1、2 和 3 与交换机 2 的端口 4、5 和 6 组成 $VLAN_1$，交换机 1 的端口 4、5、6、7 和 8 与交换机 2 的端口 1、2、3、7 和 8 组成 $VLAN_2$。基于交换机端口的 VLAN 的划分简单、有效，但其缺点是当用户从一个端口移动到另一个端口时，网络管理员必须对 VLAN 成员进行重新配置。

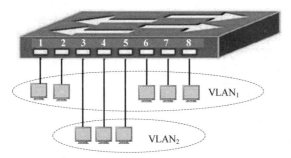

图 4-30　单交换机端口定义的 VLAN 示意图

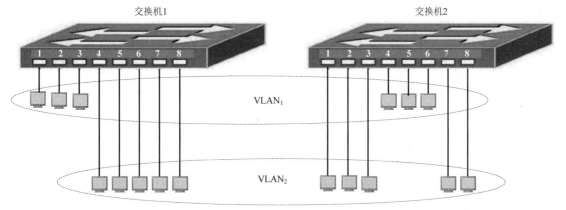

图 4-31　多交换机端口定义的 VLAN 示意图

（2）基于 MAC 地址的 VLAN

基于 MAC 地址的 VLAN 是用终端系统的 MAC 地址定义的 VLAN。MAC 地址其实就是指网卡的标识符，每块网卡的 MAC 地址都是唯一的。这种方法允许终端系统移动到网络的其他物理网段，而自动保持其原来的 VLAN 成员资格。在网络规模较小时，该方案可以说是一个好的方法，但随着网络规模的扩大，网络设备、用户的增加，会在很大程度上加大管理的难度。该方法的缺点是需要输入和管理大量的 MAC 地址。如果用户的 MAC 地址改变了，则需要管理员重新配置 VLAN。

（3）基于协议类型的 VLAN

根据 Ethernet II 帧的第三个字段"类型"确定该类型的协议属于哪一个虚拟局域网。这属于在第二层划分虚拟局域网的方法。

（4）基于 IP 子网地址的 VLAN

根据 Ethernet II 帧的第三个字段"类型"和 IP 数据报首部中的"源地址"字段确定该 IP 属于哪一个虚拟局域网。这属于在第三层划分虚拟局域网的方法。

（5）基于高层应用或服务的 VLAN

根据高层应用或服务，或者它们的组合划分虚拟局域网，这种组网方式更加灵活，但也更加复杂。

**3．支持 VLAN 的以太网帧格式**

1998 年，IEEE 802.1 Q 标准定义了支持 VLAN 的以太网帧格式，如图 4-32 所示。在 Ethernet II 帧格式中插入一个 4 字节的标识符，称为 VLAN 标记（tag），用来指明该帧属于哪一个 VLAN。插入 VLAN 标记（标签）的帧称为 802.1 Q/802.1 P 帧或带标记的以太网帧，而普通的以太网帧（如 Ethernet II 帧）不能区分是否划分了 VLAN。

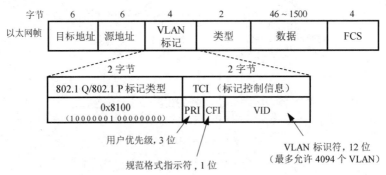

图 4-32　802.1 Q/802.1 P 帧格式示意图

VLAN 标记的长度为 4 字节，插入在以太网帧的源地址和类型之间。VLAN 标记的前 2 字节总是设置为 0x8100（二进制数为 1000000100000000），称为 802.1 Q/802.1 P 标记类型。

当数据链路层检测到以太网帧的源地址字段后面的 2 字节为 0x8100 时，就知道插入了 4 字节的 VLAN 标记，然后接着检查后面 2 字节的内容。在后面的 2 字节中，前 3 位是用户优先级，接着的 1 位是规范格式指示符，最后 12 位是 VLAN 标识符，唯一地标识了这个以太网帧属于哪一个 VLAN。

（1）用户优先级（PRI）

IEEE 802.1Q VLAN 标准中没有定义和使用用户优先级，而 IEEE 802.1P 中则定义了它。IEEE 802.1P 是 IEEE 802.1Q（VLAN 标记技术）标准的扩充协议，它们协同工作。IEEE 802.1P 为 3 位的用户优先级定义了操作，包括 8 个优先级别，其中 0 是最低级，7 是最高级。

（2）规范格式指示符（CFI，Canonical Format Indicator）

CFI 指示 MAC 数据域的 MAC 地址是否是规范格式。CFI=0 表示是规范格式，CFI=1 表示是非规范格式。以太网交换机中，CFI 总被设置为 0。由于兼容特性，CFI 常用于以太网类网络和令牌环类网络之间，如果在以太网端口接收的帧中具有 CFI，那么设置为 1，表示该帧不进行转发，这是因为以太网端口是一个无标签端口。

（3）VLAN 标识符（VID，VLAN ID）

VID 指示帧属于的 VLAN 标识（VID 是对 VLAN 的识别字段），在 IEEE 802.1Q 标准中常被使用。该字段为 12 位，支持 4096（$2^{12}$）个 VLAN 的识别。在 4096 个可能的 VID 中，VID=0 不用于表示 VLAN 标识符，用于识别帧优先级；VID=4095（0xfff）作为预留值，所以 VLAN 配置的最大可能值为 4094（$2^{12}$-2）。

### 4．VLAN 中交换机端口的类型

（1）Access 端口（用户模式）

Access 端口只允许通过默认 VLAN 的以太网帧，也就是说，一个 Access 端口只能属于一个 VLAN，它的默认 VLAN 就是它所在的 VLAN，不用设置。Access 端口发送不带标记的报文，Access 端口在收到以太网帧后打上 VLAN 标记，转发时再剥离 VLAN 标记。一般情况下，Access 端口与计算机或服务器连接。

（2）Truck 端口（链路模式）

一个 Trunk 端口可以属于多个 VLAN，可以接收并转发多个 VLAN 的报文，通过发送带标记的报文来区别某个数据报属于哪个 VLAN，标记遵守 IEEE 802.1 Q/802.1 P 协议标准，一般在交换机级联端口传递多组 VLAN 信息时使用。在网络分层结构方面，Trunk 被解释为"端口聚合"，就是把多个物理端口捆绑在一起作为一个逻辑端口使用，可以扩展带宽和作为链路的备份。

（3）Hybrid 端口（与 Trunk 类似但比 Trunk 高级）

Hybrid 端口与 Trunk 端口很相似，也允许多个 VLAN 通过，可以接收和发送多个 VLAN 的报文，既可以作用于交换机之间，也可以作用于连接用户的计算机端口上。

Hybrid 端口和 Trunk 端口在接收数据时的处理方法是一样的，唯一不同之处在于，发送数据时 Hybrid 端口允许多个 VLAN 的报文发送时不打标记，而 Trunk 端口只允许默认 VLAN 的报文发送时不打标记。

VLAN 是建立在物理网络基础上的一种逻辑子网，因此建立 VLAN 需要相应的支持 VLAN 技术的网络设备。当网络中的不同 VLAN 间进行相互通信时，需要路由功能的支持，这时就需要增加路由设备来实现路由功能。路由设备既可采用路由器，也可采用三层交换机来完成，同时还严格限制了用户数量。

# 4.6　高速局域网

随着计算机网络应用的普及，用户对计算机网络的需求日益增加，传统的局域网已不能满足要求，于是高速局域网（high-speed LAN）便应运而生。高速局域网是指速率达到或超过 100Mbit/s 的局域网，常见的高速局域网有快速以太网、千兆以太网、万兆以太网等。

## 4.6.1　快速以太网

1995，IEEE 宣布了 802.3u 快速以太网标准，由此开启了快速以太网时代。IEEE 802.3u 定义了一整套快速以太网规范和媒介标准，包括 100Base-TX、100Base-T4 和 100Base-FX 三类。快速以太网物理层标准见表 4-1。

表 4-1　快速以太网物理层标准

| 名　　称 | 传 输 媒 介 | 最大网段长度/m | 编 码 方 案 |
|---|---|---|---|
| 100Base-TX | 双绞线 | 100 | MLT-3 |
| 100Base-T4 | 双绞线 | 100 | 8B6T |
| 100Base-FX | 光纤 | 2000 | 4B5B |

100Base-TX 使用两对阻抗为 100Ω 的 5 类非屏蔽双绞线（UTP）或 1 类屏蔽双绞线（STP）作为传输媒介，其中 5 类 UTP 应用最广泛，两对线中的一对用于发送数据，另一对用于接收数据，最大传输距离是 100m。100Base-TX 规定 5 类 UTP 采用 RJ45 连接器，1 类 STP 采用 9 芯 D 型（DB-9）连接器。

100Base-T4 使用的是 4 对 3、4、5 类 UTP 或 STP，其中的三对线用于传输数据（每对线的速率为 33.3Mbit/s），另一对线用于进行冲突校验和控制信号的发送接收。100Base-T4 使用与 10Base-T 相同的 RJ45 连接器，最大传输距离是 100m。这种技术没有得到广泛应用。

100Base-FX 是光纤媒介快速以太网，通常使用多模光纤，用两根光纤传输数据，其中一根用于发送数据，另一根用于接收数据。100Base-FX 支持全双工传输方式，每个方向上的速率为 100Mbit/s，最大传输距离是 2000m。

100Base-FX 无论是物理层还是数据链路层，都采用与 100Base-TX 相同的标准协议，其信号编码也使用 4B/5B 编码方案。100Base-FX 常用于主干网连接或噪声干扰严重的场合，在主干网应用中，由于其共享带宽所带来的问题，因此很快被交换式 100Base-FX 代替。

## 4.6.2　千兆以太网

千兆以太网（1Gbit/s 以太网，也称为吉比特以太网）是 IEEE 802.3 标准以太网的扩展。1997

年, IEEE 通过了千兆以太网标准 IEEE 802.3z, 并在 1998 年成为正式标准, 1999 年还批准了 IEEE 802.3ab 标准。千兆以太网与现有的以太网兼容, 保留了 CSMA/CD 协议和以太网帧格式, 允许在 1Gbit/s 的速率下使用全双工或半双工方式工作。千兆以太网物理层标准见表 4-2。

表 4-2  千兆以太网物理层标准

| 名  称 | 传输媒介 | 最大网段长度/m | 编码方案 |
|---|---|---|---|
| 1000Base-SX | 多模光纤 | 300～500 | 8B/10B |
| 1000Base-LX | 单模光纤 | 5000 | |
| | 多模光纤 | 550 | |
| 1000Base-CX | 两对 STP | 25 | |
| 1000Base-T | 4 对 UTP | 100 | |

### 4.6.3  万兆以太网

万兆以太网就是将千兆以太网的速率再提高 10 倍, 其帧格式与十兆（10Mbit/s）、百兆（100Mbit/s）和千兆以太网的帧格式相同, 并保留了 IEEE 802.3 标准规定的以太网帧长, 以便于升级。万兆以太网只工作在全双工方式下, 不使用 CSMA/CD 协议。

万兆以太网有两种不同的物理层: 一种是局域网物理层（LAN PHY）, 其速率为 10Gbit/s; 另一种是可选的广域网物理层（WAN PHY）, 其速率为 9.95328Gbit/s, 这是为了与 SONET/SDH 体制兼容。

万兆以太网物理层标准见表 4-3。

表 4-3  万兆以太网物理层标准

| 名  称 | 传输媒介 | 最大网段长度/m | 编码方案 |
|---|---|---|---|
| 10GBase-SR | 多模光纤 | 300 | 64B/66B |
| 10GBase-LR | 单模光纤 | 10000 | 64B/66B |
| 10GBase-ER | 单模光纤 | 40000 | 64B/66B |
| 10GBase-ZR | 单模光纤 | 80000 | 64B/66B |
| 10GBase-CX4 | 4 对 STP | 15 | 8B/10B |
| 10GBase-T | 4 对 6A UTP | 100 | PAM-16 |
| 10GBase-LW | 单模光纤 | 10000 | 64B/66B |
| 10GBase-EW | 单模光纤 | 40000 | 64B/66B |
| 10GBase-ZW | 单模光纤 | 80000 | 64B/66B |

## 4.7  地址解析协议

在计算机网络中, 数据从源主机传送到目标主机的过程涉及寻址问题。数据链路层在网络层之下, 为网络层提供服务, 将一个 IP 数据报交付到主机或路由器需要两级地址。IP 地址是网络层使用的地址, 放在 IP 数据报的首部, 是一个预先分配的逻辑地址, 网络中所有的设备接口都有一个 IP 地址且互不相同。物理地址是数据链路层使用的地址, 放在 MAC 帧首部, 是一个局部地址, 是厂商在网络适配器上编码的 48 位地址, 也就是说, 每个网络制造商必须确保它所制造的每个以太网设备都具有相同的前 3 字节及不同的后 3 字节, 这样就可以保证世界上每个设备都具有唯一独立的物理地址。既然在网络链路上传输的数据帧最终是按物理地址找到目标主机的，那么为什么不直接使用物理地址进行通信呢？这是因为世界上存在着各式各样的网络，它们使用不同的物理地址。要使这些异构网络能够互相通信就必须进行非常复杂的物理地址转换工作，这几乎是不可能的事。IP 地址恰好能解决这个问题，通过在物理网络上覆盖一层 IP 软件来实现对物理网络地址差异的屏蔽，为上层用户提供"统一"的地址形式，而且不对物理地址做任何修改。连接到互联网上的主机只需各自拥有一个唯一的 IP 地址，它们之间的通信就能像连接在同一个网络上那样简单方便。

由于 IP 地址和物理地址是两个完全不同的地址，因此需要在两级地址之间进行映射。将 IP 地址映射为物理地址有两种方法：静态映射和动态映射。

采用静态映射时，IP 地址和物理地址之间的映射表是固定设置的，映射表存储在网络的每个设备上，这种映射方式适用于固定不变的网络或面向连接的网络，如 X.25、FR、ATM。如果主机更换了网卡或有网络位置上的移动，映射表就要更新。因此对于大规模、复杂的网络来说，使用相关协议把 IP 地址翻译成物理地址更为方便、可行。将 IP 地址映射为物理地址的过程就称为地址解析，地址解析工作由地址解析协议（ARP，Address Resolution Protocol）来完成。

## 4.7.1　ARP 的工作原理

ARP 是一种仅在知道主机的 IP 地址时确定其物理地址的协议，其工作原理如图 4-33 所示。

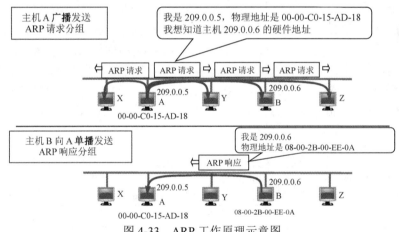

图 4-33　ARP 工作原理示意图

在图 4-33 中，假设主机 A 要向主机 B 转发数据包，但是主机 A 只知道主机 B 的 IP 地址（209.0.0.6），这时候就要借助于 ARP 来获取主机 B 的物理地址。ARP 以广播的形式发送一个称作 ARP 请求的以太网帧给以太网上的每台主机。目标主机（这里是主机 B）的 ARP 收到这个广播报文后，识别出这是主机 A 在询问它的 IP 地址，于是以单播的形式发送一个 ARP 应答，这个 ARP 应答包含了 IP 地址（209.0.0.6）及对应的物理地址（08-00-2B-00-EE-0A）。这样主机 A 就获悉了主机 B 的物理地址，接下来就可以转发数据包了。

由于 IP 地址和物理地址格式不同，因此它们之间不是一个简单的映射关系。而且，在一个网络上可能经常会有新的主机加入进来或撤出，更换网络适配器也会使主机的物理地址发生改变。ARP 解决这个问题的方法就是在主机的 ARP 高速缓存中存放一个从 IP 地址到物理地址的映射表，并且这个映射表能够经常动态更新（新增或超时删除）。

ARP 采用高速缓存技术是为了提高网络运行的效率，因此主机在每次进行数据发送前都要执行 ARP 请求—响应这一过程，信息包的频繁发送和接收必然会对网络的效率产生影响。在每台使用 ARP 的主机中都保留了一个专用的高速缓存区，用来存放最近使用的 IP 地址到物理地址之间的映射记录（已知的表项）。一旦收到 ARP 应答，主机就将获得的 IP 地址与物理地址的映射关系存入高速缓存的 ARP 表中。当发送信息时，主机首先到高速缓存的 ARP 表中查找相应的映射关系，若找不到，再利用 ARP 进行地址解析。利用高速缓存技术，主机不必为每个发送的数据包使用 ARP 协议，这样就可以减少网络流量，提高处理效率。为了保证主机中 ARP 表的正确性，ARP 表必须经常更新。ARP 表中的每个表项都被分配了一个计时器，一旦某个表项超过了计时时限，主机就会自动将它删除，以保证 ARP 表的有效性。高速缓存中每个表项的生存时间一般为 20 分钟，起始时间从被创建时算起。

ARP 表中的内容可以查看，也可以添加和修改。在命令提示符下，输入 "arp-a/g" 就可以查看 ARP 表中的内容了。用 "arp-d" 可以删除 ARP 表中所有的内容。用 "arp-d+空格+<指定 IP 地址>" 可以删除指定 IP 地址所在行的内容。用 "arp-s" 可以手动在 ARP 表中指定 IP 地址与 MAC 地址的对应关系，类型为 static（静态），此项存在硬盘中，而不是缓存表中，计算机重新启动后仍然存在，且遵循静态优于动态的原则。如果设置不对，就可能导致无法正常通信。

### 4.7.2　ARP 分组格式

ARP 分组格式如图 4-34 所示。ARP 分组封装在以太网帧中进行传输，以太网帧首部的前两个字段是目标地址和源地址。目标地址为全 1 的特殊地址是广播地址。2 字节的帧类型字段表示的是后面数据的类型，对于 ARP 请求或应答分组来说，该字段的值为 0x0806。硬件类型字段表示物理地址的类型，其值为 1 表示以太网地址。协议类型字段表示要映射的协议地址类型，其值为 0x0800 表示 IP 地址。物理地址长度和协议地址长度字段分别指出物理地址和协议地址的长度，以字节为单位。对于以太网 IP 地址的 ARP 请求或应答分组来说，它们的值分别为 6 和 4。操作（op）字段指出 4 种操作类型，即 ARP 请求（值为 1）、ARP 应答（值为 2）、RARP 请求（值为 3）、RARP 应答（值为 4）。这个字段是必需的，因为 ARP 请求和 ARP 应答的帧类型字段值是相同的。

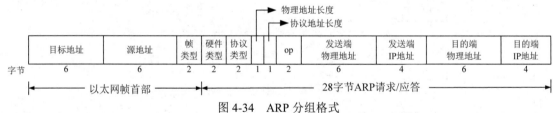

图 4-34　ARP 分组格式

### 4.7.3　特殊的 ARP

#### 1. 代理 ARP

代理 ARP 是指当出现跨网段的 ARP 请求时，路由器将自己的物理地址返回给发送 ARP 请求的主机，实现物理地址代理，从而使主机能够通信。

如图 4-35 所示，主机 A 和主机 B 处于不同的网络，主机 A 和主机 B 在相互通信时，主机 A 先发送了一个 ARP 请求包，请求主机 B 的物理地址，但是由于主机 A 和主机 B 位于不同的网段，两个网络之间通过路由器 R 进行连接，因此主机 A 发送的 ARP 请求包会被路由器 R 接收，路由器 R 会将自己的物理地址作为目标地址进行封装，发送一个 ARP 应答包给主机 A，然后路由器 R 再代替主机 A 去访问主机 B。在整个过程中，主机 A 以为自己访问的是主机 B，实际上真正去访问主机 B 的是路由器 R，主机 A 却并不知道这个代理过程。需要注意的是，如果路由器 R 关闭了代理 ARP 功能，那么主机 A 再访问主机 B 时，路由器 R 就不会把自己的物理地址发给主机 A，主机 A 和主机 B 之间也就无法通信了。在默认情况下，路由器是开启代理 ARP 功能的，也就是说，路由器 R 会作为中间代理实现主机 A 和主机 B 之间的跨网段通信。

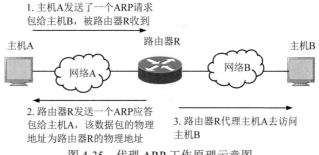

图 4-35　代理 ARP 工作原理示意图

代理 ARP 的一个好处是，它能在不影响路由表的情况下添加一个新的路由，这样就使得子网的变化对主机来说是透明的，但是也会带来一些问题，例如，增加了某一网段上的 ARP 流量、主机需要更大的 ARP 表来处理 IP 地址到 MAC 地址的映射，以及 ARP 欺骗等。因此，代理 ARP 一般用在没有配置默认网关和路由策略的网络上。

### 2. 免费 ARP

免费 ARP（gratuitous ARP）是指主机发送 ARP 广播来查找自己的 IP 地址，一般发生在系统引导时，用来获取网络接口的 MAC 地址。免费 ARP 的一个主要作用就是一台主机可以通过它来确定另一台主机是否设置了相同的 IP 地址。在所有网络设备（包括计算机网卡）启动时，都会发送这样的免费 ARP 广播，不希望收到应答，只希望起到宣告作用，并确认没有冲突。

# 习题 4

1．数据链路层有哪些基本功能？

2．在数据帧传输过程中为何会存在透明传输问题？

3．假设要传送的信息为 101001，生成多项式为 $X^3+X^2+1$，请计算添加在数据后面的冗余位。

4．PPP 是怎样的一种协议？由几部分构成？

5．试说明 PPP 的工作过程。

6．假设接收端收到的 PPP 帧数据部分为 000111101111110111110110，请写出删除发送端加入的 0 后的比特串。

7．比较口令鉴别协议（PAP）和质询握手鉴别协议（CHAP）的异同。

8．什么是 PPPoE？

9．CSMA/CD 协议是如何解决冲突的？

10．为什么 CSMA/CD 协议只能进行半双工通信？

11．采用 CSMA/CD 协议的局域网，总线长度为 1km，速率为 1Gbit/s，信号在传输介质中的传播速率为 $2\times10^8$ m/s，请问使用该协议的最小帧长是多少？

12．有 5 种设备：集线器、中继器、交换机、网桥、路由器，请分别填在题图 4-1 中最合适的位置上，并说明理由。

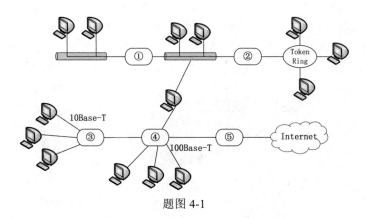

题图 4-1

13．如何组成虚拟局域网？

14．假设某学院的交换机有三个接口分别连接 FTP 服务器、Web 服务器和电子邮件服务器，另外有三个接口分别和通信系、计算机系、物联网系的集线器相连，还有一个接口对外连接。题图 4-2 中所有链路的速率都是 100Mbit/s，则三台服务器和 9 台计算机的总吞吐量最大值是多少？为什么？

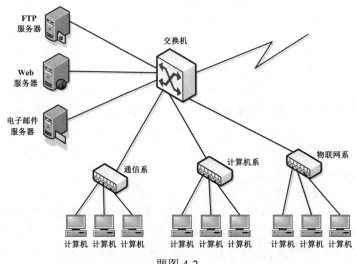

题图 4-2

15．在计算机网络中传送数据时，为什么物理地址和 IP 地址缺一不可？

16．ARP 高速缓存中存放的是最近的 IP 地址到物理地址之间的映射表，ARP 为什么要采用高速缓存技术？如何维护高速缓存中表项的有效性？

# 第 5 章　网　络　层

在计算机网络体系结构中，网络层位于数据链路层之上，运输层之下。本章主要讲述如何通过路由器将多个网络连接成一个互联网，包括使用的协议、路由选择等内容，帮助学生通过对网络层及其相关技术的了解和学习，理解和掌握互联网的工作原理。

## 5.1　网络层概述

### 5.1.1　网络互联的基本概念

随着计算机网络技术的发展，以及对计算机网络需求的增加，需要将两个甚至多个计算机网络相互连接起来，构成一个大的互联网络，使用户能更广泛、有效地实现资源共享。由于现有网络在性能或功能上都存在着一定的差异性（如网络接入机制、最大分组长度、寻址方式、选路技术、差错控制方式等），因此不同网络之间一般是在网络层通过路由器实现相互连接的，并在网络层采用标准化的网际协议（IP）。可以把相互连接后的计算机网络看成一个虚拟的互联网络，如图 5-1 所示。所谓虚拟互联网络是指位于不同物理网络的任意两台主机都能直接进行信息交互和资源共享，就像在同一个物理网络中一样。利用 IP 可以使各种异构的物理网络从网络层上看起来像是一个统一的网络，通信双方在使用虚拟互联网络时，看不见互联网络的具体异构细节（如编址方式、选路等），但却能直接进行互联互通。

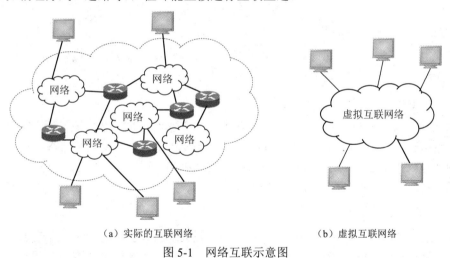

（a）实际的互联网络　　　　　　　　　　　（b）虚拟互联网络

图 5-1　网络互联示意图

### 5.1.2　网络层提供的服务

网络层位于运输层之下，为运输层提供服务。从通信的角度讲，网络层提供两种服务：面向连接服务和无连接服务，对这两种服务的具体实现就是虚电路服务和数据报服务。关于虚电路和数据报的内容已在第 2 章中介绍过，这里不再赘述。

虚电路服务和数据报服务的主要区别见表 5-1。实践证明，数据报服务更适用于计算机网络。

表 5-1　虚电路服务和数据报服务的主要区别

| 内　容 | 虚电路服务 | 数据报服务 |
|---|---|---|
| 设 计 思 路 | 让网络负责可靠交付 | 让端系统负责可靠交付 |
| 建 立 连 接 | 需要 | 不需要 |
| 寻　址 | 仅在连接建立阶段使用目标地址，每个分组使用短的虚电路号 | 每个分组都携带完整的目标地址 |
| 选　路 | 建立虚电路时选择路由，之后属于同一条虚电路的分组均按选定的路由进行转发 | 每个分组独立选路 |
| 分 组 顺 序 | 按序发送，按序接收 | 按序发送，可能会失序接收 |
| 节点故障的影响 | 所有经过出故障节点的虚电路均不能工作 | 出故障节点可能会丢失分组，也会使某些路由发生变化 |
| 端到端的差错控制和流量控制 | 由网络负责，也可由端系统负责 | 由端系统负责 |
| 端到端的服务质量 | 易于保证 | 不易保证 |

### 5.1.3　网络层的功能

网络层在数据链路层提供的相邻两个节点间的数据帧的传送功能基础上，进一步管理网络中的数据通信，尽最大努力将数据从源端经过若干中间节点传送到目标端，从而向运输层提供最基本的端到端的数据传送服务。网络层的目的是实现两个端系统之间的数据透明传输，其主要功能有以下三项。

#### 1．寻址

在交付 IP 数据报之前，必须知道要将该数据报交付到什么地方，因此，网络层必须具备寻址机制，而且该机制能够跨越任意类型的网络对设备进行唯一寻址。

#### 2．路由选择

路由选择是以单个 IP 数据报为基础的，概括而言就是确定某个 IP 数据报到达目标主机需要经过哪些路由器。路由选择可以由源主机决定，也可以由 IP 数据报所途径的路由器决定。在 IP 中，路由选择依靠路由表进行。在计算机网络中的主机和路由器中均保存了一张路由表，路由表指明下一跳路由器（或目标主机）的 IP 地址。

#### 3．分片与重组

IP 数据报在实际传输过程中所经过的物理网络帧的最大长度可能不同，当长的 IP 数据报需经过短帧子网时，要对 IP 数据报进行分片与重组。方法是，给每个 IP 数据报分配一个唯一的标识，且报头部分还有与分片与重组相关的分片标记和位移。IP 数据报在分片时，每片需包含原有的标识。为了提高效率、减轻路由器的负担，重组工作由目标主机来完成。

## 5.2　网际协议

网际协议（IP，Internet Protocol）是 TCP/IP 协议族中最为核心的协议，提供的是不可靠（指不能保证 IP 数据报成功到达目的地）、无连接的数据报传送服务。目前，IP 有 IPv4 和 IPv6 两个版本。

### 5.2.1 IPv4

#### 1. IPv4 数据报格式

IP 数据报在网络中的传输是通过数据报的各个具体字段实现的，学习 IP 数据报的结构对深入理解和掌握 IP 的工作原理至关重要，而且运输控制协议（TCP）、用户数据报协议（UDP）、互联网控制报文协议（ICMP）和互联网组管理协议（IGMP）数据都是封装在 IP 数据报中传输的。

在互联网上传输的 IP 数据报是一个与硬件无关的虚拟包，由首部和数据两部分组成，如图 5-2 所示。首部的前一部分为固定长度，共 20 字节，是所有IP 数据报必须具有的。在首部的固定部分的后面是选项字段，其长度是可变的。在 IP 数据报格式中，左边是最高位，记为 0 位，右边是最低位，记为 31 位。4 字节的 32 位值传输的次序是：0～7 位，8～15 位，16～23 位，24～31 位，这种传输次序称为网络字节序。

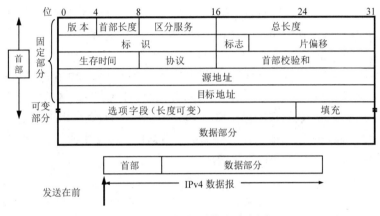

图 5-2　IP 数据报格式示意图

接下来，我们看一下 IP 数据报（以下简称数据报）首部固定部分中的各字段是如何确定的，有什么含义。

（1）版本

该字段占 4 位，指 IP 的版本。当协议的版本号为 4 时，表示使用的是 IPv4；当协议的版本号为 6 时，表示使用的是 IPv6。IP 软件在对数据报进行处理前必须检查协议的版本号，以免错误解析数据报的内容。

（2）首部长度

该字段占 4 位，可表示的最大十进制数是 15。请注意，这个字段所表示数的单位为 32 位字长（4 字节），因此，当数据报的首部长度为 1111（十进制数 15）时，首部长度就达到 60 字节。如果数据报的首部长度不是 4 字节的整数倍，必须利用最后的填充字段加以填充，因此数据部分永远从 4 字节的整数倍开始，这样在实现 IP 时较为方便。首部长度限制为 60 字节的缺点是有时可能不够用，但这样做的目的是希望用户尽量减少开销。最常用的首部长度就是 20 字节（二进制数为 0101），这时不使用任何选项。

（3）区分服务

该字段占 8 位，用来获得更好的服务。这个字段在旧标准中称为服务类型，但实际上一直没有被使用过。1998 年，IETF 把这个字段改名为区分服务（DS，Differentiated Services）。只有在使用区分服务时，这个字段才起作用。

（4）总长度

总长度指首部长度和数据长度之和，单位为字节。该字段占 16 位，因此数据报的最大长度为 $2^{16}-1=65535$ 字节。当数据报被分片时，该字段的值也随着变化。

在网络层下面的每种数据链路层都有自己的帧格式，其中包括帧格式中的数据字段的最大长度，这称为最大传送单元（MTU）。当一个数据报被封装成数据链路层的帧时，此数据报的总长度（首部加上数据部分）和 MTU 的大小有关，一定不能超过下面的数据链路层的 MTU。

尽管可以传一个长达 65535 字节的数据报（超级通道的 MTU 为 65535，它其实不是一个真正的 MTU，它使用了最长的数据报），但是大多数的数据链路层都会对它进行分片，而且主机也要求不能接收超过 576 字节的数据报。由于 TCP 把用户数据报分成若干片，因此一般来说，这个限制不会影响 TCP。UDP 的应用（如 RIP、TFTP、BOOTP、DNS 及 SNMP）都限制用户数据报长度为 512 字节，其长度小于 576 字节，从而避免了数据报分片。

总长度字段是数据报首部中必要的内容，因为一些数据链路（如以太网）需要填充一些数据以达到最小长度。尽管以太网最小数据帧长为 46 字节，但是数据报可能会更短。如果没有总长度字段，那么网络层就不知道 46 字节中有多少是数据报的内容。

（5）标识（ID，IDentification）

该字段占 16 位。标识字段唯一地标识主机发送的每个数据报，IP 软件在存储器中维持一个计数器，每产生一个数据报，计数器就加 1，并将此值赋给标识字段。但这个"标识"并不是序号，因为 IP 是无连接服务，数据报不存在按序接收的问题。当数据报由于长度超过网络的 MTU 而必须分片时，这个标识字段的值就被复制到所有数据报的标识字段中。相同的标识字段的值使分片后的各数据报分片最后能正确地重装成为原来的数据报。

（6）标志（flag）

该字段占 3 位，但目前只有 2 位有意义。标志字段中的最低位记为 MF（More Fragment）。MF=1，表示后面"还有分片"的 IP 数据报；MF=0，表示这已是若干 IP 数据报分片中的最后一个。标志字段中间的一位记为 DF（Don't Fragment），意思是"不能分片"。只有当 DF=0 时才允许分片。

（7）片偏移

该字段占 13 位。片偏移指出较长的分组在分片后，某分片在原分组中的相对位置。也就是说，相对于用户数据部分的起点，该分片从何处开始。片偏移以 8 字节为偏移单位，也就是说，每个分片的长度一定是 8 字节（64 位）的整数倍。

下面用一个例子来说明数据报分片和相关字段使用的情况。

【例 5-1】 假设一个 IP 数据报的总长度为 1500 字节，首部为 20 字节，标识字段 ID=5，标志字段 MF=0，DF=0，需要分片为长度不超过 700 字节的数据报分片，应划分为几片？各数据报分片的总长度、标识字段、标志字段、片偏移字段的值各是多少？

【解】 因为固定首部长度为 20 字节，因此每个数据报分片的数据部分长度不能超过 680 字节。这样，总长度为 1500 字节的数据报需要分为 3 个数据报分片，其数据部分的长度分别为 680、680 和 120 字节。原始数据报首部被复制为各数据报分片的首部，但必须修改相关字段的值。

数据报分片结果如图 5-3 所示，首部中与分片相关的字段的值见表 5-2。

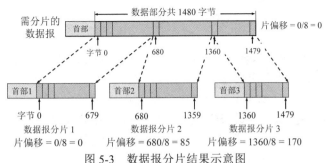

图 5-3　数据报分片结果示意图

表 5-2　数据报首部中与分片相关的字段的值

| | 总　长　度 | ID | DF | MF | 片偏移 |
|---|---|---|---|---|---|
| 原始数据报 | 1500 | 5 | 0 | 0 | 0 |
| 数据报分片 1 | 700 | 5 | 0 | 1 | 0 |
| 数据报分片 2 | 700 | 5 | 0 | 1 | 85 |
| 数据报分片 3 | 140 | 5 | 0 | 0 | 170 |

（8）生存时间

该字段占 8 位，生存时间（TTL，Time To Live）表示的是数据报在网络中的寿命。由发出数据报的源主机设置这个字段，其目的是防止无法交付的数据报无限制地在互联网中兜圈子，从而白白消耗网络资源。为了防止此问题的出现，在源主机发出数据报时，给每个数据报设置一个生存时间。数据报每经过一个路由器，该路由器就将生存时间减去一定的值。一旦生存时间字段中的值小于或等于 0，便将该数据报从网络中丢弃，丢弃的同时要向源主机发回一个差错报告报文。但是由于互联网上的路由器无法进行准确的时间同步，因此，路由器不能准确地计算出需要减去的时间。目前所采用的一种简单的处理办法是用经过路由器的个数（跳数）进行控制，数据报每经过一个路由器，TTL 值就减 1，当 TTL 值减到 0 时，如果数据报仍未能到达目标主机，便丢弃该数据报。TTL 初始值通常设为 32 或 64，每经过一个路由器，TTL 值就减去 1，当 TTL 值为 0 时，就丢弃这个数据报，并发送 ICMP 报文通知源主机。

（9）协议

该字段占 8 位，指出此数据报携带的数据使用的是何种协议，以便使目标主机的网络层知道应将数据部分上交给哪个处理过程。常用的协议字段值及对应的协议类型见表 5-3。

表 5-3　协议字段值及对应的协议类型

| 协议字段值 | 协议类型 | 协议字段值 | 协议类型 |
|---|---|---|---|
| 1 | ICMP | 9 | IGP |
| 2 | IGMP | 17 | UDP |
| 6 | TCP | 41 | IPv6 |
| 8 | EGP | 89 | OSPF |

源主机的 IP 地址根据被封装的协议将协议字段设置为相应的值，目标主机的 IP 地址根据数据报中的协议字段值进行分用，并交给相应的上层协议去处理。

（10）首部校验和

该字段占 16 位。这个字段只校验数据报的首部，不包括数据部分。发送数据报时，需要使用二进制反码求和算法计算首部校验和并填入相应的字段。二进制反码求和算法就是先求和再取反码。

IP/ICMP/IGMP/TCP/UDP 等协议的首部校验和算法都是相同的，步骤如下：

① 把数据报的首部校验和字段置为 0。

② 把首部看成以 16 位（2 字节）为单位的数字组成，依次进行二进制数求和运算。

③ 将加法过程产生的进位（最高位的进位）加到低 16 位，也就是循环进位。在二进制数运算中，0 和 0 相加是 0，0 和 1 相加是 1，1 和 1 相加是 0 但要产生一个进位 1，加到下一列中。若最高位相加后产生进位，则最后得到的结果要加 1。

④ 将上述求和结果取反，即得到首部校验和，并将得到的结果存入首部校验和字段中。

在接收数据时，校验和的计算相对简单，步骤如下：

① 把首部看成以 16 位（2 字节）为单位的数字组成，依次进行二进制反码求和，包括校验和字段。

② 检查计算出的校验和的结果是否等于 0。

③ 若首部在传输过程中没有发生任何差错，则接收方的计算结果应该为全 0，保留此数据；若结果不是全 0，则说明存在差错，IP 就丢弃收到的数据报。

数据报首部校验和计算过程如图 5-4 所示。

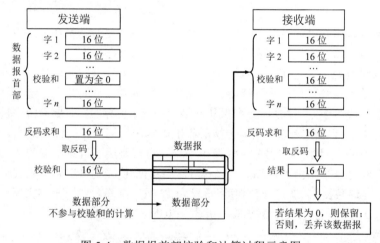

图 5-4　数据报首部校验和计算过程示意图

【例 5-2】　IP 数据报的首部长度为 5，总长度为 80 字节，标识字段为 1，未分片，TTL 为 4，封装的是 TCP 数据，源地址和目标地址分别为 192.168.20.86 和 192.168.21.20。请对 IP 数据报进行首部校验。

【解】　图 5-5 给出了数据报首部校验和的生成过程，计算中要注意加上进位。生成的首部校验和为 3053。接收方对同一数据报首部进行校验，求补后得到的校验和为 0，表明 IP 数据报首部在传输过程中没有出现差错。

（11）源地址

该字段占 32 位，表示本 IP 数据报的最初发送方的 IP 地址。

（12）目标地址

该字段占 32 位，表示本 IP 数据报最终接收方的 IP 地址。

在数据报的转发过程中，若干路由器会对数据帧进行解封装和再封装，物理地址会发生变化，但数据报的源地址和目标地址字段始终保持不变。

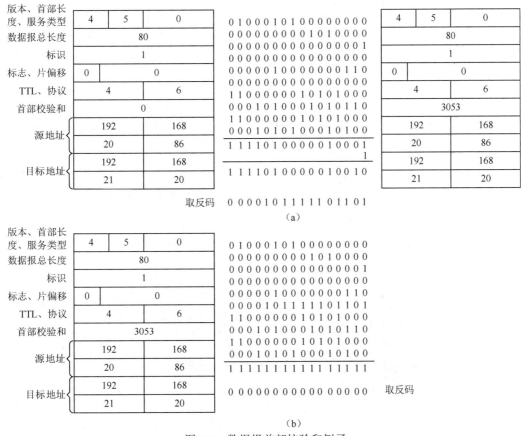

图 5-5 数据报首部校验和例子

（13）选项字段

数据报首部的可变部分就是一个选项字段。选项字段用来支持排错、测量及安全等措施，内容很丰富。此字段的长度可变，从 1 字节到 40 字节不等，取决于所选择的项目。某些选项只需要 1 字节，它只包括 1 字节的选项代码。但还有些选项需要多字节，这些选项一个个拼接起来，中间不需要有分隔符，最后用全 0 的填充字段补齐成为 4 字节的整数倍。增加首部的可变部分是为了增加数据报的功能，但这同时也使得数据报的首部长度成为可变的，增加了每个路由器处理数据报的开销。选项定义如下：

- 安全和处理限制（用于军事领域）
- 记录路径（让每个路由器都记下它的IP 地址）
- 时间戳（让每个路由器都记下它的 IP 地址和时间）
- 宽松的源站路由（为数据报指定一系列必须经过的 IP 地址）
- 严格的源站路由（与宽松的源站路由类似，但是要求只能经过指定的这些地址，不能经过其他的地址）

这些选项很少被使用，并非所有的主机和路由器都支持这些选项，IPv6 就将数据报的首部长度做成固定的。

## 2. IPv4 地址

（1）标准分类的 IPv4 地址

在互联网中，每个接口都用 IP 地址来标识。每个连接到互联网上的计算机或网络设备都给分配一个在全世界范围内唯一的 IP 地址，这个地址是 32 位的 IPv4 地址。IP 地址不是任意分配的，必须由国际组织统一分配，是由互联网名字和数字分配机构（ICANN）进行分配的。

IPv4 地址由网络号和主机号组成，如图 5-6 所示。IP 地址不仅表示一个计算机的地址，还指出了连接到某个网络上的某个计算机。

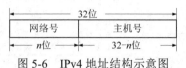

图 5-6 IPv4 地址结构示意图

根据分配给网络号和主机号字节数的不同，可以将 IP 地址分为 A、B、C、D、E 这 5 类，地址的最前端是地址类别标识，后面接着是网络号字段和主机号字段，如图 5-7 所示。其中，A、B、C 这三类地址最为常用。

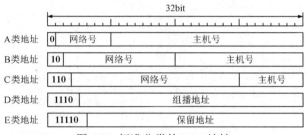

图 5-7 标准分类的 IPv4 地址

32 位的 IPv4 地址通常用点分十进制数形式表示，各类 IPv4 地址范围见表 5-4。

表 5-4 各类 IPv4 地址范围

| IP 地址类型 | 地 址 范 围 |
|---|---|
| A 类 | 0.0.0.0～127.255.255.255 |
| B 类 | 128.0.0.0～191.255.255.255 |
| C 类 | 192.0.0.0～223.255.255.255 |
| D 类 | 224.0.0.0～239.255.255.255 |
| E 类 | 240.0.0.0～255.255.255.255 |

① A 类地址。网络号占 1 字节，第一位为 0，只有 7 位可供使用。在 A 类地址中有两个特殊地址：一个是网络号为全 0 的 IP 地址，表示本网络的网络地址；另一个是网络号为 127 的环回地址，用于本地软件环回测试本主机进程之间的通信。一般设备默认采用的环回地址为 127.0.0.1。A 类地址适用于具有大量主机而局域网络数量较少的大型网络，可指派的网络数为 $2^7-2=126$ 个，每个网络中可容纳的主机数为 $2^{24}-2=16777214$ 台。

② B 类地址。网络号占 2 字节，前两位为 10，其余 14 位可分配。B 类地址通常用于国际性大公司和政府机构，可指派的网络数为 $2^{14}-1=16383$ 个，每个网络中可容纳的主机数为 $2^{16}-2=65534$ 台。

③ C 类地址。网络号占 3 字节，前 3 位为 110，其余 21 位可分配。C 类地址通常用于企业、小公司、校园网、研究机构等，可指派的网络数为 $2^{21}-1=2097151$ 个，每个网络中可容纳的主机数为 $2^8-2=254$ 台。

④ D 类地址。不标识网络，是为组播保留的地址，其网络号为 224～239。

⑤ E 类地址。是用于试验的保留地址，其网络号为 240～255。

（2）特殊的 IPv4 地址

特殊的 IPv4 地址见表 5-5，表中的地址分为三类：头两项是特殊的源地址，中间项是特殊的环回地址，最后 4 项是广播地址。表中的 0 表示所有的位全为 0；−1 表示所有的位全为 1；hostid、netid 和 subnetid 分别表示不为全 0 或全 1 的对应字段。子网号为空表示该地址没有进行子网划分。

表 5-5　特殊的 IPv4 地址

| IP 地址 | | | 可 作 为 | | 说　　明 |
| 网 络 号 | 子 网 号 | 主 机 号 | 源 端 | 目 标 端 | |
| --- | --- | --- | --- | --- | --- |
| 0 | | 0 | OK | 不可能 | 网络上的主机 |
| 0 | | hostid | OK | 不可能 | 网络上的特定主机 |
| 127 | | 任何值 | OK | OK | 环回地址 |
| −1 | | −1 | 不可能 | OK | 受限的广播（永远不被转发） |
| netid | | −1 | 不可能 | OK | 以网络为目标向 netid 广播 |
| netid | subnetid | −1 | 不可能 | OK | 以子网为目标向 netid、subnetid 广播 |
| netid | −1 | −1 | 不可能 | OK | 以所有子网为目标向 netid 广播 |

### 3．子网划分

IPv4 地址是一个 32 位的地址，其数量是有限的。随着注册 IP 地址、上网人数的增加，IP 地址也出现不够用的情况。为了解决这个问题，提出了子网（subnet）的概念，RFC 940 对子网的概念和划分子网的标准做了说明。

子网是多网络环境中的一个网络，它用于单个 IP 地址的寻址方案。一个拥有多个部门的单位，可将所属的物理网络划分为若干子网。划分子网是在一个网络中划分小的网络，是一个单位内部的事情，单位对外仍然表现为没有划分子网的网络。子网划分的方法是，从网络的主机号借用若干位作为子网号 subnet-id，而主机号 host-id 也就相应减少了若干位，这样就将两级的 IPv4 地址变成了三级 IPv4 地址，包括网络号、子网号和主机号，如图 5-8 所示

图 5-8　IPv4 地址由两级变为三级

凡是从其他网络发往本单位某个主机的数据报，仍然根据数据报的目标网络号查找到连接在本单位网络上的路由器，该路由器在收到数据报后，再按目标网络号和子网号找到目标子网，将数据报交付给目标主机。划分子网既可以提高 IP 地址的利用率，又不会增加路由器的路由表项，同时还可以限制广播包扩散的范围，提高网络安全性，也有利于子网进行分层管理。

对于标准分类的 IP 地址，能够直接确定地址中哪部分是网络号，哪部分是主机号。但是对于三级 IP 地址来说，一个主要的问题就是如何区分 IP 地址中的子网号。为了解决这个问题，提出了子网掩码（subnet mask）的概念。

子网掩码又叫网络掩码、地址掩码、子网络遮罩，它和 IP 地址一样，是一个 32 位的地址，其用来指明一个 IP 地址的哪些位是主机所在的子网，以及哪些位是主机的位掩码。子网掩码不能单独存在，它必须结合 IP 地址一起使用。子网掩码由一串连续的 1（不少于 8 个）和一串连

续的 0 组成，其中 1 表示网络号和子网号，0 表示主机号，如图 5-9 所示。A、B、C 三类地址默认的子网掩码分别为 255.0.0.0、255.255.0.0 和 255.255.255.0。

图 5-9　子网掩码示意图

子网掩码可用与 IP 地址格式相同的点分十进制数形式表示，例如：255.255.255.0，255.255.255.126；也可在 IP 地址后加上"/"符号和 1～32 的数字，其中 1～32 的数字表示子网掩码中网络标识位的长度，例如，192.168.0.1/24（255.255.255.0）。

子网掩码是一个网络或一个子网的重要属性，当路由器之间相互交换路由信息时，必须将自己所在网络（或子网）的子网掩码告诉对方。在路由器路由表的每个表项中，除了要给出目标网络地址，还必须同时给出该网络的子网掩码。如果一个路由器连接在两个子网上，那么它必须拥有两个网络地址和两个子网掩码。

通过子网掩码可以判定两台通信的主机是否在同一个网络中，具体做法是：将源主机的子网掩码与目标主机的 IP 地址进行"与"运算，即可得到目标主机所在的网络号，又由于每台主机在配置 TCP/IP 协议时都设置了一个本机 IP 地址和子网掩码，因此可以知道源主机所在的网络号。通过比较这两个网络号就可以知道目标主机是否在本地网络上。如果网络号相同，表明接收方在本地网络上，那么可以通过相关的协议把数据报直接发送到目标主机上；如果网络号不同，表明目标主机在远程网络上，那么数据报将会发送给本地网络的路由器上，由路由器将数据报发送到其他网络上，直至到达目的地。

需要注意的是，相同的 IP 地址和不同的子网掩码可以得出相同的网络地址。接下来看两个例子。

【例 5-3】　已知 IP 地址是 141.14.72.24，子网掩码是 255.255.192.0，请确定网络地址。

【解】　将子网掩码用二进制数表示，即 11111111111111111100000000000000，将 IP 地址与子网掩码进行与运算，即可得到网络地址，如图 5-10 所示。

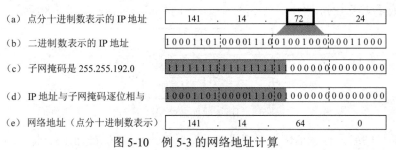

图 5-10　例 5-3 的网络地址计算

【例 5-4】　已知 IP 地址是 141.14.72.24，子网掩码是 255.255.224.0，请确定网络地址。

【解】　将子网掩码用二进制数表示，即 11111111111111111110000000000000，将 IP 地址与子网掩码进行与运算，即可得到网络地址，如图 5-11 所示。

从例 5-3 和例 5-4 可以看出，虽然两个例子得出的网络地址相同，但是由于子网掩码不同，子网划分效果也不同。例 5-3 中，子网号是 2 位，主机号为 14 位。例 5-4 中，子网号是 3 位，主机号为 13 位。也就是说，不同的子网掩码可以使同一网络划分的子网数和每个子网中的最大主机数都不同。

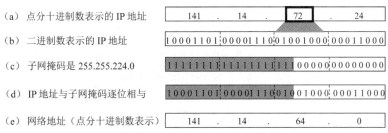

图 5-11 例 5-4 的网络地址计算

### 4. 无分类域间选路

划分子网虽然在一定程度上缓解了互联网在发展中遇到的困难,但是依然没有阻止 IPv4 地址耗尽的步伐。而且随着网络地址数量的不断增加,主干路由器必须跟踪每个 A 类、B 类和 C 类网络,有时建立的路由表包含长达几万个表项。

为了解决 IPv4 地址耗尽问题,1987 年,RFC 1009 就指明了在一个划分子网的网络中可同时使用几个不同的子网掩码。使用变长子网掩码(VLSM,Variable Length Subnet Mask)可以进一步提高 IP 地址资源的利用率。在 VLSM 的基础上又进一步研究出无分类编址方法,即无分类域间选路(CIDR,Classless Inter-Domain Routing)。CIDR 是一个在互联网上创建附加地址的方法(防止互联网路由表膨胀的方法),它将几个 IP 网络结合在一起,使用一种无类别的域际路由选择算法,可以减少由核心路由器运载的路由选择信息的数量。如果没有 CIDR,路由器就不能支持互联网网站的增多。

"无分类"的意思是,现在的选路决策是基于整个 32 位 IP 地址的掩码操作的,而不管其 IP 地址是 A 类、B 类或 C 类,这样能够将路由表中的许多表项归并成更少的数目。CIDR 的基本思想是取消 IP 地址的分类结构,使用各种长度的网络前缀(network-prefix)来代替分类地址中的网络号和子网号,即 IP 地址由网络前缀和主机号构成,如图 5-12 所示。CIDR 使 IP 地址从三级编址(使用子网掩码)又回到了两级编址。

图 5-12 使用 CIDR 的 IP 地址

CIDR 使用斜线记法(slash notation),又称为 CIDR 记法,即在 IP 地址后面加上一个斜线 "/",然后写上网络前缀所占的位数(这个数值对应于三级编址中子网掩码中 1 的个数)。例如,IP 地址 128.14.46.34/20 的网络号为 128.14.32.0,表示前 20 位为网络前缀,后面 12 位为主机号;用二进制数表示的网络前缀为 10000000 00001110 0010,主机号为 1110 00100010。

CIDR 记法有多种形式,例如,地址块 10.0.0.0/10 可简写为 10/10,也就是把点分十进制数中低位连续的 0 省略,10.0.0.0/10 隐含地指出 IP 地址 10.0.0.0 的掩码是 255.192.0.0。还有一种表示方法是在网络前缀的后面加一个 "*",例如 00001010 00*,在 "*" 之前的是网络前缀,而 "*" 表示 IP 地址中的主机号,可以是任意值。

CIDR 把网络前缀相同的连续的 IP 地址组成 "CIDR 地址块"。一个 CIDR 地址块可以表示很多地址,这种地址的聚合常称为路由聚合(构成超网)。例如,128.14.32.0/20 表示的地址块共有 $2^{12}$ 个地址(因为斜线后面的 20 是网络前缀的位数,所以这个地址的主机号为 12 位)。这个地址块的起始地址(最小地址)是 128.14.32.0(全 0 地址),最大地址是 128.14.47.255(全 1 地址),如图 5-13 所示。全 0 和全 1 的主机号地址一般不使用。在不需要指出地址块的起始地址时,也可将这样的地址块简称为 "/20 地址块"。

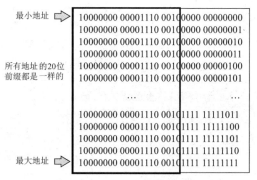

最小地址 ⇨ 10000000 00001110 0010|0000 00000000
10000000 00001110 0010|0000 00000001
10000000 00001110 0010|0000 00000010
10000000 00001110 0010|0000 00000011
所有地址的20位 10000000 00001110 0010|0000 00000100
前缀都是一样的 10000000 00001110 0010|0000 00000101
...                    ...
10000000 00001110 0010|1111 11111011
10000000 00001110 0010|1111 11111100
10000000 00001110 0010|1111 11111101
最大地址 ⇨ 10000000 00001110 0010|1111 11111110
10000000 00001110 0010|1111 11111111

图 5-13　CIDR 地址块示意图

路由聚合就是将网络前缀缩短，在进行路由聚合时，使用 CIDR 技术汇聚的网络前缀必须是一致的。网络前缀越短，其地址块所包含的地址数就越多。使用 CIDR 的一个好处就是可以更加有效地分配 IPv4 的地址空间，根据用户的需要分配适当大小的 CIDR 地址块。网络前缀小于 13 或大于 27 的地址块较少使用。每个 CIDR 地址块中的地址数一定是 2 的整数次幂。前缀长度不超过 23 位的 CIDR 地址块都包含了多个 C 类地址（是一个 C 类地址的 $2^n$ 倍，$n$ 是整数），这些 C 类地址合起来就构成了超级组网。

CIDR 建立在"超级组网"的基础上，"超级组网"是"子网划分"的派生词，可看作子网划分的逆过程。子网划分时，从主机地址部分借位，将其合并进网络部分；而在超级组网中，则将网络部分的某些位合并进主机部分。这种无分类超级组网技术通过将一组较小的无分类网络汇聚为一个较大的单一路由表项，减少了互联网路由域中路由表条目的数量。

使用 CIDR 技术时，路由表中的每个条目由"网络前缀"和"下一跳地址"组成。在查找路由表时可能会得到不止一个匹配结果，应从匹配结果中选择具有最长网络前缀的路由（最长前缀匹配），网络前缀越长，其地址块就越小，路由就越具体。最长前缀匹配又称为最长匹配或最佳匹配。例如，收到的数据报的目标地址为 206.0.71.130，路由表中有两个表项，分别为 206.0.68.0/22 和 206.0.71.128/25。第一个表项 206.0.68.0/22 的子网掩码中有 22 个连续的 1，第二个表项 206.0.71.128/25 的子网掩码中有 25 个连续的 1，将目标地址分别与两个子网掩码进行与运算，发现路由表中两个目标网络和目标地址均匹配。根据最长前缀匹配原则，应该将收到的数据报转发到地址为 206.0.71.128/25 的网络上。

### 5.2.2　IPv6

#### 1. IPv6 数据报格式

虽然通过划分子网和使用 CIDR 技术能够缓解 IPv4 地址匮乏的情况，但是仍没有阻止其耗尽的脚步。解决 IP 地址耗尽的根本措施就是采用具有更大地址空间的新版本的 IP，即 IPv6。

IPv6 仍支持无连接的传送，其主要变化有以下几方面。

① 更大的地址空间。IPv6 将地址从 IPv4 的 32 位增加到了 128 位，地址空间增大了 $2^{96}$ 倍。

② 扩展的地址层次结构。由于 IPv6 地址空间很大，因此可以划分为更多的层次。

③ 灵活的首部格式。IPv6 定义了许多可选的扩展首部，不但可以提供更多的功能，还能提高路由器的处理效率，因为路由器不对扩展首部进行处理（除逐跳扩展首部外）。

④ 改进的选项。IPv6 允许数据报包含有选项的控制信息，选项放在有效载荷中。

⑤ 支持即插即用（自动配置）。IPv6 不需要使用动态主机配置协议（DHCP）。

⑥ IPv6 首部改为 8 字节对齐。IPv6 的首部长度必须是 8 字节的整数倍，而 IPv4 首部是 4

字节对齐。

⑦ 支持资源的预分配。IPv6 支持实时视像等要求，可以保证一定的带宽和时延。

⑧ 允许协议继续扩充。为新技术、新应用的发展留出了扩展空间。

IPv6 数据报由基本首部和有效载荷（也称为净负荷）两大部分组成，有效载荷允许有零个或多个扩展首部，再后面是数据部分，如图 5-14（a）所示。需要注意的是，所有的扩展首部并不属于 IPv6 数据报的首部。

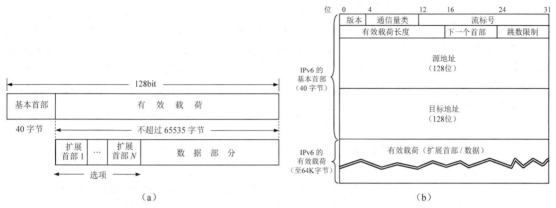

图 5-14　IPv6 数据报格式

IPv6 将首部长度变为固定的 40 字节，称为基本首部。把首部中不必要的功能取消了，使得 IPv6 首部的字段数减少到只有 8 个。IPv6 对首部中的某些字段进行了如下更改。

① 取消了首部长度字段，因为首部长度是固定的 40 字节。

② 取消了区分服务字段，由优先级和流标号字段实现区分服务字段的功能。

③ 取消了总长度字段，改用有效载荷长度字段。

④ 取消了标识、标志和片偏移字段，因为这些功能已经包含在分片扩展首部中。

⑤ 把生存时间字段改称为跳数限制字段，但作用是一样的。

⑥ 取消了协议字段，改用下一个首部字段。

⑦ 取消了首部校验和字段，这加快了路由器处理数据报的速度。在数据链路层丢弃检测出错的帧；在运输层，当使用 UDP 时，若检测出有差错的用户数据报就将它丢弃，当使用 TCP 时，对检测出有差错的报文段进行重传，直到正确传送到目标进程为止。IPv4 对首部进行校验的目的是避免标识、标志、片偏移这些字段在传输过程中出错，IPv6 中取消了这些字段，因此差错检测功能也可以节省了。

⑧ 取消了选项字段，用扩展首部来实现选项功能。

下面对图 5-14（b）中 IPv6 数据报首部的各个字段进行介绍。

（1）版本：占 4 位，指明了协议的版本，对 IPv6 数据报，该字段的值总是 6。

（2）通信量类：占 8 位，这是为了区分不同的 IPv6 数据报的类别或优先级。目前正在进行不同的通信量类性能的试验。

（3）流标号：占 20 位。流是互联网络上从特定源点到特定终点的一系列数据报，流所经过的路径上的路由器都应保证指明的服务质量。所有属于同一个流的数据报都具有同样的流标号。

（4）有效载荷长度：占 16 位，指明 IPv6 数据报除基本首部以外的字节数（所有扩展首部都算在有效载荷之内），其最大值是 64K 字节。

（5）下一个首部：占 8 位，相当于 IPv4 数据报的协议字段或选项字段。当 IPv6 数据报没有扩展首部时，下一个首部字段的功能和 IPv4 数据报的协议字段功能一样，它的值指出了基本首部后面的数据应交付给哪一个协议；当 IPv6 数据报有扩展首部时，下一个首部字段的值标识出后面第一个扩展首部的类型。

（6）跳数限制：占 8 位，用来防止 IPv6 数据报在网络中无限循环兜圈子，和 IPv4 数据报的 TTL 字段功能相似。源站在每个 IPv6 数据报发出时即设定跳数限制（最大为 255 跳），每个路由器在转发 IPv6 数据报时将跳数限制字段中的值减 1，当跳数限制的值为 0 时，就要将此 IPv6 数据报丢弃。

（7）源地址：占 128 位，是 IPv6 数据报发送端的 IP 地址。

（8）目标地址：占 128 位，是 IPv6 数据报接收端的 IP 地址。

IPv4 数据报首部中使用了选项字段，而 IPv6 数据报把原来 IPv4 数据报首部中选项的功能都放在扩展首部中，并将扩展首部留给路径两端的源端和目标端的主机来处理。IPv6 数据报途中经过的路由器都不处理这些扩展首部（逐跳选项扩展首部除外），这样就大大提高了路由器的处理效率。

在 RFC 2460 中定义了以下 6 种扩展首部。

① 逐跳选项（逐跳扩展报头）：该扩展报头由报文路径中的每一跳分别处理，可包含多种选项，如路由器告警选项等。

② 路由选择（路由扩展报头）：指定源路由，类似于 IPv4 数据报中的源站路由选项。

③ 分片（分片扩展报头）：数据报分片重组信息。

④ 鉴别（认证扩展报头）：IPSec 用扩展报头，保证目标端对源端的身份验证。

⑤ 封装安全有效载荷（加密安全负载扩展报头）：IPSec 用扩展报头，防止数据传输过程中的信息泄露。

⑥ 目标站选项（目标扩展报头）：只在目的地处理，可包含多种选项。

### 2．IPv6 地址

IPv6 地址长度为 128 位，分为 8 个字段，每个字段由 16 位的二进制数组成，最大值为 16384，在书写时用 4 位的十六进制数表示，并且字段与字段之间用 “:” 隔开，而不是原来的 “.”。基本的 IPv6 地址表示方式为

xxxx:xxxx:xxxx:xxxx:xxxx:xxxx:xxxx:xxxx

其中，每个 x 代表一个 4 位的十六进制数。IPv6 地址范围从 0000:0000:0000:0000:0000:0000:0000:0000 到 ffff:ffff:ffff:ffff:ffff:ffff:ffff:ffff。

在十六进制数记法中，允许通过省略前导 0 来指定 IPv6 地址，例如，IPv6 地址 1050:0000:0000:0000:0005:0600:300c:326b 可写为 1050:0:0:0:5:600:300c:326b。

还可以通过使用双冒号 “::” 代替一系列 0 来指定 IPv6 地址，例如，IPv6 地址 ff06:0:0:0:0:0:0:c3 可写为 ff06::c3。注意，一个 IP 地址中只可使用一次双冒号。

另外，CIDR 的斜线记法仍然可用。例如，60 位的前缀 12ab00000000cd3 可记为

12ab:0000:0000:cd30:0000:0000:0000:0000/60

或　　　12ab::cd30:0:0:0:0/60

或　　　12ab:0:0:cd30::/60

根据 RFC 4291，将 IPv6 地址分为 4 类：单播地址、组播地址、任播地址和特殊地址。所有类型的 IPv6 地址都属于接口而不是节点。一个 IPv6 单播地址被赋给某个接口，而一个接口又只能属于某个特定的节点，因此一个节点的任意一个接口的单播地址都可以用来标识该节点。

（1）单播地址

IPv6 中的单播地址是连续的，以位（bit）为单位的可掩码地址与带有 CIDR 的 IPv4 地址类

似，一个标识符仅标识一个接口的情况。在 IPv6 中有多种单播地址形式，包括基于全局提供者的单播地址、基于地理位置的单播地址、NSAP 地址、IPX 地址、节点本地地址、链路本地地址和兼容 IPv4 的主机地址等。

（2）组播地址

组播地址是一个标识符对应多个接口的情况（通常属于不同节点）。IPv6 组播地址用于标识一组节点，一个节点可能会属于几个组播地址。该功能被多媒体应用程序所广泛使用，它们需要一个节点到多个节点的传输。RFC 2373 对于组播地址进行了更为详细的说明，并给出了一系列预先定义的组播地址。

（3）任播地址

任播地址也是一个标识符对应多个接口的情况。如果一个报文要求被传送到一个任播地址，则它将被传送到由该地址标识的一组接口中的最近一个（根据路由选择协议距离度量方式决定）。任播地址是从单播地址空间中划分出来的，因此它可以使用标识单播地址的任何形式。从语法上来看，它与单播地址间是没有差别的。当一个单播地址被指向多于一个接口时，该地址就成为任播地址，并且被明确指明。当用户发送一个 IP 数据报到这个任播地址时，离用户最近的一个服务器将响应用户，这对于一个经常移动和变更的网络用户大有益处。

（4）特殊地址

特殊地址有两种：未指明地址和环回地址。

未指明地址是 16 字节的全 0 地址，可缩写为两个冒号"::"，只能用作源地址，不能用作目标地址。当某台主机尚未分配到一个标准的 IP 地址时，可使用未指明地址进行查询，得到它的 IP 地址。未指明地址仅此一个。

环回地址为 0:0:0:0:0:0:0:1，记为::1，其作用与 IPv4 的环回地址一样，这类地址也是仅此一个。

## 5.2.3　IPv4 向 IPv6 过渡的技术

在 IPv4 向 IPv6 平滑过渡的过程中需要注意三个问题：① 如何充分利用现有的 IPv4 地址资源，节约成本并保护原使用者的利益；② 在实现网络设备互联互通的同时实现信息高效无缝传递；③ IPv4 向 IPv6 的过渡应该是逐步的和渐进的，而且应尽可能地简便。主要有三种解决过渡问题的基本技术：双协议栈、隧道技术、网络地址翻译-协议翻译（NAT-PT，Network Address Translation-Protocol Translation）。

### 1. 双协议栈

双协议栈技术是指在终端设备和网络节点上既安装 IPv4 又安装 IPv6 的协议栈，以实现使用 IPv4 或 IPv6 的节点间的信息互通。支持 IPv4/IPv6 双协议栈的路由器作为核心层边缘设备支持向 IPv6 的平滑过渡，典型的 IPv6/IPv4 双协议栈结构如图 5-15 所示，IPv6/IPv4 双协议栈的工作过程如图 5-16 所示。

在双协议栈机制中，数据链路层解析出接收到的数据报的数据部分，拆开并检查数据报首部，若 IPv6/IPv4 首部中的第一个字段，即版本号是 4，则该数据报就由 IPv4 的协议栈来处理；若版本号是 6，则由 IPv6 的协议栈处理。在以太网中，数据报首部的协议字段分别用 0x86dd 和 0x0800 来区分所采用的是 IPv6 还是 IPv4。

双协议栈机制是使 IPv6 节点与 IPv4 节点兼容的最直接的方式，其互通性好，易于理解。但是双协议栈的使用将增加内存开销和 CPU 占用率，降低设备的性能，也不能解决地址紧缺问题，同时由于需要双路由基础设施，这种方式反而增加了网络的复杂度。

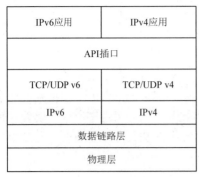

图 5-15　IPv6/IPv4 双协议栈结构示意图

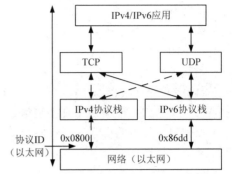

图 5-16　IPv6/IPv4 双协议栈工作过程示意图

### 2．隧道技术

随着 IPv6 网络的发展，出现了许多局部的 IPv6 网络，为了实现这些孤立的 IPv6 网络之间的互通，采用了隧道技术。隧道技术是指在 IPv6 网络与 IPv4 网络间的隧道入口处，由路由器将 IPv6 数据报封装到 IPv4 数据报中。IPv4 数据报的源地址和目标地址分别是隧道入口和出口的 IPv4 地址，在隧道的出口处拆封 IPv4 数据报并剥离出 IPv6 数据报。

隧道技术的优点在于隧道的透明性，IPv6 主机之间的通信可以忽略隧道的存在，隧道只起到物理通道的作用。在 IPv6 发展初期，隧道技术穿越现存的 IPv4 网络实现了 IPv6 孤岛间的互通，从而逐步扩大了 IPv6 的实现范围，因而是 IPv4 向 IPv6 过渡初期最易于采用的技术。

根据隧道节点的组成情况，隧道可分为以下 4 种类型：路由器-路由器隧道、路由器-主机隧道、主机-主机隧道、主机-路由器隧道。在实践中，根据隧道建立的方式不同，隧道技术可分为构造隧道、自动配置隧道、组播隧道和 IPv6 to IPv4 隧道。

为简化隧道的配置，提供自动的配置手段，以提高配置隧道的扩展性，采用了隧道代理（TB）。隧道代理的主要功能有以下几项：① 根据用户（双协议栈节点）的要求建立、更改和拆除隧道；② 在多个隧道服务器中选择一个作为 TEP（Tunnel Endpoint）的 IPv6 地址，以实现负载均衡；③ 负责将用户的 IPv6 地址和名字信息存放到 DNS（域名服务器）里，实现节点 IPv6 的域名解析。从这个意义上说，TB 可以看作一个虚拟的 IPv6 ISP，它为已经连接到 IPv4 网络上的用户即 TB 的用户提供了连接 IPv6 网络的一种便捷方式。

### 3．NAT-PT

NAT-PT 分为两种：静态 NAT-PT 和动态 NAT-PT。NAT-PT 的使用基于这样一个基本假设：当且仅当无其他本地 IPv6 或 IPv6 to IPv4 隧道可用时考虑使用该技术，它是 SIIT（Stateless IP/ICMP Translation Algorithm）协议转换技术和 IPv4 网络中动态地址翻译（NAT）技术的结合与改进。该技术适用于过渡的初始阶段，使得基于双协议栈的主机能够运行 IPv4 与 IPv6 应用程序并互相通信。该机制要求主机必须是双协议栈，同时要在协议栈中插入三个特殊的扩展模块：域名解析服务器、IPv6/IPv4 地址映射器和 IPv6/IPv4 翻译器。典型的 NAT-PT 系统如图 5-17 所示。

NAT-PT 处于 IPv6 和 IPv4 网络的交界处，可以实现 IPv6 主机与 IPv4 主机之间的互通。协议转换的目的是实现 IPv4 和 IPv6 协议头之间的转换；地址转换则是为了让 IPv6 和 IPv4 网络中的主机能够识别对方。也就是说，IPv4 网络中的主机用一个 IPv4 地址标识 IPv6 网络中的一台主机，而 IPv6 网络中的主机用一个 IPv6 地址标识 IPv4 网络中的一台主机。

当一台 IPv4 主机要与 IPv4 对端通信时，NAT-PT 从 IPv4 地址池中分配一个 IPv4 池地址标识 IPv6 对端。在 IPv4 与 IPv6 主机通信的全过程中，由 NAT-PT 负责处理 IPv4 池地址与 IPv6 主机之间的映射关系。在 NAT-PT 中，使用应用层网关（ALG，Application Level Gateway）对分组载荷中的 IP 地址进行格式转换。由于目前 IPv4 地址匮乏，NAT 技术被广泛运行于当前的互联网络，将 NAT 升级成 NAT-PT，进而实现 IPv4 和 IPv6 网络的相互连接和从 IPv4 向 IPv6 的平滑过渡。

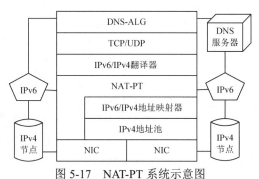

图 5-17  NAT-PT 系统示意图

采用 NAT-PT 技术需要转换数据报的首部，由此带来的问题是破坏了端到端的服务，有可能限制业务提供平台的容量和扩展性，从而可能成为网络性能的瓶颈。

## 5.3  IP 选路

IP 的目的就是提供一个可以包含多个物理网络的虚拟网络，并提供无连接的数据报交付服务。

由于互联网是由许多不同的物理网络连接而成的，加入互联网的计算机在与其他入网计算机通信时，发送信息的源计算机可能与接收信息的目标计算机在同一个物理网络中，也可能不在同一个物理网络（如以太网）中。

当网络中的两台主机要进行通信时，首先要检查目标主机与源主机是否连接在同一个网络上。如果是，就将数据报直接交付给目标主机而不需要通过路由器。如果目标主机与源主机没有连接在同一个网络上，则应将数据报发送给本网络上的某个路由器，由该路由器按照路由器中指出的路由将数据报转发给下一个路由器，这称为间接交付。

分组交付可以分为两类：直接交付和间接交付。路由器需要根据分组的目标地址与源地址是否属于同一个网络，判断是直接交付还是间接交付。当分组的源主机和目标主机在同一个网络中，或目标路由器向目标主机传送时，分组将直接交付。如果目标主机与源主机不在同一个网络中，分组就要间接交付。

若想完成间接交付，就要根据不同的网络情况进行数据报转发路径的选择。IP 选路就是选择发送数据报的路径，是网络层的主要功能之一。

### 5.3.1  路由器

互联网是网络的网络，构造互联网的共同基石是路由器，它们在网络层把网络连在一起。所谓路由器，就是那些可以直接接收分组，根据数据报中的地址信息进行路由选择，并能够转发分组的网络设备或系统。路由器可以是一台普通的主机，也可以是专门的路由器设备。目前，很多操作系统都能配置成路由器，使其作为小型的路由器使用。但对于大规模网络来说，则一般选用专门的路由器设备。

路由器是一种典型的网络层设备，它的每个端口都是一个独立的广播域和冲突域。路由器由硬件和软件组成。硬件是一台专用计算机，主要由中央处理器（CPU）、内存、闪存（相当于硬盘）、端口、主板等物理硬件和电路组成；软件主要由路由器的操作系统组成。CPU 是路由器的控制和运算部分。

### 1．路由器的内存类型

路由器采用不同类型的内存，每种内存以不同方式协助路由器工作。

① 只读内存（ROM，Read Only Memory）：包含开机诊断程序、引导程序和操作系统软件。若要实现软件更新，则要拆除和替换 CPU 上的可插式芯片。

② 闪存（Flash）：是可擦除的、可编程的 ROM。闪存保存操作系统的映像和微码。拥有闪存可以在更新软件时不需要拆除和替换 CPU 上的芯片。当关机或重新启动时，闪存中的内容会保存下来。操作系统的多个备份也能在闪存中保存。

③ 随机存取内存或动态随机存取内存（RAM/DRAM，Random Access Memory/Dynamic Random Access Memory）：用来存储路由表项目、ARP 高速缓冲项目、数据报缓冲队列（共享的 RAM）及数据报控制队列。当路由器处于开机状态时，RAM 也为路由器的配置文件提供临时和/或连续的存储。当路由器关机或重启时，RAM 中的内容将会丢失。如果要维护的路由信息较多时，必须有足够的 RAM，并且路由器重新启动后原来的路由信息都会消失。

④ 非易失性 RAM（NVRAM，Nonvolatile RAM）：用来存储路由器备份配置文件，当路由器关机或重启时，NVRAM 中的内容将会保存下来。

### 2．路由器的端口类型

路由器具有非常强大的网络连接和路由功能，它可以与各种各样的不同网络进行物理连接，这决定了路由器的端口技术非常复杂。越是高级的路由器，其端口种类也就越多，因为它所能连接的网络类型越多。路由器的端口主要有配置端口、局域网端口和广域网端口三类。这里说的端口就是硬件接口。

（1）配置端口

路由器的配置端口有两个，分别是控制（console）端口和辅助（AUX）端口。控制端口使用配置专用连线直接连接至计算机的串口，利用终端程序进行路由器本地配置。路由器型号不同，控制端的类型也不同，有些采用 DB25 连接器 DB25F，有些采用 RJ45 连接器。通常，较小的路由器采用 RJ45 连接器，而较大的路由器采用 DB25 连接器。辅助端口是一个异步端口，主要用于远程配置，也可用于拨号连接，还可以通过收发器与 Modem 进行连接。

（2）局域网端口

常见的局域网端口主要有 AUI 端口、RJ45 端口、SC 端口等。

AUI 端口是连接在计算机网卡和网线之间的一个 D 型 15 针口，用来与粗同轴电缆连接。

RJ45 端口是最常见的双绞线以太网端口，根据端口通信速率不同，RJ45 端口又分为 10Base-T 网 RJ45 端口和 100Base-TX 网 RJ45 端口两类。其中，10Base-T 网 RJ45 端口在路由器中通常标识为 ETH，而 100Base-TX 网 RJ45 端口通常标识为 10/100bTX。

SC 端口就是常说的光纤端口，用于与光纤连接。光纤端口通常并不直接用光纤连接至工作站，而是通过光纤连接到快速以太网或千兆以太网等具有光纤端口的交换机上。这种端口一般在高档路由器上才具有，用 100b FX 标注。

（3）广域网端口

路由器不仅能实现局域网之间的连接，更重要的应用还是在于局域网与广域网、广域网与广域网之间的连接。但是因为广域网规模大，网络环境复杂，因此决定了路由器用于连接广域网的端口速率要求非常高，在以太网中一般都要求速率高于 100Mbit/s 的快速以太网。

● RJ45 端口：快速以太网端口，速率在 100Mbit/s 以上。

● AUI 端口：用于与粗同轴电缆连接的网络端口，在广域网中的应用比较少。在 Cisco 2600

系列路由器上，提供了 AUI 与 RJ45 两个广域网连接端口，用户可以根据自己的需要选择适当的类型。

- 高速同步串口：在路由器的广域网连接中，应用最多的端口是"高速同步串口"（Serial），这种端口主要用于连接目前应用非常广泛的 DDN、帧中继、X.25、PSTN 等网络连接模式。在企业网之间有时也通过 DDN 或 X.25 等广域网连接技术进行专线连接。这种同步端口一般要求速率非常高，因为通常这种端口所连接的网络的两端都要求实时同步。
- 异步串口（ASYNC）：主要应用于 Modem 或 Modem 池的连接，实现远程计算机通过电话网拨入网络。这种异步端口通信速率较低，不要求网络的两端保持实时同步，只要求能连接即可。

### 3. 路由器的结构

无论哪种路由器，它们的主要结构是一致的，可划分为两大部分：路由选择处理机和分组处理与交换部分，如图 5-18 所示。

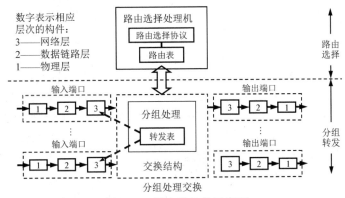

图 5-18　路由器结构示意图

（1）路由选择处理机

这是路由的控制部分，其任务是根据所选定的路由协议构造出路由表，同时经常或定期地与相邻路由器交换路由信息而不断地更新和维护路由表（其任务是生成和维护路由表）。

（2）分组处理与交换部分

该部分由一组输入端口、交换结构和一组输出端口组成。

① 输入/输出端口

路由器通常有多个输入和多个输出端口，每个输入端口和输出端口中各有三个模块，分别对应物理层、数据链路层和网络层。物理层模块完成比特流的接收与发送；数据链路层模块完成拆帧和封装帧；网络层模块处理 IP 分组头。

如果接收的分组是路由器之间交换路由信息的分组（如 RIP 分组或 OSPF 分组），则将这类分组送交路由器的路由选择处理机；如果收到的是数据分组，则按照分组目标地址在转发表中查找，决定合适的输出端口。

② 交换结构

交换结构又称为交换组织，是路由器的关键构件，其作用就是根据转发表对分组进行处理，将某个输入端口进入的分组从一个合适的输出端口转发出去。交换结构本身就是一个网络，但是这种网络完全包含在路由器之中，因此交换结构可以看成是"在路由器中的网络"。

采用基于硬件专用芯片交换结构的第三代路由器有三种常用的交换方法：通过存储器进行交换、通过总线进行交换和通过互联网络进行交换，如图 5-19 所示。

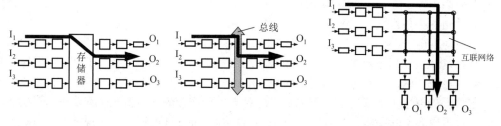

|（a）通过存储器进行交换|（b）通过总线进行交换|（c）通过互联网络进行交换|

图 5-19　三种常用的交换方法

通过存储器进行交换，最早使用的路由器就是普通的计算机，用计算机的 CPU 作为路由器的路由选择处理机，路由器的输入和输出端口的功能与传统的操作系统中 I/O 设备一样。当路由器的某个输入端口收到一个分组时，就用中断方式通知路由选择处理机，然后分组就从输入端口复制到存储器中。路由器处理机从分组首部提取目标地址，查找路由表，再将分组复制到合适的输出端口的缓存中。若存储器的带宽（读或写）为每秒 $M$ 个分组，那么路由器的交换速率（分组从输入端口传送到输出端口的速率）一定小于 $M/2$，这是因为存储器对分组的读和写需要花费的时间是同一个数量级的。

通过总线进行交换，数据报从输入端口通过共享的总线直接传送到合适的输出端口，而不需要路由选择处理机的干预。但是，由于总线是共享的，因此在同一时间只能有一个分组在总线上传送。当分组到达输入端口时，若发现总线忙（因为总线正在传送另一个分组），则被阻塞而不能通过交换结构，并在输入端口排队等待。因为每个要转发的分组都要通过这一条总线，因此路由器的转发带宽就会受总线速率的限制。现代的技术已经可以将总线的带宽提高到 Gbit/s 的速率，因此许多的路由器产品都采用这种通过总线进行交换的方式。例如，Cisco 公司的 Catalyst 1900 系列交换机就使用了带宽达到 1Gbit/s 的总线（称为 packet exchange bus）。

通过互联网络进行交换，交换结构中有 $2N$ 条总线，可以使 $N$ 个输入端口和 $N$ 个输出端口相连接，这取决于相应的交叉节点是使水平总线和垂直总线接通还是断开。当输入端口收到一个分组时，就将它发送到与该输入端口相连的水平总线上。若通向所要转发的输出端口的垂直总线是空闲的，则在这个节点处将垂直总线与水平总线接通，然后将该分组转发到这个输出端口。但若该垂直总线已被占用（有另一个分组正在转发到同一个输出端口），则后到达的分组就被阻塞，必须在输入端口排队。

这里需要注意两个名词：路由选择和转发，二者是有区别的。路由选择涉及很多路由器，路由表则是许多路由器协同工作的结果。这些路由器按照复杂的路由算法，得出整个网络的拓扑变化情况，因而能够动态地改变所选择的路由，并由此构造出整个路由表，根据路由表的信息为每个需要转发的数据报找到相应的下一跳地址。转发就是路由器根据转发表将收到的数据报从路由器合适的端口转发出去，仅涉及一个路由器。路由表是根据路由选择算法得出的，而转发表是根据路由表形成的，路由器根据转发表转发分组。

### 4．路由器的功能

（1）路由功能

学习和维持网络拓扑结构知识的机制被认为是路由功能。完成路由功能需要路由器学习与维护以下几个基本信息。

① 首先需要知道被路由的协议是什么，一旦在接口上配置了 IP 地址、子网掩码，即在接口上启动了 IP 协议，在默认情况下，IP 路由是打开的，路由器一旦在接口上配置了三层的地址

信息，就可以转发 IP 数据报。

② 目标地址是否已存在。通常，IP 数据报的转发依据的是目标网络地址，路由表中必须有目标网络的路由条目才能够转发数据报，否则 IP 数据报将被路由器丢弃。

③ 路由表中还包含了为将数据报转发至目标网络需要将此数据报从哪个端口发送出去，以及应转发到哪一个下一跳地址等信息。

（2）交换/转发功能

路由器的交换/转发功能是指数据在路由器内部移动与处理的过程：从路由器一个端口接收，然后选择合适端口进行转发，其间进行帧的解封装与封装，并对包进行相应处理。首先当一个数据帧到达某一端口时，端口对帧进行 CRC 并检查其目标数据链路层地址是否与本端口相符合，若通过了检查，则去掉帧的封装并读出 IP 数据报中的目标地址信息，查询路由表，决定转发端口与下一跳地址。获得了转发端口与下一跳地址信息后，路由器将查找缓存中是否已经有了在输出端口上进行数据链路层封装所需的信息。如果没有这些信息，路由器将通过适当的进程获得这些信息：输出端口如果是以太网，将通过 ARP 协议获得下一跳 IP 地址所对应的 MAC 地址；而如果输出端口是广域网端口，将通过手工配置或自动实现的映射过程获得相应的两层地址信息。然后封装新的数据链路层并依据输出端口上所做的 QoS 策略放入相应的队列，等待端口空闲进行转发。

## 5.3.2 网络层的工作流程

网络层可以从 TCP、UDP、ICMP 和 IGMP 接收数据报（在本地生成的数据报）并进行发送，或者从一个网络接口接收数据报（待转发的数据报）并进行发送。网络层在内存中有一个路由表，每当收到一个数据报并进行发送时，它都要对该表搜索一次。当数据报来自某个网络接口时，IP 首先检查目标 IP 地址是否为本机的 IP 地址之一或 IP 广播地址。如果是，数据报就被送到由首部协议字段所指定的协议模块进行处理。如果数据报的目标不是这些地址，则要分情况进行处理，即如果网络层被设置为路由器功能，那么就对数据报进行转发；否则数据报被丢弃。

路由选择既可以由源主机决定，也可以由数据报所途经的路由器决定。网络层既可以配置成路由器的功能，也可以配置成主机的功能。但是主机一般不把数据报由一个接口转发到另一个接口，除非被特殊设置。路由器负责转发数据报。

在 IP 中，路由选择依靠路由表进行。在计算机网络的主机和路由器中均保存了一张路由表，表中的每个条目都包含有以下信息。

① 目标 IP 地址：既可以是一个完整的主机地址，也可以是一个网络地址，具体是哪类地址由条目中的标志字段决定。主机地址有一个非 0 的主机号，以指定某一特定的主机，而网络地址中的主机号为 0，以指定网络中的所有主机。

② 下一跳（或下一站）路由器的 IP 地址，或者有直接连接的网络 IP 地址：下一跳路由器是指一个在直接相连的网络上的路由器，通过它可以转发数据报。下一跳路由器不是最终的目标，但是它可以把传送给它的数据报转发到最终目标。

③ 标志：对于一个给定的路由器，可以有 5 种标志，见表 5-6。

标志 G 是非常重要的，它指明了目标 IP 地址是网络地址还是主机地址。根据标志 G 可以区分间接路由和直接路由（对于直接路由来说，不设置标志 G）。在一个直接路由中，源主机和目标主机在同一个网络中，路由器会直接将数据从源主机发送到目标主机。在间接路由中，源主机和目标主机在不同的网络中，路由器要将数据传送到另一个网络，还需要其他更多的路由器来进行处理。

表 5-6　常用标志及说明

| 标　　志 | 说　　明 |
|---|---|
| U | 该路由可以使用 |
| G | 该路由是到一个网络（路由器）。如果没有设置该标志，则说明目的地是直接相连的 |
| H | 　该路由是到一台主机，即目标地址是一个完整的主机地址。如果没有设置该标志，则说明该路由是到一个网络，而目标地址是一个网络地址，即一个网络号或网络号与子网号的组合 |
| D | 该路由由重定向报文创建 |
| M | 该路由已被重定向报文修改 |

④ 为数据报的传输指定一个网络接口：IP 路由选择是逐跳进行的，从路由表中给出的信息可以看出，IP 并不知道到达任何目标的完整路径（除了那些与主机直接相连的目标）。所有的 IP 路由选择只为数据报传输提供下一跳路由器的 IP 地址，它假定下一跳路由器比发送数据报的主机更接近目标，而且下一跳路由器与该主机是直接相连的。

为了不使路由表过于庞大，可以设置一条默认路由。凡是查找路由表失败后的数据报，都可以选择默认路由转发。

IP 路由选择的顺序如下。

① 搜索路由表，寻找能与目标 IP 地址完全匹配的表项（网络号和主机号都要匹配）。如果找到，则把数据报发送给该表项指定的下一跳路由器或直接连接的网络接口（取决于标志字段的值）。

② 搜索路由表，寻找能与目标网络号相匹配的表项。如果找到，则把数据报发送给该表项指定的下一跳路由器或直接连接的网络接口（取决于标志字段的值）。目标网络上的所有主机都可以通过这个表项来处置，这种搜索网络的匹配方法必须考虑可能的子网掩码。

③ 搜索路由表，寻找"默认路由"的表项。如果找到，则把数据报发送给该表项指定的下一跳路由器。

# 5.4　路由选择协议

路由选择协议的核心是路由算法，即需要何种算法来获得路由表中的各条目。一个理想的路由算法应该具有以下特点。

① 算法必须是正确的和完整的。这里"正确"的含义是，沿着各路由表所指引的路由，分组一定能最终到达目标网络和目标主机。

② 算法在计算上应简单。路由选择算法的计算不应使网络通信量增加太多的额外开销。

③ 算法要有自适应性或鲁棒性。算法应能适应通信量和网络拓扑的变化，当网络中的通信量发生变化时，算法能自适应地改变路由以均衡各链路的负载。当某个或某些节点、链路发生故障不能工作，或修理好了再投入运行时，算法也能及时地改变路由。

④ 算法应具有稳定性。在网络通信量和网络拓扑相对稳定的情况下，路由算法应收敛于一个可以接受的解，而不应使得出的路由不停地变化。

⑤ 算法应是公平的。路由选择算法应对所有用户（除少数优先级高的用户）都是平等的。例如，若仅仅使某一对用户的端到端时延为最小，却不考虑其他的广大用户，这明显不符合公平的原则。

⑥ 算法应是最佳的。路由选择算法应当能找出最好的路由，使得分组平均时延最小而网络吞吐量最大。

一个实际的路由选择算法应尽可能地接近理想的算法，在不同的应用条件下，对以上几个方面可有不同的侧重。

路由选择是一个非常复杂的问题，因为它是网络中所有节点共同协调工作的结果。路由选择的环境往往是不断变化的，而这种变化有时无法事先知道，例如，网络中出了某些故障。此外，当网络发生拥塞时，就特别需要有能缓解这种拥塞的路由选择策略，但恰好在这种条件下，很难从网络中的各节点获得所需的路由选择信息。从路由算法的自适应性考虑，路由选择分为静态路由选择和动态路由选择。

① 静态路由选择：即非自适应路由选择，其特点是简单和开销较小，但不能及时适应网络状态的变化。对于很简单的小网络，完全可以采用静态路由选择，用人工方式配置每一条路由。

② 动态路由选择：即自适应路由选择，其特点是能较好地适应网络状态的变化，但实现起来较为复杂，开销也比较大。因此，动态路由选择适用于较复杂的大网络。动态路由选择的重要组成部分是动态选路协议，用于路由器之间的通信。按照工作范围（自治系统区域），动态选路协议可分为内部网关协议（IGP，Interior Gateway Protocol）和外部网关协议（EGP，Exterior Gateway Protocol）。自治系统是指处于一个管理机构控制之下的路由器和网络群组，有时也称为路由选择域。它的形式可以是一个路由器直接连接到一个局域网上，同时也连接到互联网上；也可以是一个由企业骨干网相互连接的多个局域网。在一个自治系统中的所有路由器必须相互连接，运行相同的路由协议，同时分配同一个自治系统编号。IGP 是一个自治系统内部使用的路由选择协议，其主要目标是发现和计算自治系统内的路由信息。常用的 IGP 有路由信息协议（RIP）、开放最短路径优先（OSPF）协议、中间系统到中间系统（IS-IS）协议等。按照所执行的算法，IGP 也可分为距离矢量（DV，Distance Vector）型路由选择协议、链路状态（LS，Link State）型路由选择协议，以及混合型路由选择协议。距离矢量型路由选择协议基于贝尔曼-福特（Bellman-Ford）算法，关心的是到目标网段的距离和矢量（方向，从哪个接口转发数据）；链路状态型路由选择协议基于 Dijkstra 算法，关心的是网络中链路的状态信息（如接口的 IP 地址、子网掩码、链路开销、相邻路由器等）。EGP 用于连接不同的自治系统，并在不同自治系统间传递路由信息，其主要目标是使用路由策略和路由过滤等手段控制路由信息在自治系统间的传播，边界网关协议（BGP）是目前使用的 EGP。动态选路协议分类如图 5-20 所示。

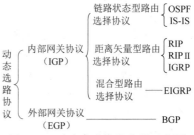

图 5-20　动态选路协议分类示意图

### 5.4.1　路由信息协议

路由信息协议（RIP，Routing Information Protocol）是应用最早、最广泛的 IGP，其适用于小型网络，是典型的分布式、基于距离矢量的路由选择协议。距离也称为跳数（hop count），因为每经过一个路由器，跳数就加 1，所以 RIP 认为一个好的路由通过的路由器的数目要少。这里的距离实际上是指最短距离。RIP 对于距离的定义：从一个路由器到直接连接的网络的距离定义为 1；从一个路由器到非直接连接的网络的距离定义为所经过的路由器数加 1。RIP 允许一条路径最多只能包含 15 个路由器，当距离的最大值为 16 时，即相当于不可达，可见 RIP 只适用于小型互联网。

#### 1．RIP 的报文格式

RIP 有两个版本，即 RIP-1 和 RIP-2。RIP-1 提出得较早，但存在许多缺陷，例如，以广播方式发送路由更新、不支持 VLSM 和 CIDR 等。为了弥补 RIP-1 的不足，RFC 1388 对 RIP-1 进行了扩充，形成 RIP-2，并在 RFC 1723、RFC 2453、RFC 2082 和 RFC 4822 中对其进行了修订，新版 RIP-2 支持 VLSM 和 CIDR，支持组播，并提供了验证机制。

RIP 报文使用 UDP 的 520 端口来发送和接收，RIP-2 报文的格式如图 5-21 所示。

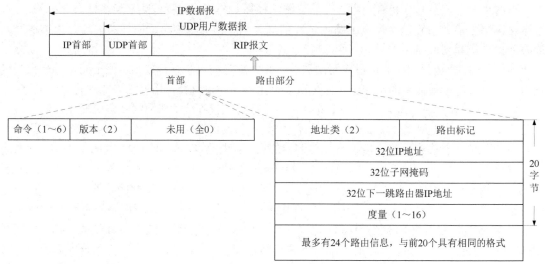

图 5-21   RIP-2 报文格式示意图

① 命令：占 1 字节，值为 1~6，其中，1 表示请求，2 表示应答。RIP 分组有两种：请求分组和响应分组。请求表示要求其他系统发送其全部或部分路由表。应答则包含发送者全部或部分路由表。另外，还有两个舍弃不用的命令（3 和 4），以及两个非正式命令——轮询（5）和轮询表项（6）。

② 版本：占 1 字节，值为 2，表示该 RIP 报文的版本是 RIP-2。

③ 路由域：占 2 字节，该字段目前未用，全 0 填充。

④ 地址类：占 1 字节，值为 2，表示所使用的地址协议是 IP。

⑤ 路由标记：占 2 字节，用于为路由设置标记信息，默认为 0。当一条外部路由被引入 RIP 从而形成一条 RIP 路由时，RIP 可以为该路由设置路由标记。当这条路由在整个 RIP 域内传播时，路由标记不会丢失。

⑥ 32 位 IP 地址：占 2 字节，表明路由的目标网络 IP 地址。

⑦ 32 位子网掩码：占 2 字节，用于存储路由表条目的目标网络子网掩码，可以使 RIP 在多样的环境下更有用，允许在网络上使用 VLSM。

⑧ 32 位下一跳路由器 IP 地址：占 2 字节，该字段常设置为全 0（0.0.0.0），表明该报文的输出接口作为相邻路由器到达该目标网络的下一跳地址。

⑨ 度量：占 2 字节，取值为 1~16，表明到达目标网络所需的"跳数"（一般用到目的地的距离来度量）。距离为 16 表示无穷大，意味着没有到达目的地的路由器。

RIP-2 具有验证机制，如果启用验证功能，则将原来写入第一个路由信息（20 字节）的位置用作验证。在验证数据之后才写入路由信息，但这里最多只能再放入 24 个路由信息。

### 2. RIP 工作原理

路由器刚启动 RIP 时，以广播或组播的形式向相邻路由器发送请求报文，相邻路由器的 RIP 收到请求报文后响应该请求，回送包含本地路由表信息的响应报文。

路由器收到响应报文后，修改本地路由表，同时向相邻路由器发送触发修改报文，广播路由修改信息。相邻路由器收到触发修改报文后，又向其各自的相邻路由器发送触发修改报文。在一连串的触发修改广播后，各路由器都能得到并保持最新的路由信息。

为了维护路由表的完整性，要求所有活跃的 RIP 路由器在固定时间间隔广播其路由表内容至相邻的 RIP 路由器，所有收到的更新自动代替已经存储在路由表中的信息。RIP 依赖三个计时器来维护路由表的有效性：① 路由更新计时器，默认值为 30s；② 路由超时计时器，默认值为 180s；③ 路由刷新计时器，默认值为 240s。RIP 每隔 30s 向相邻路由器广播本地路由表，相邻路由器在收到报文后，对本地路由进行维护，选择一条最佳路由，再向其各自相邻网络广播修改信息，使更新的路由最终能达到全局有效。同时，RIP 采用超时机制对过时的路由进行超时处理，路由超时计时器到时后再过 60s，达到 240s 的路由刷新计时器时间后还没收到路由更新包，路由器就刷新路由表，把不可达的路由表条目删掉，以保证路由的实时性和有效性。

路由更新计时器用于在 RIP 节点一级初始化路由表更新，每个 RIP 节点只使用一个路由更新计时器，而路由超时计时器和路由刷新计时器则是由每个路由器各维护一个。如此看来，不同的路由超时计时器和路由刷新计时器可以在每个路由表条目中结合在一起，这些计时器一起能使 RIP 节点维护路由的完整性并通过时间的触发行为使网络从故障中得到恢复。

### 3. 距离矢量算法

距离矢量算法是基于贝尔曼-福特算法实现的，该算法的基本要点是：设 X 是节点 A 到 B 的最短路径上的一个节点，如果把路径 A→B 拆成两段路径，即 A→X 和 X→B，那么每段路径 A→X 和 X→B 也都分别是 A 到 X 和 X 到 B 的最短路径。

当路由器收到相邻路由器（X）发送来的 RIP 报文时，进行如下操作。

① 对相邻路由器 X 发来的 RIP 报文，先修改此报文中的所有项目：把下一跳路由器地址字段都改为 X，并把所有的度量字段的距离值加 1，以便更新本路由器的路由表。每个表项都有三个关键内容：目标网络、距离和下一跳路由器。

② 对修改后的 RIP 报文中的每个项目进行以下操作：如果原来的路由表中没有目标网络，则把该项目添加到路由表中；否则就查看下一跳路由器地址字段（因为路由表中有目标网络）。

如果下一跳路由器是 X，则用收到的项目替换原路由表中的项目；否则就查看度量字段的距离值（因为下一跳路由器不是 X）。如果收到的项目中的距离小于路由表中的距离，则更新成更短的路由；否则什么也不做（不更新原来的更短路由）。

③ 如果 3min 还没有收到相邻路由器的更新路由表，则把此相邻路由器记为不可达的路由器，即把距离置为 16（距离为 16 表示不可达）。

④ 返回。

【例 5-5】 已知路由器 R6 有表 5-7 给出的路由表。现在路由器 R6 收到相邻路由器 R4 发来的路由更新信息，见表 5-8。请问路由器 R6 如何更新它的路由表？

表 5-7　路由器 R6 的路由表

| 目 标 网 络 | 距　　离 | 下一跳路由器 |
|---|---|---|
| Net2 | 3 | R4 |
| Net3 | 4 | R5 |
| … | … | … |

表 5-8　路由器 R4 发来的路由更新信息

| 目 标 网 络 | 距 离 | 下一跳路由器 |
|---|---|---|
| Net1 | 3 | R1 |
| Net2 | 4 | R2 |
| Net3 | 1 | 直接交付 |

【解】　先把表 5-8 中的距离都加 1，并把下一跳路由器都改为 R4，得出的路由表见表 5-9。

表 5-9　修改后的表 5-8

| 目 标 网 络 | 距 离 | 下一跳路由器 |
|---|---|---|
| Net1 | 4 | R4 |
| Net2 | 5 | R4 |
| Net3 | 2 | R4 |

将表 5-9 与表 5-7 中的每一行进行比较。第一行在表 5-7 中没有，因此要把这一行添加到表 5-7 中。第二行的 Net2 在表 5-7 中有，且下一跳路由器也是 R4，因此要进行更新（距离增大了）。第三行的 Net3 在表 5-7 中有，但下一跳路由器不同，因此要比较距离：新的路由信息的距离是 2，小于表 5-7 中的 4，因此需要更新。这样，得出更新后的路由器 R6 的路由表见表 5-10。

表 5-10　更新后的路由器 R6 的路由表

| 目 标 网 络 | 距 离 | 下一跳路由器 |
|---|---|---|
| Net1 | 4 | R4 |
| Net2 | 5 | R4 |
| Net3 | 2 | R4 |

RIP 让一个自治系统中的所有路由器都和自己的相邻路由器定期交换路由信息，并不断更新其路由表，使得从每个路由器到每个目标网络的路由都是距离最短的（跳数最少）。这里需要注意的是，虽然所有的路由器最终都拥有了整个自治系统的全局路由信息，但由于每个路由器的位置不同，它们的路由表当然也就不同。

## 5.4.2　开放最短路径优先协议

为了克服 RIP 存在的问题，1989 年开发出了开放最短路径优先（OSPF，Open Shortest Path First）协议。其中，开放表明 OSPF 协议不受某一厂家控制，而是公开发表的；最短路径优先是因为使用了 Dijkstra 提出的最短路径优先算法（SPF）。OSPF 只是一个协议的名字，并不表示其他的路由协议不是最短路径优先的。实际上，所有的在自治系统内部使用的路由选择协议都要寻找一条最短的路径。1997 年 7 月，公布了 OSPF2，并将其作为互联网的标准协议。

### 1．OSPF 协议的特征

OSPF 协议最主要的特征是使用分布式的链路状态协议，有以下三个要点需要注意。

① 向本自治系统中所有路由器发送信息，这里使用的方法是洪泛法。

② 发送的信息就是与本路由器相邻的所有路由器的链路状态，但这只是路由器所知道的部

分信息。链路状态说明了本路由器都和哪些路由器相邻，以及该链路的度量。OSPF 协议用这个度量来表示费用、距离、时延、带宽等。这些都由网络管理人员来决定，因此较为灵活。有时为了方便，就称这个度量为代价。

③ 只有当链路状态发生变化时，路由器才用洪泛法向所有路由器发送此信息。

**2．OSPF 协议中的几个概念**

在 OSPF 协议中，有几个相关的概念。

① 区域（Area）。为了使 OSPF 协议能够用于规模很大的网络，引入了分层路由的概念，将网络分割成由骨干连接的一组相互独立的部分。这些相互独立的部分称为区域，骨干的部分称为主干区域。划分区域的好处就是每个区域就如同一个独立的网络，将利用洪泛法交换链路状态信息的范围局限于每个区域中而不是整个的自治系统中。一个区域的 OSPF 路由器只保存该区域的链路状态，即只知道本区域的完整网络拓扑，而不知道其他区域的网络拓扑。每个路由器的链路状态数据库都可以保持合理的大小，路由计算的时间、报文数量也都不会过大，这减少了整个网络上的通信量。

OSPF 协议的每个区域都有一个 32 位的区域 ID（标识符，用点分十进制数表示）。规定主干区域用 0.0.0.0 标识。在一个自治系统（AS）中，主干区域的作用是连通其他区域，从其他区域来的信息都由区域边界路由器汇聚。在图 5-22 中，$R_3$、$R_4$ 和 $R_7$ 都是区域边界路由器，每个区域应当至少有一个区域边界路由器。在主干区域内的路由器称为主干路由器，如 $R_3$、$R_4$、$R_5$、$R_6$ 和 $R_7$。一个主干路由器可以同时是区域边界路由器，如 $R_3$、$R_4$ 和 $R_7$。在主干区域内还有一个路由器专门和本自治系统外的其他自治系统交换路由信息，这样的路由器称为自治系统边界路由器，如 $R_6$。

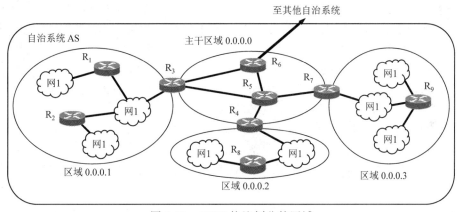

图 5-22　OSPF 协议划分的区域

② 路由器 ID。OSPF 协议中，每个路由器都被赋予一个唯一的 32 位无符号整数，这就是路由器 ID，它是路由器上的最高 IP 地址，可以通过为所选路由器的环回接口设置一个更高的地址来加大这个值。其特点是：全局唯一，不能重复；一旦选定不能改变，除非重启 OSPF 进程。

③ 相邻路由器。相邻路由器是指两个通过一条普通链路相连的、可以对话的路由器。直连网络中的 OSPF 路由器根据 HELLO 报文自动形成相邻关系。

④ 相邻关系。相邻关系是指两个相邻路由器的双向关系。在相邻关系的基础上，两个路由器同步链路状态信息数据库后形成相邻关系。需要注意的是，两个路由器是相邻但不一定就有相邻关系。

⑤ 指定路由器（DR，Designated Router）和备份指定路由器（BDR，Backup Designated

Router）。在多路访问网络上可能存在多个路由器，为了避免路由器之间建立完全相邻关系而引起的大量开销，OSPF 协议要求在区域中选举一个 DR，每个路由器都与之建立完全相邻关系。网络中最先启动的路由器被选举为 DR；如果同时启动或重新选举，则需要考虑接口优先级（0～255），优先级最高的被选举为 DR；如果前两者相同，则需要考虑路由器 ID，路由器 ID 最高的被选举为 DR；DR 选举是非抢占的，除非重启 OSPF 进程。DR 负责收集所有的链路状态信息，并发布给其他路由器。选举 DR 的同时也选举出一个 BDR，在 DR 失效的时候，BDR 担负起 DR 的职责。

⑥ 链路状态数据库（LSDB，Link State DataBase）。由于各路由器之间频繁地交换链路状态信息，因此每个支持 OSPF 协议的路由器都维护着一份描述整个自治系统拓扑结构的 LSDB，其中包含了网络中所有路由器的链接状态。这个数据库实际上是全网的拓扑结构图，在全网范围内是一致的（这称为链路状态数据库的同步）。

⑦ 链路状态广播（LSA，Link State Advertisement）。每个路由器根据自己周围的网络拓扑结构生成 LSA，通过相互之间发送协议报文将 LSA 发送给网络中其他路由器，这样每个路由器都可以收到其他路由器的 LSA，所有的 LSA 放在一起便组成了 LSDB。

### 3．OSPF 协议的报文类型

OSPF 协议使用 5 种不同的报文类型，每种类型用于支持不同的、专门的网络功能。

① HELLO 报文（HELLO packet）（类型 1）：最常用的一种报文，被周期性地发送给本路由器的相邻。其内容包括一些定时器的数值、DR、BDR，以及自己已知的相邻。

② 数据库描述报文（Database Description packet，简称 DD 报文）（类型 2）：两个路由器进行数据库同步时，用 DD 报文来描述自己的 LSDB。其内容包括 LSDB 中每条 LSA 的摘要（摘要是指 LSA 的 HEAD，通过该 HEAD 可以唯一标识一条 LSA）。这样做是为了减少路由器之间传递的信息量，因为 LSA 的 HEAD 只占一条 LSA 的整个数据量的一小部分，并且对端路由器根据 HEAD 就可以判断出是否已有这条 LSA。

③ 链路状态请求报文（Link State Request packet，简称 LSR 报文）（类型 3）：两个路由器互相交换过 DD 报文之后，知道对端路由器中有哪些 LSA 是本地 LSDB 所缺少的，这时需要发送 LSR 报文向对方请求所需的 LSA。其内容包括所需 LSA 的摘要。

④ 链路状态更新报文（Link State Update packet，简称 LSU 报文）（类型 4）：用洪泛法对全网更新链路状态。其内容是多条 LSA（全部内容）的集合。这种报文是最复杂的，也是 OSPF 协议最核心的部分。路由器使用这种报文将其链路状态通知给相邻路由器。LSU 共有 5 种不同的链路状态。

⑤ 链路状态应答报文（Link State Acknowledgment packet，简称 LSAck 报文）（类型 5）：用来对接收到的 LSU 报文进行确认。其内容是需要确认的 LSA 的 HEAD（一个报文可对多条 LSA 进行确认）。

### 4．OSPF 协议的报文格式

OSPF 报文直接封装在 IP 数据报中，所有的 OSPF 报文有统一的首部格式，如图 5-23 所示。OSPF 报文格式中各字段说明如下。

① 版本：当前的版本号是 2。

② 类型：可以是 5 种报文类型中的一种。

③ 报文长度：包括 OSPF 首部在内的报文长度，以字节为单位。

④ 路由器 ID：发送该报文的路由器的接口 IP 地址。

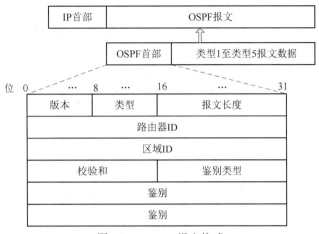

图 5-23　OSPF 报文格式

⑤ 区域 ID：报文所属区域的标识符。

⑥ 校验和：用来检测报文的差错。

⑦ 鉴别类型：目前只有两种，即 0（不用）和 1（口令）。

⑧ 鉴别：鉴别类型为 0 时填入 0，鉴别类型为 1 时填入 8 个字符的口令。

### 5．OSPF 协议的基本操作

OSPF 协议利用链路状态算法建立和计算到达每个目标网络的最短路径。该算法本身十分复杂，下面简要概括链路状态算法工作的总体过程。

初始化阶段，路由器将产生链路状态通告，该链路状态通告包含了该路由器的全部链路状态。所有路由器通过组播的方式交换链路状态信息，每个路由器接收到链路状态更新报文时，复制一份到本地数据库中，然后再传播给其他路由器。当每个路由器都有一份完整的链路状态数据库时，路由器应用算法针对所有目标网络计算最短路径树，其结果内容包括目标网络、下一跳地址和链路花费，这些内容是 IP 路由表的关键部分。如果没有链路花费、网络增删变化，OSPF 协议将不做任何改变。如果网络发生了任何变化，OSPF 协议将通过链路状态进行通告，但只通告变化的链路状态，变化涉及的路由器将重新运行算法，生成新的最短路径树。每个路由器都使用算法计算出一棵以自己为根的最短路径树，这棵树给出了到自治系统中各节点的路由，外部路由信息为叶子节点，外部路由可由广播它的路由器进行标记以记录关于自治系统的额外信息。显然，各个路由器各自得到的路由表是不同的。

OSPF 协议的基本操作如图 5-24 所示。

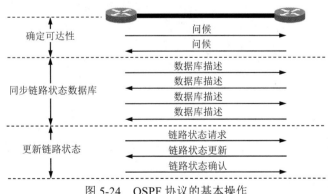

图 5-24　OSPF 协议的基本操作

在网络运行的过程中，只要一个路由器的链路状态发生了变化，该路由器就要使用 LSU 报文，用洪泛法向全网更新链路状态。OSPF 协议使用的是可靠的洪泛法，其要点如图 5-25 所示。假设路由器 R 用洪泛法发出 LSU 报文，图中用实心箭头表示 LSU 报文。第一次先发给相邻的三个路由器。这三个路由器将收到的 LSU 报文转发给其他路由器时，要将其上游的路由器排除。可靠的洪泛法是，在收到 LSU 报文后要发送确认（收到重复的 LSU 报文只需要发送一次确认），图中用空心箭头表示 ACK 报文。

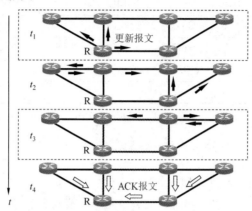

图 5-25　OSPF 协议用洪泛法发送更新报文

OSPF 协议规定，每两个相邻路由器每隔 10s 交换一次 HELLO 报文，以确认相邻路由器是可达的。如果过了 40s 没收到 HELLO 报文，则认为该路由器不可达，立即修改 LSDB，并重新计算路由表。每隔一段时间（如 30min），路由器刷新一次数据库中的链路状态。

### 5.4.3　边界网关协议

边界网关协议（BGP，Border Gateway Protocol）是一种用于不同自治系统的路由器之间进行通信的外部网关协议，是由 IETF 制定的一种加强的、完善的、可伸缩的协议。当前版本是 BGP4，支持 CIDR 寻址方案（该方案增加了互联网上的可用 IP 地址数量）。

BGP 是一种距离矢量协议，其路由信息中携带了所经过的全部自治系统的路径列表，这使得接收该路由信息的 BGP 路由器能够很明确地知道此路由是否源于自己的自治系统。如果路由源于自己的自治系统，BGP 就丢弃此条路由信息，这样就可以从根本上避免自治系统之间产生环路。为了保证 BGP 的可靠传输，使用 TCP 作为其运输层协议，端口号是 179。

在配置 BGP 时，每个自治系统的管理员都要选择至少一个路由器作为该自治系统的 BGP 发言人。一般来说，两个 BGP 发言人都是通过一个共享网络连接在一起的，而 BGP 发言人通常就是 BGP 边界路由器，但也可以不是 BGP 边界路由器。

一个 BGP 发言人与其他自治系统的 BGP 发言人要想交换路由信息，需要先建立 TCP 连接，然后在此连接上交换 BGP 报文以建立 BGP 连接，利用 BGP 连接交换路由信息，例如，增加新的路由、撤销过时的路由及报告出差错的情况等。使用 TCP 连接交换路由信息的两个 BGP 发言人，彼此将成为对方的邻站或对等站。

图 5-26 给出的是 BGP 发言人和自治系统之间的关系。在图中画出了三个自治系统中的 5个 BGP 发言人。每个 BGP 发言人除了必须运行 BGP，还必须运行该自治系统所使用的内部网关协议，如 OSPF 协议或 RIP。

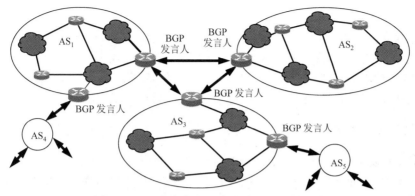

图 5-26　BGP 发言人和自治系统之间的关系

BGP 所交换的网络可达性信息就是要到达某个网络（用网络前缀表示）所要经过的一系列自治系统信息。当 BGP 发言人互相交换了网络可达性信息后，各 BGP 发言人就根据所采用的策略从收到的路由信息中找出到达各自治系统的较好路由。

BGP 的运行是通过消息驱动的，在工作过程中，使用的消息有以下 4 种。

① 打开消息（open message）。这是连接建立后发送的第一个消息，用于建立 BGP 对等体之间的连接关系并进行参数协商。

② 更新消息（update message）。这是 BGP 系统中最重要的信息，用于在对等体之间交换路由信息，最多由三部分构成：不可达路由（unreachable）、路径属性（path attributes）和网络可达性信息（NLRI，Network Layer Reachable Information）。

③ 通知消息（notification message）。该消息用于错误通告。BGP 发言人如果检测到对方发过来的消息有错误或者主动断开了 BGP 连接，就会发出通知消息来通知 BGP 相邻，并关闭连接。

④ 保活消息（keepalive message）。该消息用于检测连接有效性。BGP 发言人会周期性地向对等体发出保活消息，一方面用于保持相邻关系的稳定性，另一方面要对收到的打开消息进行回应。

当两个不同自治系统的边界路由器定期地交换路由信息时，需要有一个协商的过程。因此，开始向相邻边界路由器进行协商时要发送打开消息。如果相邻边界路由器接受，就响应一个保活消息。这样，两个 BGP 发言人的对等体关系就建立了。一旦 BGP 连接关系建立，就要设法维持这种关系。双方都要确信对方是存在的，并且一直在保持这种对等体关系，因此，这两个 BGP 发言人彼此要周期性地（通常是每隔 30s）交换保活消息。BGP 发言人可以用更新消息撤销以前曾经通知过的路由，也可以宣布增加新的路由。撤销路由时，可以一次撤销多条，但是增加路由时每次只能增加一条。当某个路由器或链路出现故障时，由于 BGP 发言人可以从不止一个相邻边界路由器获得路由信息，因此很容易选择出新的路由。当建立了 BGP 连接的任何一方路由器发现出错后，需要通过向对方发送通知消息以报告 BGP 连接出错。发送方发送通知消息后将终止本次 BGP 连接。若要开始新的 BGP 连接，则需要重新进行协商。

## 5.5　互联网控制报文协议

IP 提供的是尽力而为的、无连接的数据报传送服务，没有提供检验或跟踪机制，不能解决网络底层的数据报丢失、重复、延迟或乱序等问题。TCP 在 IP 基础上建立面向连接的服务，可以解决以上问题，但不能解决因网络故障或其他网络原因而造成的无法传输数据报的问题。互联网控制报文协议（ICMP，Internet Control Message Protocol）设计的本意就是希望在 IP 数据报无法进行传输时提供报告，这些差错报告能够帮助发送端了解数据报为什么无法传递，网络中发生了什么问题，以确定应用程序后续的操作。

ICMP 是 TCP/IP 协议族中一个非常重要的协议，是 IP 的附属协议，目前有 ICMPv4 和 ICMPv6 两个版本。这里我们说的 ICMP 即为 ICMPv4。ICMP 主要用于在主机与路由器之间传递控制消息。控制消息是指网络通不通、主机是否可达、路由是否可用等网络本身的消息。这些控制消息虽然并不传输用户数据，但是对于用户数据的传递起着重要的作用。

### 5.5.1 ICMP 报文

ICMP 报文封装在 IP 数据报中进行传输。虽然 ICMP 报文用 IP 封装和发送，但并不把它看成高层协议，它是 IP 的一个必要部分。所有 ICMP 报文的前 4 字节都是一样的，其余字节则互不相同。ICMP 报文格式如图 5-27 所示。

图 5-27　ICMP 报文格式

ICMP 报文格式中各字段说明如下。

① 类型：占 1 字节，指出报文的类型，可以有 15 个不同的取值，以描述特定类型的 ICMP 报文。

② 代码：占 1 字节，提供关于报文类型更进一步的信息，用于进一步划分 ICMP 类型。例如，对于 ICMP 的目标不可达报文类型，可以把这个字段设置为 0～15 来表示不同的意思。

③ 校验和：占 2 字节，是整个数据报的校验和，而不仅仅是首部的校验和，用于检查错误的数据。

ICMP 报文类型由报文中的类型字段和代码字段来共同决定，分为差错报文和查询报文两大类，见表 5-11。差错报文反馈的是路由器或目标主机处理 IP 数据报时遇到的问题；查询报文是成对出现的，帮助网络管理员从一个路由器或主机得到特定信息。

表 5-11　ICMP 报文类型

| 报 文 种 类 | 类　　型 | 代　　码 | 说　　　　明 |
|---|---|---|---|
| 差错报文 | 3 | | 目标不可达 |
| | | 0 | 网络不可达 |
| | | 1 | 主机不可达 |
| | | 2 | 协议不可达 |
| | | 3 | 端口不可达 |
| | | 4 | 需要进行分片但设置了不分片位 |
| | | 5 | 源站选路失败 |
| | | 6 | 目标网络不认识 |

| 报文种类 | 类　　型 | 代　　码 | 说　　　　明 |
|---|---|---|---|
| 差错报文 | 3 | 7 | 目标主机不认识 |
| | | 8 | 源主机被隔离（被作废不用） |
| | | 9 | 目标网络被强制禁止 |
| | | 10 | 目标主机被强制禁止 |
| | | 11 | 由于服务类型不正确，网络不可达 |
| | | 12 | 由于服务类型不正确，主机不可达 |
| | | 13 | 由于过滤，通信被强制禁止 |
| | | 14 | 主机越权 |
| | | 15 | 优先级中止生效 |
| | 5 | | 重定向 |
| | | 0 | 对网络重定向 |
| | | 1 | 对主机重定向 |
| | | 2 | 对服务类型和网络重定向 |
| | | 3 | 对服务类型和主机重定向 |
| | 11 | | 超时 |
| | | 0 | 传输期间生存时间为 0 |
| | | 1 | 在数据报重组前生存时间为 0 |
| | 12 | | 参数问题 |
| | | 0 | 坏的 IP 首部 |
| | | 1 | 缺少必需的选项 |
| 查询报文 | 0 | 0 | 回显应答（Ping 应答） |
| | 8 | 0 | 请求回显（Ping 请求） |
| | 9 | 0 | 路由器通告 |
| | 10 | 0 | 路由器请求 |
| | 13 | 0 | 时间戳请求 |
| | 14 | 0 | 时间戳应答 |
| | 17 | 0 | 地址掩码请求 |
| | 18 | 0 | 地址掩码应答 |

　　ICMP 只能向源主机报告差错，不能向从源主机到出错路由器途中的所有中间路由器报告差错。ICMP 差错报文弥补了 IP 的不可靠问题，具有如下特点。

　　① 只报告差错，但不负责纠正错误，纠错工作留给高层协议去处理。

　　② 发现错误的设备只向源主机报告差错。

　　③ 差错报文作为一般数据传输，不享受特别的优先级和可靠性。

　　④ 产生 ICMP 差错报文的同时会丢弃出错的 IP 数据报。

　　为了防止 ICMP 差错报文对广播分组响应所带来的广播风暴，在以下 4 种情况下不会形成 ICMP 差错报文。

　　① ICMP 差错报文本身不会再产生 ICMP 差错报文，但是 ICMP 查询报文可能会产生 ICMP

差错报文。

② 广播或组播地址的数据报不会产生 ICMP 差错报文。

③ 分片的 IP 数据报的非第一个分片不会产生 ICMP 差错报文。

④ 特殊地址 0.0.0.0（代表任何网络）和 127.0.0.0 的报文不会产生 ICMP 差错报文。

常用的 ICMP 查询报文有以下两种。

① 回显请求应答报文。Ping 命令就是请求回显（Type=8）和回显应答（Type=0）报文。一台主机向一个节点发送一个类型字段为 8 的 ICMP 报文，如果途中没有异常（如被路由器丢弃、目标不回应 ICMP 或传输失败），则目标主机返回类型字段为 0 的 ICMP 报文，说明这台主机存在。更详细的 Tracert 通过计算 ICMP 报文经过的节点来确定主机与目标之间的网络距离。

② 时间戳请求应答报文。时间戳请求（Type=13）和时间戳应答（Type=14）报文用于测试两台主机之间数据报来回一次的传输时间。传输时，主机填充原始时间戳，接收方收到请求后填充接收时间戳，然后以 Type=14 的应答报文格式返回，发送方计算这个时间差。一些系统不响应这种报文。

### 5.5.2 ICMP 的典型应用

ICMP 的典型应用有两个：Ping 程序和 Traceroute 程序。

#### 1. Ping 程序

Ping 程序是 ICMP 最著名的应用。Ping 这个词源自声呐定位操作，而这个程序的作用也确实如此。它利用 ICMP 报文来侦测另一台主机是否可达。通过在 ICMP 报文中存放发送请求的时间值来计算两台主机之间的往返时间，并计算有多少个数据报被送达。用户可以据此判断网络大致的情况。另外，Ping 程序还提供了检测 IP 记录路由的机会。

Ping 程序的原理是，发送一个类型字段为 8 的 ICMP 回显请求报文给主机，收到请求的主机则返回类型字段为 0 的 ICMP 回显应答报文，其报文格式如图 5-28 所示。其中，标识符由发送端任意选定，用来标识不同的应用程序。序号由发送端任意选定，可以使客户程序在应答和请求之间进行匹配。Ping 程序打印出返回的每个分组的序列号，允许查看是否有分组丢失、失序或重复等情况。选项数据可填入发送请求的时间值等。客户发送的选项数据必须回显，也就是说，应答的选项数据部分包含了请求的选项数据。

图 5-28　Ping 程序使用的 ICMP 报文格式

对于 Ping 命令，可以利用 Ping /?格式查看 Ping 的一些参数。

#### 2. Traceroute 程序

Traceroute 是其在 UNIX 操作系统中的名字，Windows 操作系统中的名字是 Tracert。Traceroute 程序最早是由 Van Jacobson 在 1988 年所编写的一个小程序，是非常实用的路由跟踪程序，用于确定 IP 数据报访问目标主机所采取的路径。

在互联网中，信息的传送是通过在网络中选取多段的传输介质和设备（路由器、交换机、服务器等）从一端到达另一端的。每个连接到互联网上的设备，一般都会有一个独立的 IP 地址。

通过 Traceroute 程序，可以知道信息从本地主机到目标主机所走的路径。因此，Traceroute 程序是用来侦测主机到主机之间所经路由情况的重要工具，也是最便利的工具，可以帮助使用者很好地了解网络原理和工作过程。Traceroute 程序还提供了 IP 源路由选项供使用。

Traceroute 程序使用 IP 首部中的生存时间（TTL）字段和 ICMP 差错报文来确定从一台主机到网络上其他主机所经过的路由。

首先，Traceroute 程序送出 TTL=1 的 IP 数据报。对于每个 TTL 值，每次送出三个长度为 40 字节的数据报到目的地。40 字节的数据报包括 20 字节的 IP 首部、8 字节的 UDP 首部和 12 字节的用户数据（包括序列号、送出的 TTL 副本、发送数据报的时间）。当路径上的第一个路由器收到这个数据报时，将 TTL 值减 1，此时 TTL=0，因此该路由器会将此数据报丢弃，并送回一个 ICMP 超时报文（包括发送 IP 数据报的源地址、IP 数据报的所有内容和路由器的 IP 地址）。Traceroute 程序收到这个消息后，便知道这个路由器存在于这条路径上，接着，Traceroute 程序再送出另一个 TTL=2 的 IP 数据报，发现第 2 个路由器……Traceroute 程序就是通过每次将送出的数据报的 TTL 值加 1 来发现路由器的，这个动作一直持续到某个数据报到达目的地为止。

当数据报到达目的地后，该主机并不会送回 ICMP 超时报文，因为它已经是目的地了，那么 Traceroute 程序如何确定数据报已到达目的地呢？

Traceroute 程序发送一个 UDP 数据报给目标主机，但它选择一个不可能的值作为 UDP 端口号，使目标主机的任何一个应用程序都不可能使用该端口。因为当该数据报到达时，目标主机的 UDP 模块将产生一个端口不可达错误的 ICMP 报文。这样，Traceroute 程序所要做的就是区分接收到的 ICMP 报文是超时报文还是端口不可达报文，以判断什么时候结束。Traceroute 程序以收到"ICMP 端口不可达报文"作为结束标志。

### 5.5.3 ICMPv6

与 IPv4 一样，IPv6 也不保证数据报的可靠交付，因为互联网中的路由器可能会丢弃数据报，因此 IPv6 也需要使用 ICMP 来反馈一些差错信息。新的版本是 ICMPv6，它比 ICMPv4 要复杂得多。ARP 和互联网组管理协议（IGMP）的功能都已被合并到 ICMPv6 中。

ICMPv6 是面向报文的协议，它利用报文来报告差错、获取信息、探测邻站或管理多播通信。ICMPv6 还增加了几个定义报文功能及含义的其他协议，例如，邻站发现（ND，Neighbor-Discovery）报文、反向邻站发现（IND，Inverse-Neighbor-Discovery）报文和多播听众交付（MLD，Multicast Listener Delivery）报文。这些报文分别在 ND、IND 和 MLD 协议的控制下进行发送和接收，而 ND、IND 和 MLD 协议则运行在 ICMPv6 之下。

ICMPv6 的报文格式和 ICMPv4 的相似，前 4 字节的字段名称相同，从第 5 字节起是报文的主体，如图 5-29 所示。当生成 ICMPv6 差错报文，并将其封装成一个 IPv6 报文时，IPv6 中的"下一个首部"字段的值应填入 58。

图 5-29　ICMPv6 报文格式

ICMPv6 报文总体上可分为差错报文和信息报文两类，差错报文的类型字段值为 0～127，信息报文的类型字段值为 128～255。

ICMPv6 报文的一些主要类型见表 5-12。

表 5-12　ICMPv6 报文的主要类型

| 报 文 种 类 | | 类 型 | 说 明 | 应 用 场 合 |
|---|---|---|---|---|
| 差错报文 | | 1 | 目标站不可达 | 一般用于在路由器和主机之间传送信息 |
| | | 2 | 分组太长 | |
| | | 3 | 超时 | |
| | | 4 | 参数出错 | |
| 信息报文 | 诊断报文 | 128 | 回显请求 | 一般用于在主机之间传送信息 |
| | | 129 | 回显应答 | |
| | 多播听众发现报文 | 130 | 多播听众查询 | |
| | | 131 | 多播听众报告 | |
| | | 132 | 多播听众完成 | |
| | 邻站发现报文 | 133 | 路由器请求 | |
| | | 134 | 路由器通告 | |
| | | 135 | 邻站请求 | |
| | | 136 | 邻站通告 | |
| | | 137 | 重定向 | |

# 5.6　多协议标记交换

## 5.6.1　基本原理

在传统的计算机网络中，数据报每到达一个路由器后，都必须提取出其目标地址，按目标地址查找路由表，并按照"最长前缀匹配"的原则找到下一跳 IP 地址（请注意，前缀的长度是不确定的）。当网络很大时，查找含有大量项目的路由表要花费很多的时间。在出现突发性的通信量时，往往还会使缓存溢出，这会引起分组丢失、传输时延增大和服务质量下降等问题。

IETF 于 1997 年成立了 MPLS 工作组，开发出一种新的协议——多协议标记交换（MPLS，MultiProtocol Label Switching）协议。"多协议"表示在 MPLS 的上层可以采用多种协议，如 IP、IPX；可以使用多种数据链路层协议，如 PPP、以太网、ATM 等。"标记"是指每个数据报被打上一个标记，可以根据该标记对数据报进行转发。MPLS 协议主要设计用来解决网络问题，如网络速度、可扩展性、服务质量（QoS）管理及流量工程，同时也用来为下一代 IP 主干网络解决宽带管理及服务请求等问题。MPLS 协议并没有取代 IP，而是作为一种 IP 增强技术被广泛地应用在互联网中。

MPLS 协议是一种用于快速数据报交换和路由的体系，它为网络数据流量提供了目标、路由、转发和交换等能力，而且具有管理各种不同形式通信流的机制。MPLS 协议给每个 IP 数据报打上固定长度的标记，然后对打上标记的 IP 数据报用硬件进行转发，这使得在数据报转发过程中省去了每到达一个路由器都要上升到第三层（网络层）用软件查找路由表的过程，从而大大加快了数据报转发的速度。采用硬件技术对打上标记的 IP 数据报进行转发称为标记交换。标记交换也表示在转发时不再上升到第三层用软件分析 IP 数据报的首部和查找转发表，而是根据标记在第二层（数据链路层）用硬件进行转发，从而大大加快了 IP 数据报转发的速度。同时，MPLS 协议充分利用了原来的 IP 路由，保证了网络路由的灵活性。

MPLS 协议的基本原理如图 5-30 所示。图中，MPLS 域（MPLS domain）中有许多彼此相邻的路由器，并且所有的路由器都是支持 MPLS 技术的标记交换路由器（LSR，Label Switching Router）。LSR 同时具有标记交换和路由选择这两种功能，标记交换功能是为了快速转发，但在此之前 LSR 需要使用路由选择功能构造转发表。

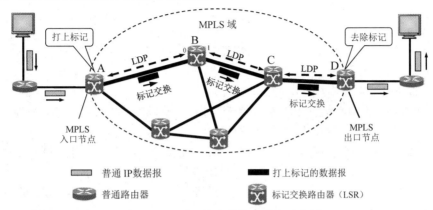

图 5-30    MPLS 协议的基本原理示意图

图 5-30 给出的 MPLS 协议工作过程如下。

① MPLS 域中的各 LSR 使用专门的标记分配协议（LDP，Label Distribution Protocol）交换报文，并找出和特定标记相对应的路径，即标记交换路径（LSP，Label Switched Path），例如，图 5-30 中的路径 A→B→C→D。各 LSR 根据这些路径构造出数据报转发表。LSP 分为静态和动态两种，静态 LSP 由管理员手动配置，动态 LSP 则是利用路由协议和标记分配协议动态生成的。

② 当一个 IP 数据报进入 MPLS 域时，MPLS 入口节点给数据报打上标记，并按照转发表将数据报转发给下一个 LSR。

③ 在 MPLS 域内，以后的所有 LSR 都按照标记进行转发。每经过一个 LSR，都要换一个新标记，这表明一个标记仅在两个 LSR 之间才有意义。LSR 对通过它的分组做两件事：一是转发；二是更换新的标记，即把入标记更换成出标记，更换标记的过程称为标记对换（label swapping）。做这两件事所需的数据均已写在转发表中，例如，图 5-30 中的标记交换路由器 B 从入接口 0 收到一个标记为 1 的 IP 数据报，在表 5-13 给出的转发表中进行查找后，标记交换路由器 B 就知道应该把该 IP 数据报从接口 1 转发出去，同时把标记更换为 2。标记路由器 C 则把入标记 2 对换成出标记 3。

表 5-13    转发表信息

| 入 接 口 | 入 标 记 | 出 接 口 | 出 标 记 |
|---|---|---|---|
| 0 | 1 | 1 | 2 |

④ 当 IP 数据报离开 MPLS 域时，MPLS 出口节点就把 MPLS 的标记去除，把 IP 数据报转交给非 MPLS 的主机或路由器，以后就按照普通 IP 数据报的转发方法进行转发。

上述"由入口 LSR 确定进入 MPLS 域内的转发路径"称为显式路由选择（explicit routing），它和互联网中通常使用的"每个路由器逐跳进行路由选择"有本质上的区别。

### 5.6.2    MPLS 协议的重要概念——转发等价类

转发等价类（FEC，Forwarding Equivalence Class）是 MPLS 协议的一个重要概念，是指路

由器按照同样方式对待 IP 数据报的集合。这里"按照同样方式对待"表示从同样的接口转发到同样的下一跳地址，并且具有同样的服务类别和同样的丢弃优先级等。划分 FEC 的方法不受什么限制，全部由网络管理员来控制，因此非常灵活。入口节点并不是给每个 IP 数据报指派一个不同的标记，而是给属于同样 FEC 的 IP 数据报都指派同样的标记，这样 FEC 和标记就是一一对应的关系。

适合使用 FEC 的有：

① 目标 IP 地址与某个特定 IP 地址的前缀具有匹配的 IP 数据报（这相当于普通的 IP 路由器）；

② 所有源地址与目标地址都有相同的 IP 数据报；

③ 具有某种服务质量需求的 IP 数据报。

FEC 还可以用于负载平衡，如图 5-31 所示。图 5-31（a）的主机 $H_1$ 和 $H_2$ 分别向 $H_3$ 和 $H_4$ 发送大量数据。路由器 A 和路由器 C 是数据传输的必经之路。但传统的路由选择协议只能选择最短路径 A→B→C，这可能导致这段最短路径过载。图 5-31（b）为采用 MPLS 协议的情况，此时入口节点 A 可设置两种 FEC：一种是"源地址为 $H_1$ 而目标地址为 $H_3$"，其 FEC 的路径设置为 $H_1$→A→B→C→$H_3$；另一种是"源地址为 $H_2$ 而目标地址为 $H_4$"，其 FEC 的路径设置为 $H_2$→A→D→E→C→$H_4$，这样就能使网络负载较为平衡。网络管理员采用自定义的 FEC 可以更好地管理网络的资源。这种均衡网络负载的做法也称为流量工程（TE，Traffic Engineering）或通信量工程。

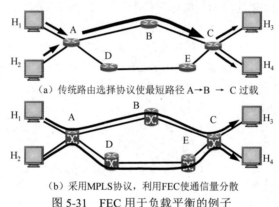

（a）传统路由选择协议使最短路径 A→B → C 过载

（b）采用 MPLS 协议，利用 FEC 使通信量分散

图 5-31　FEC 用于负载平衡的例子

### 5.6.3　MPLS 协议的首部及其格式

MPLS 协议并不要求下层的网络都使用面向连接的技术，因此一对 MPLS 路由器之间的物理连接既可以由一个专用电路（如 OC-48）组成，也可以使用像以太网这样的网络。但是这些下层的网络并不提供打标记的手段，而 IPv4 数据报首部也没有多余的位置存放 MPLS 标记。这需要使用一种封装技术，即在把 IP 数据报封装成以太网帧之前，先插入一个 MPLS 首部。从层次的角度看，MPLS 首部就位于网络层和数据链路层之间，如图 5-32 所示。

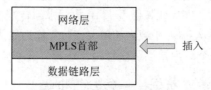

图 5-32　MPLS 首部的位置

"给 IP 数据报打上标记"其实就是在以太网帧的首部和 IP 数据报的首部之间插入一个 4 字节的 MPLS 首部,包括 4 个字段:标记值、试验、S(栈)和生存时间(TTL),如图 5-33 所示。

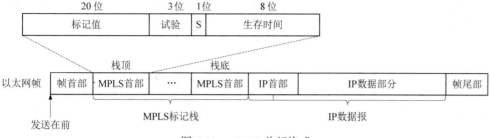

图 5-33　MPLS 首部格式

MPLS 首部各字段含义说明如下。

(1)标记值:占 20 位,表示在设置 MPLS 时可以使用的所有值,可同时容纳高达 $2^{20}$(1048576)个流。实际上并未用到如此大数目的流,因为通常需要网络管理员人工管理和设置每条交换路径。

(2)试验:占 3 位,目前保留用作试验,指明服务质量(QoS)。

(3)S:占 1 位,在有标记栈时使用。若标记栈内还有旧的标记,则 S 为 1,否则为 0。

(4)生存时间:占 8 位,指明一个 MPLS 帧还能被转发多少次。每经过一个路由器,TTL 值减 1,当 TTL 值减为 0 时,该 MPLS 帧将被丢弃,从而防止在路由不稳定的情况下该 MPLS 帧在 MPLS 域中兜圈子的现象。

# 习题 5

1. 网络层的主要功能有哪些?

2. 网络层提供了哪两种服务?有何区别?

3. IP 地址分为几类?各有什么特点?

4. 为何只对 IP 数据报首部进行检验,而不对数据部分进行检验?

5. 假设一个网络的子网掩码是 255.255.240.0,则该网络能连接多少台主机?

6. 某公司有 1000 台计算机,组成一个对等局域网,则子网掩码设为多少最合适?

7. 假设有一个总长度(TL)为 800 字节的 IP 数据报,其首部为 20 字节,标识符 ID=3,标志字段 MF=0,DF=0,片偏移 Offset=0。现让该 IP 数据报通过一个最大传送单元为 512 字节的网络,请说明分片的步骤,并写出该 IP 数据报经过此网络时每个分片的 TL、ID、MF 和 Offset 值。

8. 有两台主机,主机 A 的 IP 地址为 188.188.0.111,主机 B 的 IP 地址为 188.188.5.222,子网掩码都设为 255.255.254.0,请问这两台主机在同一个网段内吗?

9. IP 路由选择的顺序是怎样的?

10. 假设网络中路由器 $R_1$ 的路由表包含如下项目:

| 目 标 网 络 | 距　　离 | 下一跳路由器 |
| --- | --- | --- |
| $N_1$ | 4 | $R_2$ |
| $N_2$ | 2 | $R_3$ |
| $N_3$ | 1 | $R_5$ |
| $N_4$ | 4 | $R_6$ |

现在 $R_1$ 收到从 $R_3$ 发来的路由信息,即路由器 $R_3$ 的路由信息如下:

| 目 标 网 络 | 距 离 |
|---|---|
| $N_1$ | 2 |
| $N_2$ | 1 |
| $N_3$ | 3 |
| $N_4$ | 6 |

请说明路由器 $R_1$ 更新后的路由表信息（包括目标网络、距离、下一跳路由器）。

11．RIP 和 OSPF 都是动态选路协议，为什么在 OSPF 报文中有一个校验和字段，而在 RIP 报文中没有？

12．RIP、OSPF 和 BGP 各有什么特点？

13．ICMP 是怎样的一种协议？有何作用？

14．Ping 程序和 Traceroute 程序是 ICMP 的两种典型应用，二者的实现机理有何不同？为什么在执行 Ping 程序和 Traceroute 程序的过程中都涉及 ARP 请求过程？

15．MPLS 协议有哪些主要功能？

# 第6章 运 输 层

运输层是计算机网络体系结构中很关键的一个层次，位于网络层与应用层之间，为应用进程之间提供逻辑通信服务。本章主要讲述运输层提供的服务、端口和套接字的意义，无连接的 UDP 的特点和报文格式，面向连接的 TCP 的特点和报文格式，以及 TCP 的各种机制等内容。

## 6.1 运输层概述

### 6.1.1 运输层的功能

运输层位于计算机网络体系结构的第 4 层，上面是应用层，下面是网络层。网络层实现了 IP 分组的路由选择和转发，也就是网络中主机之间的数据通信，但是不能为实现应用层的各种网络服务功能提供服务。而运输层的主要功能就是为网络中相互通信的主机的应用进程提供完整的端到端的逻辑通信服务，为实现应用层的各种网络服务功能提供服务。运输层是从下向上第一个提供端到端通信功能的层次，是整个网络体系结构中的关键层次之一。

从通信和信息处理的角度看，运输层向上面的应用层提供通信服务，属于面向通信部分的最高层，同时也是用户功能的最低层，如图 6-1 所示。当网络边缘部分的两台主机使用网络核心部分的功能进行端到端的通信时，都要使用协议栈中的运输层，而网络核心部分的路由器在转发分组时都只用到下面三层的功能。

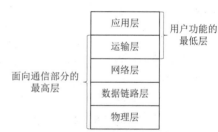

图 6-1　运输层的位置

运输层在网络体系结构中的位置也决定了它的作用。应用程序通常是一个用户进程，它下面的三层（运输层、网络层、数据链路层）则一般在（操作系统）内核中执行。应用层关心的是应用程序的细节，而不是数据在网络中的传输活动。而下面三层（运输层、网络层、数据链路层）对应用程序一无所知，但它们要处理所有的通信细节。因此，对于高层用户而言，运输层主要起屏蔽作用，屏蔽网络核心，建立端到端的逻辑通信信道；对于低层用户而言，运输层主要起管控作用，实现可靠传输、流量控制、拥塞控制、运输连接管理等功能。

下面通过图 6-2 来说明运输层的作用及其与网络层的区别。假设局域网 1（LAN$_1$）上的主机 A 和局域网 2（LAN$_2$）上的主机 B 通过相互连接的广域网进行通信。严格地讲，两台主机进行通信实际上就是两台主机中的应用进程互相通信。IP 虽然能把数据报送到目标主机中，但是这个数据报还停留在主机的网络层而没有交付给主机中的应用进程，而通信的两端应当是两台主机中的应用进程。在一台主机中经常有多个应用进程同时分别和另一台主机中的多个应用进程通信。例如，某用户在使用浏览器查找某投稿网站的信息时，其主机的应用层运行浏览器客户进程。如果在浏览网页的同时，还要用电子邮件给网站发送反馈意见，那么主机的应用层还要运行电子邮件的客户进程。在图 6-2 中，主机 A 的应用进程 AP$_1$ 和主机 B 的应用进程 AP$_3$ 通信，而与此同时，应用进程 AP$_2$ 也和对方的应用进程 AP$_4$ 通信。这表明运输层有一个很重要的功能，即复用和分用。这里的"复用"是指发送方的不同应用进程都可以使用同一个运输层协议传送数据（当然要加上适当的首部），而"分用"是指接收方的运输层在剥去报文的首部后能够把这些数据正确交付给目标应用进程。应用层不同进程的报文通过不同的端口向下交付给运输层，再往下就是公用网络层提供的服务。当这些报文沿着图 6-2 中的虚线到达目标主机后，目标主机的运输层就使用其分用功能，通过不同的端口将报文分别交付给相应的应用进程。图 6-2 中两个运输层之间有一个粗的双向箭头，写明"运输层提供应用进程间的逻辑通信服务"。"逻辑通信"的意思是，应用进程的报文到达运输层后，从效果上看，就好像直接沿水平方向传送到远地的运输层一样。当然，事实上这两个应用进程之间并没有一条水平方向的物理连接，要传送的数据是沿着图 6-2 中的虚线方向传送的。但是由于运输层的存在，应用进程看见的就好像在两个运输层实体之间有一条端到端的逻辑通信信道一样。

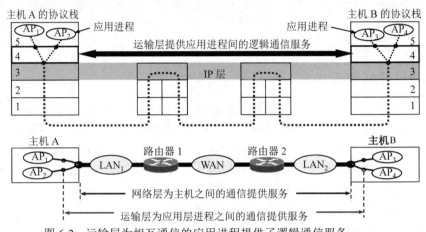

图 6-2　运输层为相互通信的应用进程提供了逻辑通信服务

从上述过程可以看出，网络层和运输层的作用有很大的区别。网络层是为主机之间提供逻辑通信服务，通信的两端是两台主机。而运输层则是为应用进程之间提供端到端的逻辑通信服务，通信的真正端点是主机中的进程。运输层除了复用和分用功能，还具有网络层无法替代的许多其他重要功能，例如，运输层还要对收到的报文进行差错检测。因为 IP 是不可靠的协议，IP 数据报首部中的校验和字段只检查首部是否出现差错而不检查数据部分。

### 6.1.2　运输层协议

根据应用程序的不同要求，计算机网络的运输层主要有两个协议：无连接的用户数据报协议（UDP，User Datagram Protocol）和面向连接的传输控制协议（TCP，Transmission Control Protocol）。这两个协议都是互联网的正式标准，它们所使用的协议数据单元分别为 UDP 用户数据报和 TCP 报文段。

运输层协议为高层用户提供了端到端的数据传输服务，而且屏蔽了下面通信网络的具体细节（如采用的拓扑结构、协议等），它使应用进程看到的好像两个传输实体之间存在着一条端到端的逻辑通信信道一样，但是这条逻辑通信信道由于采用的协议不同，对高层的表现也有很大的差别。当运输层采用面向连接的 TCP 时，尽管下面的网络是不可靠的（只提供尽最大努力的服务），但这种逻辑通信信道就相当于一条全双工的可靠信道。而当运输层采用无连接的 UDP 时，这条逻辑通信信道则是一条不可靠的信道。

UDP 和 TCP 在运行机制方面也存在着明显的差异。UDP 在传送数据之前不需要建立连接，远地主机的运输层在收到 UDP 用户数据报后也不需要给出任何确认。虽然 UDP 不提供可靠交付，但在某些情况下 UDP 却是一种最有效的工作方式，例如，视频会议。

TCP 则是面向连接的，在传送数据之前必须先建立连接，数据传送结束后要释放连接。TCP 不提供广播或多播服务。由于 TCP 要提供可靠的、面向连接的运输服务，因此它比 UDP 要增加很多开销，如确认、流量控制及连接管理等。这不仅使协议数据单元的首部增大很多，还要占用更多的处理机资源。

图 6-3 显示的是运输层协议与其他协议之间的关系。

| 应用 | 域名解析服务 | 动态主机配置 | 简单文件传送 | 路由选择 | ··· | 万维网 | 远程终端接入 | 电子邮件 | 文件传送 | ··· |
|---|---|---|---|---|---|---|---|---|---|---|
| 应用层 | DNS | DHCP | TFTP | 路由选择 | ··· | HTTP | TELNET | SMTP | FTP | ··· |
| 运输层 | UDP | | | | | TCP | | | | |
| 网络层 | ICMP | IGMP | | IP | | | | OSPF | RSVP | |

图 6-3 运输层协议与其他协议之间的关系

## 6.1.3 运输层的端口

运行在主机中的进程是用进程标识符来标识的，但是运行在应用层的各种应用进程却不应该让主机操作系统指派它的进程标识符，这是因为在互联网上使用的主机操作系统种类很多，而不同的操作系统又使用不同格式的进程标识符，因此发送方很有可能无法识别其他主机中的应用进程。为了使运行在不同操作系统的主机中的应用进程能够互相通信，就必须用统一的方法对 TCP/IP 体系中的应用进程进行标识。而且应用进程的创建和撤销都是动态的，有时会改换接收报文的进程，但并不需要通知所有发送方。另外，在实际应用中往往需要利用目标主机提供的功能来识别终点，而不需要知道实现这个功能的进程。

为了解决上述问题，提出在运输层使用协议端口号，通常简称为端口。虽然通信的终点是应用进程，但我们可以把端口想象成通信的终点，因为只要把要传送的报文交到目标主机的某个合适的目标端口后，剩下的工作（最后交付目标进程）就由 TCP 来完成。

运输层端口就是运输层的服务访问点，端口的作用就是让应用层的各种应用进程都能将其数据通过端口向下交付给运输层，并且让运输层知道应当将其报文段中的数据向上通过端口交付给应用层相应的应用进程。从这个意义上讲，端口是用来标识应用层的进程的。

端口可以认为是设备与外界通信交流的出口，分为软件端口和硬件端口。其中软件端口是指计算机内部或交换机、路由器内部的端口，是不可见端口，例如，计算机上的 80 端口、21 端口、23 端口等。硬件端口又称为接口，是可见端口，例如，计算机背板上的 RJ45 端口、电话使用的 RJ11 插口等。

运输层的复用和分用功能通过端口实现。运输层端口用一个 16 位端口号进行标志，允许有 65535 个不同的端口号。端口用来标识一个服务或应用，一台主机可以同时提供多个服务和建立多个连接。端口就是运输层的应用程序接口，应用层的各个进程通过相应的端口才能与运输实体进行交互。端口只具有本地意义，它只是为了标志本主机应用层中的各个应用进程在和运输层交互时的层间接口，在互联网中不同主机的相同端口号是没有关联的。

由此可见，两台主机中的进程要想互相通信，不仅必须知道对方的 IP 地址（为了找到对方的主机），而且还要知道对方的端口号（为了找到主机中的应用程序）。互联网上的主机通信采用的是客户-服务器工作方式，客户在发起通信请求时，必须先知道对方服务器的 IP 地址和端口号。

运输层端口号一般分为三类：服务器端口号、客户端口号和注册端口号。

① 服务器端口号：或称为知名端口号、系统端口号，取值为 0～1023。这些知名端口号由互联网号码分配机构（IANA，Internet Assigned Numbers Authority）来管理。服务器一般都是通过知名端口号来识别的。

② 客户端口号：或称为临时端口号、短暂端口号，取值为 49152～65535。客户端通常对它所使用的端口号并不关心，只需保证该端口号在本机上是唯一的就可以了。这是因为客户端口号通常只有在用户运行该客户进程时才存在，通信结束后，这个端口号可供其他客户进程以后使用。

③ 注册端口号：取值为 1024～49151，为没有知名端口号的应用程序所使用。使用这个范围的端口号必须在 IANA 处登记，以防止重复。其主要用于一些不常用的服务，使用前需注册。

一些常用的端口号及其用途见表 6-1。

表 6-1  常用的端口号及其用途

| 协　　议 | 端　口　号 | 用　　　　途 |
|---|---|---|
| TCP | 20 | FTP 文件传输服务（传数据） |
| TCP | 21 | FTP 文件传输服务（传控制信息） |
| TCP | 23 | Telnet 远程登录服务 |
| TCP | 25 | SMTP 简单邮件传输服务 |
| TCP | 80 | HTTP 超文本传输服务 |
| TCP | 110 | POP3 使用的端口 |
| TCP | 443 | HTTPS 加密的超文本传输服务 |
| UDP | 53 | DNS 域名解析服务 |
| UDP | 69 | TFTP 简单文件传输 |
| UDP | 161 | SNMP 简单网络管理服务 |

## 6.2  用户数据报协议

### 6.2.1  UDP 的主要特点

用户数据报协议（UDP）用于在 IP 提供主机通信的基础上通过端口机制提供进程通信功能。虽然 UDP 和 TCP 处于同一个分层中，但是与 TCP 不同，UDP 只在 IP 数据报服务之上增加了复用和分用的功能，以及差错检测的功能，不提供超时重传、差错重传等功能，也就是说，UDP 是不可靠的协议。UDP 进程的每个输出操作都正好产生一个 UDP 用户数据报，并组装成一个待发送的 IP 数据报。

UDP 具有如下主要特点。

① UDP 是一种无连接的、不可靠的运输层协议。发送数据之前不需要建立连接（当然发送数据结束时也没有连接可释放），因此减少了开销和发送数据之前的时延。UDP 只完成进程到进程的通信，提供有限的差错检验功能。设计一个比较简单的运输层 UDP 的目标是，希望以最小的开销来实现网络环境中的进程通信。如果一个进程打算发送一个很短的报文，同时它对该报文的可靠性要求不高，那么它就可以使用 UDP 来传输。

② UDP 只能尽最大努力交付，不保证可靠交付，因此主机不需要维持复杂的连接状态表。

③ UDP 是面向报文的，应用层交付的是完整的报文，既不合并，也不拆分，而是保留这些报文的边界。因此，应用层必须选择合适的报文长度。如果报文太长，UDP 把它交给网络层后，网络层在传送时可能要进行分片，这会降低网络层的效率。如果报文太短，UDP 把它交给网络层后，会使 IP 数据报的首部相对长度太大，这也降低了网络层的效率。

④ UDP 没有拥塞控制功能，即使网络出现拥塞也不会降低源主机的发送速率，允许在网络

发生拥塞时丢失一些数据，但不允许传送的数据存在较大的时延，这对某些实时应用是很重要的，例如，实时视频会议、IP电话等。

⑤ UDP支持一对一、一对多、多对一和多对多的交互通信。

⑥ UDP用户数据报的首部只有8字节，比TCP报文段的20字节首部要短，因此减少了通信开销。

虽然某些实时应用需要使用没有拥塞控制的UDP，但是当很多源主机同时都向网络发送数据（如高速率实时视频流）时，网络就有可能发生拥塞，从而使用户都无法正常接收。因此，不使用拥塞控制功能的UDP有可能会引起网络产生严重的拥塞问题。另外，还有一些使用UDP的实时应用，需要对UDP的不可靠传输进行适当改进，以减少数据的丢失。在这种情况下，应用本身可以在不影响应用实时性的前提下，增加一些提高可靠性的措施，例如，采用前向纠错或重传等。

UDP适用于发送短报文又不关心其可靠性的场合，例如，在客户-服务器模式下，客户向服务器发送一个短的请求，并期望得到一个短的应答。如果请求丢失或者应答丢失的话，客户会因为超时而重传，那么这个开销要比建立和释放连接小得多。应用层的RIP、DNS、SNMP等协议都使用UDP，UDP也适用于具有流量控制和差错控制机制的应用层协议，如TFTP。

### 6.2.2 UDP用户数据报格式

UDP用户数据报由首部和数据部分组成，如图6-4所示。其中首部的长度固定为8字节，包括源端口、目标端口、长度与校验和4个字段。各字段的含义如下。

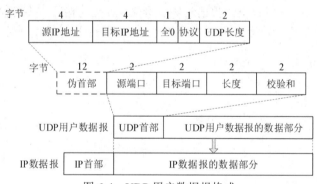

图6-4　UDP用户数据报格式

（1）源端口：占2字节，是源主机上运行的进程使用的端口号，在需要对方回信时选用，不需要回信时可用全0。在一般情况下，如果源主机是客户端，这个端口号就是临时端口号；如果源主机是服务器，源端口通常就是知名端口号。

（2）目标端口：占2字节，是目标主机上运行的进程的端口号，与源端口相对应。在一般情况下，如果目标主机是服务器，这个端口号就是知名端口号；如果目标主机是客户端，目标端口就是临时端口号。

（3）长度：占2字节，指明包括首部在内的UDP用户数据报的总长度（包括首部和数据，以字节为单位），最小值为8。该字段的作用只是便于目标端的UDP从用户数据报提供的信息中计算出数据长度。

（4）校验和：占2字节，这是一个可选的选项，并不是所有的系统都会对UDP用户数据报添加校验和数据（这是相对于TCP的必须来说的）。但是，RFC标准要求，发送端应该计算校验和。该字段用于检验UDP用户数据报在传输中是否存在差错，校验和的范围是整个UDP用户数据报（包括首部和数据部分）。必须指出的是，UDP 校验和的计算与 IP 和 ICMP 校验和的计算不同，在计算校验和时，要在 UDP 用户数据报之前加上 12 字节的伪首部。所谓伪首部，是因为这种首部并不是 UDP 用户数据报真正的首部，只在计算校验和时临时添加在 UDP 用户数据报前面，构成一个临时的 UDP 用户数据报。伪首部的信息是从 IP 数据报首部中提取的，包括 5 个字段：源 IP 地址（4 字节）、目标 IP 地址（4 字节），全 0（1 字节）、协议（UDP=17）（1 字节）和 UDP 长度（2 字节）。伪首部既不向下传送也不向上递交，仅仅是为计算校验和而设置的。

UDP 校验和的具体计算方法与 IP 首部校验和的相似，所不同的就是，UDP 校验和是把首部和数据部分一起检验。校验和的计算过程概述如下。

在发送端，首先将伪首部添加到 UDP 用户数据报前面，将校验和字段置为全 0，然后把伪首部及 UDP 用户数据报的所有位按 16 位一组进行划分，如果 UDP 用户数据报的数据部分的字节数不是偶数，则要用全 0 字节进行填充（此填充字节只用于校验和计算，不发送）。接下来按二进制反码计算出这些 16 位的字的和，并取其反码写入校验和字段。然后去掉伪首部和填充字节，把 UDP 用户数据报交付给 IP 软件进行封装。

在接收端，将收到的 UDP 用户数据报连同伪首部以及可能填充的全 0 字节一起按二进制反码求这些 16 位的字的和，若结果为全 1 则表明无传输差错，否则表明有差错，接收端应丢弃这个 UDP 用户数据报（也可以上交给应用层，但需要附上出现差错的警告）。

# 6.3　传输控制协议

传输控制协议（TCP）是面向连接的运输层协议，在无连接的、不可靠的 IP 网络服务基础之上提供可靠交付的服务。为此，在 IP 数据报服务基础之上增加了保证可靠性的一系列措施。

## 6.3.1　TCP 概述

### 1. TCP 的主要特点

（1）TCP 是面向连接的协议。在进行实际数据流传输之前，必须在源进程和目标进程之间建立传输连接，一旦连接建立之后，通信的两个进程就可以在这个连接上发送和接收数据流。应用进程通过传输连接可以实现顺序、无差错、不重复和无报文丢失的流传输。在一次进程数据交互结束时，释放传输连接。

（2）TCP 实现点对点通信。每条 TCP 连接只能有两个端点，只能进行点对点（一对一）的通信。目前，TCP 不支持组播或广播。

（3）TCP 提供可靠交付的服务。通过 TCP 连接传送数据，不会出现差错、丢失、重复、失序等现象。

（4）TCP 提供全双工通信。全双工意味着可以同时进行双向数据的传输。在两个应用进程传输连接建立后，客户与服务器进程可以同时发送和接收数据流。TCP 在发送端和接收端都使用缓存机制：发送缓存用来存储进程准备发送的数据；在收到报文段之后，将它们存储在接收缓存中，等待接收进程读取发送端传送过来的数据。

（5）TCP 是面向字节流的协议。TCP 中的流（stream）是指流入或流出应用进程的字节序列。面向字节流的意思是，虽然应用进程和 TCP 的交互是一次一个数据块，但 TCP 把应用进程交下来的数据看成仅仅是一连串无结构的字节流。TCP 不保证接收端应用进程所收到的数据块和发送端应用进程所发出的数据块具有对应大小的关系，但接收端应用进程收到的字节流必须和发送端应用进程发出的字节流完全一样。

图 6-5 给出的是 TCP 面向流的概念示意图。TCP 连接是一条虚连接（也就是逻辑连接），在发送端，TCP 将应用层传送下来的数据加上首部信息，构成 TCP 报文段，传送到网络层，加上 IP 首部，再传送到数据链路层，再加上数据链路层的首部和尾部，之后才离开主机发送到物理链路中。TCP 在封装时，不关心应用进程一次把多长的报文发送到 TCP 缓存中，它只是根据对方给出的窗口值和当前网络拥塞的程度来决定一个报文段应包含多少字节。如果应用进程传送到 TCP 缓存中的数据块太长，TCP 就可以把它划分得短一些再传送。如果应用进程一次只发来 1 字节，TCP 也可以等待积累到足够多的字节后再构成报文段传送出去。

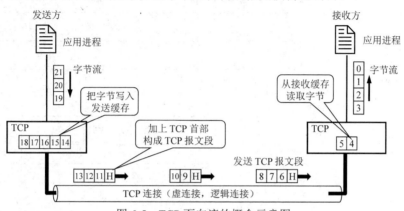

图 6-5　TCP 面向流的概念示意图

## 2. TCP 连接

运输层协议实现应用进程间端到端的通信，主机中的不同进程可能同时进行通信，并使用端口号进行区分。TCP 把连接作为最基本的抽象，每条 TCP 连接有两个端点，TCP 连接的端点不是主机，不是主机的 IP 地址，不是应用进程，也不是运输层的协议端口。TCP 连接的端点称为套接字（Socket）或套接口、插口，由网络地址和端口号组合构成。其表示方法是，在点分十进制数的 IP 地址后加上端口号，中间用冒号或逗号隔开，即

$$\text{套接字} ::= (\text{IP 地址:端口号}) \tag{6-1}$$

每条 TCP 连接唯一地被通信两端的两个端点（两个套接字）所确定，即

$$\text{TCP 连接} ::= \{socket_1, socket_2\} = \{(IP_1: port_1), (IP_2: port_2)\} \tag{6-2}$$

式中，$socket_1$ 和 $socket_2$ 是这条 TCP 传输连接的两个套接字，$IP_1$ 和 $IP_2$ 分别表示两个端点主机的 IP 地址，$port_1$ 和 $port_2$ 分别是两个端点主机的端口号。

总之，TCP 连接是协议软件提供的一种抽象，是为两个进程之间通信而建立的一条 TCP 连接，其端点是套接字，即（IP 地址:端口号）。鉴于运输层具有支持多个进程通信的功能，因此同一个 IP 地址可以有多条不同的 TCP 连接，而同一个端口号也可以出现在多个不同的 TCP 连接中。

## 3. TCP 报文段格式

TCP 使用的协议数据单元是 TCP 报文段。TCP 报文段由首部和数据部分组成，如图 6-6 所示。TCP 首部的前 20 字节是固定的，称为 TCP 固定首部，后面有 $4n$（$n$ 为整数）字节的选项部分，因此，TCP 报文首部的最小长度是 20 字节。数据部分包括一块应用数据，数据部分有大小限制，当 TCP 发送一个大文件（例如某 Web 页面上的一幅图像）时，通常会将文件划分成固定长度的若干块。

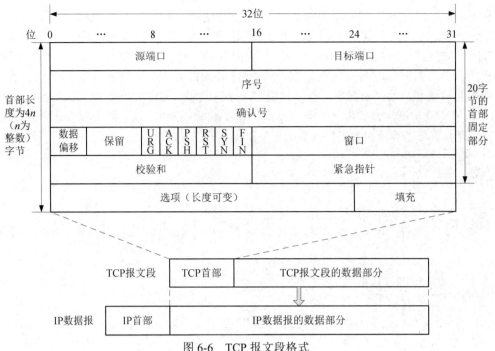

图 6-6　TCP 报文段格式

TCP 报文段首部固定部分中各字段说明如下。

（1）源端口和目标端口：各占 2 字节。这两个字段分别填入发送该报文段应用进程的源端口号和接收该报文段应用进程的目标端口号。

（2）序号：占 4 字节。TCP 是面向字节流的，在一个 TCP 连接中传送的字节流中的每字节都被按顺序编上一个序号，要传送的字节流的起始序号必须在连接建立时设置，首部中的序号字段则是本报文段所发送的数据的第一字节的序号。序号范围是 $[0, 2^{32}-1]$，共 $2^{32}$（4 294 967 296）个序号。当序号增加到 $2^{32}-1$ 后，下一个序号就又回到 0，也就是说，序号使用模 $2^{32}$ 运算。例如，一个报文段的序号为 201，携带的数据有 300 字节，这表明本报文段的第一字节的序号是 201，最后一字节的序号是 500，那么下一个报文段的序号就应当从 501 开始。

（3）确认号：占 4 字节。表示期望收到对方下一个报文段的第一字节的序号。例如，接收端已正确接收了发送端发送的序号为 201 的报文段，携带的数据有 300 字节（序号为 201～500），这表明接收端正确接收了发送端发送的、到序号 500 为止的数据，因此接收端期望收到发送端发送的下一个报文段的序号是 501，于是接收端在给发送端发送的确认报文段中将确认号置为 501。需要说明的是，TCP 采用捎带技术，通常会在发送的数据中捎带给对方的确认信息。

（4）数据偏移：占 4 位，又称为首部长度。这个字段指出报文段的数据起始处距离报文段起始处的距离。由于首部中还有长度不确定的选项字段，因此数据偏移字段是必需的。数据偏移的单位是 32 位字（以 4 字节为计算单位）。由于 4 位二进制数能够表示的最大十进制数是 15，因此数据偏移的最大值是 60 字节，也就是说，报文段首部的最大长度是 60 字节，其中选项字段的长度不能超过 40 字节。

（5）保留：占 6 位。保留为今后使用，目前应置为 0。

（6）URG（紧急）：占 1 位。当 URG=1 时，表明紧急指针字段有效。它告诉系统此报文段中有紧急数据，应尽快传送（相当于高优先级的数据），不要按原来的排队顺序来传送。例如，已经发送了很长的一个程序要在远地主机上运行，但后来发现了一些问题，需要取消该程序的运行，因此用户从键盘发出中断命令（Control+C 组合键）。如果不使用紧急数据，那么这两个字符将存储在接收端 TCP 的缓存末尾，只有在所有的数据被处理完毕后这两个字符才被交付接收端的应用进程，这样做就浪费了很多时间。当 URG 置 1 时，发送端的应用进程就告诉发送端的 TCP 有紧急数据要传送，于是发送端的 TCP 就把紧急数据插入本报文段数据的最前面，而在紧急数据后面的数据仍是普通数据。这要与首部的紧急指针字段配合使用。紧急指针指出在本报文段中的紧急数据最后一字节的序号，使接收方知道紧急数据共有多少字节。紧急数据到达接收端后，当所有紧急数据都被处理完时，TCP 就告诉应用进程恢复正常操作。值得注意的是，即使窗口字段为 0 时也可发送紧急数据。

（7）ACK（确认）：占 1 位。只有当 ACK=1 时确认号字段才有效，当 ACK=0 时确认号字段无效。

（8）PSH（推送）：占 1 位。当两个应用进程进行文互式的通信时，有时一端的应用进程希望在输入一个命令后立即就能够收到对方的响应。在这种情况下，TCP 就可以使用推送操作。这时，发送端 TCP 将 PSH 置 1，并立即创建一个报文段发送出去。接收端 TCP 收到 PSH=1 的报文段，就尽快（推送向前）交付给接收端应用进程，而不再等到整个缓存都填满了后再向上交付。PSH 也可称为急迫位。虽然可以选择推送操作，但很少使用它，TCP 可以选择或不选择这个操作。

（9）RST（复位）：占 1 位，也称为重建位或重置位。当 RST=1 时，表明 TCP 连接中出现严重差错（如主机崩溃或其他原因），必须释放连接，然后再重新建立运输连接。复位位还用来拒绝一个非法的报文段或拒绝打开一个连接。

（10）SYN（同步）：占 1 位。在连接建立时用来同步序号。当 SYN=1 而 ACK=0 时，表明这是一个连接请求报文段。若对方同意建立连接，则应在响应的报文段中使 SYN=1 和 ACK=1。因此，SYN 置为 1 就表示这是一个连接请求或连接接受报文。

（11）FIN（终止）：占 1 位，用来释放一个连接。当 FIN=1 时，表明此报文段的发送端的数据已发送完毕，并要求释放连接。

（12）窗口：占 2 字节。窗口字段用来控制对方发送的数据量，单位为字节。众所周知，计算机网络经常用接收端的接收能力的大小来控制发送端的数据发送量，TCP 连接也是这样的。TCP 连接的一端根据自己缓存空间的大小确定自己的接收窗口大小，然后通知对方来确定对方的发送窗口大小。假设 TCP 连接的两端是 A 和 B。若 A 确定自己的接收窗口大小为 rwnd，则将 rwnd 的数值写在 A 发送给 B 的报文段的窗口字段中，这就是告诉 B 的 TCP，"你（B）在未收到我（A）的确认时所能够发送的数据量就是从本首部中确认号开始的 rwnd 字节"。因此 A 所确定的 rwnd 是 A 的接收窗口大小，同时也就是 B 的发送窗口大小。例如，A 发送的报文段首部中的 rwnd=500，确认号为 201，则表明 B 可以在未收到确认的情况下，向 A 发送序号为 201～700 的数据。B 在收到此报文段后，就以 rwnd 作为 B 的发送窗口大小。但应注意，B 所发送的报文段中的窗口字段则根据 B 的接收能力来确定 A 的发送窗口大小。

（13）校验和：占 2 字节。这个字段检验的范围包括首部和数据两部分。与 UDP 用户数据报一样，在计算校验和时要在 TCP 报文段的前面加上 12 字节的伪首部。伪首部的格式与图 6-4 中 UDP 用户数据报的伪首部一样，但应将伪首部协议字段中的 17 改为 6（TCP 的协议号是 6），将 UDP 长度字段改为 TCP 长度字段。接收端收到此报文段后，仍要加上这个伪首部来计算校验和。若使用 IPv6，则相应的伪首部也要改变。

（14）紧急指针：占 2 字节。紧急指针仅在 URG=1 时才有意义，它指出本报文段中紧急数据的字节数（紧急数据结束后就是普通数据）。也就是说，紧急指针指出了紧急数据的末尾在报文段中的位置。当所有紧急数据都处理完时，TCP 就告诉应用进程恢复正常操作。

（15）选项与填充：选项长度可变，填充的目的是使整个 TCP 首部长度是 4 字节的整数倍。选项与填充之和最长为 40 字节。当没有使用选项字段时，TCP 报文段的首部长度是 20 字节。

TCP 最初只规定了一种选项——最大报文段长度（MSS，Maximum Segment Size），即 TCP 报文段中数据部分的最大长度。数据部分加上 TCP 首部才等于整个的 TCP 报文段。所以，MSS 是"TCP 报文段长度减去 TCP 首部长度"。MSS 告诉对方 TCP，"我的缓存所能接收的报文段的数据部分的最大长度是 MSS"。

对 MSS 大小的规定并不考虑接收端接收缓存可能存放的 TCP 报文段中的数据，而是要使 TCP 报文段的数据部分占有较高的比例。如果选择较小的 MSS，那么网络的利用率就会降低。假设在极端情况下，即当 TCP 报文段中只含有 1 字节数据时，在网络层传输的数据报的开销至少有 40 字节（包括 TCP 报文段的首部和 IP 数据报的首部）。这样，网络的利用率就不会超过 1/41，而且到数据链路层还要加上一些开销。如果 TCP 报文段过长，那么在网络层传输时就有可能要分解成多个短数据报片，在目标端要将收到的各个短数据报片重组成原来的 TCP 报文段；如果传输出错，还要进行重传。这些都会使开销增大。一般认为，MSS 应尽可能大一些，使数据报在网络层传输时不需要再分片就可以。在连接建立的过程中，双方都将自己能够支持的 MSS 写入这一字段。在以后的数据传送阶段，MSS 取其中较小的那个数值。如果未填写这个字段，则 MSS 的默认值是 536 字节。因此，所有互联网上的主机都应能接受的报文段长度为 536+20=556 字节。

### 6.3.2　TCP 连接管理

TCP 是面向连接的协议，连接是用来传送 TCP 报文段的。在每次面向连接的通信中，TCP 连接的建立和释放都是必不可少的两个过程。连接有三个阶段：连接建立、数据传输和连接释放。连接管理的目的就是要保证运输连接的建立和释放均能正常地进行。

在建立 TCP 连接时，要解决三个问题：① 要使每一方均能够确知对方的存在；② 要允许双方协商一些参数（如最大窗口值、是否使用窗口扩大选项和时间戳选项及服务质量等）；③ 能够对运输实体的资源（如缓存大小、连接表中的项目等）进行分配。

TCP 连接的建立采用客户-服务器方式，主动发起连接建立的应用进程称为客户，而被动等待连接建立的应用进程称为服务器。

（1）TCP 连接的建立

TCP 连接建立的过程如图 6-7 所示。

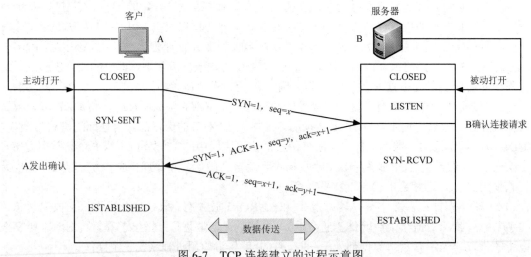

图 6-7　TCP 连接建立的过程示意图

假设主机 A 运行 TCP 客户程序，主机 B 运行 TCP 服务器程序，最初两台主机的 TCP 进程都处于关闭（CLOSED）状态。在本例中，A 主动打开连接，而 B 则是被动打开连接的。

B 的 TCP 服务器先创建传输控制块（TCB，Transmission Control Block），准备接收来自客户的连接请求，然后服务器就进入收听（LISTEN）状态，不断检测是否有客户发出连接请求。如果有，就立即做出响应。

A 的 TCP 客户也是首先创建 TCB，并向其 TCP 发出主动打开命令，表示要向某个 IP 地址的指定服务器建立运输连接。当 A 打算与 B 建立 TCP 连接时，A 的 TCP 客户向 B 的 TCP 服务器发出连接请求报文段，其首部中的 SYN=1，同时选择一个初始序号 $x$，则 seq=$x$。TCP 标准规定，SYN=1 的报文段不能携带数据，但要分配一个序号。这时，TCP 客户进入同步已发送（SYN-SENT）状态。

B 收到连接请求报文段后，如果同意建立连接，则向 A 发送确认报文段。在确认报文段首部中应把 SYN 和 ACK 都置为 1，确认号是 ack=$x+1$，同时也为自己选择一个初始序号 seq=$y$。请注意，这个报文段也不能携带数据，但同样要分配一个序号。这时，TCP 服务器进入同步收到（SYN-RCVD）状态。

A 的 TCP 客户收到 B 的确认报文段后，还要向 B 回送确认报文段。确认报文段首部中的 ACK 置为 1，序号为 $y$，确认号 ack=$y+1$，而 A 自己的序号 seq=$x+1$。TCP 标准规定，ACK 报文段可以携带数据。但是如果不携带数据，则不分配序号。在这种情况下，下一个数据报文段的序号仍是 seq=$x+1$。这时，TCP 连接已建立，A 进入已建立连接（ESTABLISHED）状态。

当 B 收到 A 的确认报文段后，也进入 ESTABLISHED 状态。

上述 TCP 建立连接的过程称为三报文握手，即在客户和服务器之间交换三个 TCP 报文段（请求—确认—再确认）。A 之所以要在收到 B 回送的确认报文段后再发送一次确认，主要是为了防止已失效的连接请求报文段突然又传送到了 B，从而产生错误。

已失效的连接请求报文段是怎样产生的呢？考虑一种正常情况，A 发出连接请求，但因连接请求报文段丢失而未收到确认，于是 A 会再重传一次连接请求。后来 A 收到了确认，建立了连接。数据传输完毕后，释放连接。A 共发送了两个连接请求报文段，其中第一个连接请求报文段丢失，第二个连接请求报文段到达了 B，没有"已失效的连接请求报文段"。

现在假设出现了一种异常情况，即 A 发出的第一个连接请求报文段并没有丢失，而是在某些网络节点滞留的时间过长，以致延误到连接释放以后的某个时间才到达 B。其实，这已是一个失效的连接请求报文段，但 B 收到此失效的连接请求报文段后却误认为是 A 又发出了一个新的连接请求，于是就向 A 发出确认报文段，同意建立连接。如果不采用报文握手，那么只要 B 发出了确认，新的连接就建立了。但实际上 A 并没有发出建立连接的请求，因此不会理会 B 的确认，也不会向 B 发送数据。而 B 却以为新的连接已经建立了，并一直等待 A 发送数据，这样就白白浪费了 B 的许多资源。采用三报文握手方式可以防止上述现象的发生，例如，在刚才的异常情况下，A 不会向 B 的确认发出确认，B 由于收不到确认就知道 A 并没有要求建立新连接。

（2）TCP 连接的释放

TCP 连接建立后，接着进行数据传输。数据传输结束后，通信的任何一方都可以发出释放连接的请求，要求终止本次连接。与连接建立过程相比，连接释放过程比较复杂。TCP 连接释放的过程如图 6-8 所示。

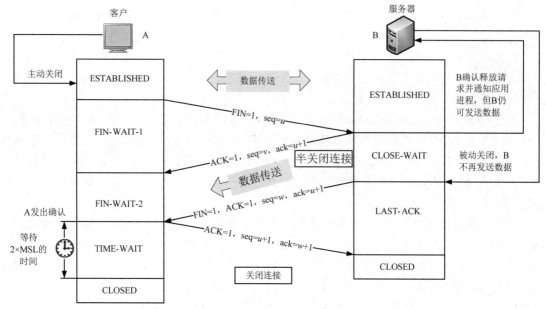

图 6-8    TCP 连接释放的过程示意图

在图 6-8 中，主机 A 和主机 B 均处于 ESTABLISHED 状态。A 的应用进程先向其 TCP 发出连接释放报文段，并停止再次发送数据，主动关闭 TCP 连接。A 把连接释放报文段首部的终止位 FIN 置为 1，其序号为 $u$，则 seq=$u$，该序号值等于前面已传送过的数据的最后一字节的序号加 1。这时 A 进入终止等待 1（FIN-WAIT-1）状态，等待 B 的确认。TCP 标准规定，FIN=1 的报文段即使不携带数据也要分配一个序号。

B 收到连接释放报文段后即发出确认报文段，确认号为 ack=$u$+1，这个确认报文段自己的序号为 $v$，等于 B 前面已传送过的数据的最后一字节的序号加 1，然后 B 就进入关闭等待（CLOSE-WAIT）状态，这时 TCP 服务器应通知高层应用进程，因而从 A 到 B 这个方向的连接就释放了，此时的 TCP 连接处于半关闭（HALF-CLOSE）状态，即 A 已经没有数据要发送了，但 B 如果要发送数据，A 仍要接收。也就是说，从 B 到 A 这个方向的连接并未关闭，这个状态可能会持续一段时间。

A 收到来自 B 的确认后，就进入终止等待 2（FIN-WAIT-2）状态，等待 B 发出的连接释放报文段。

如果 B 已经没有数据要发送给 A 了，它的应用进程就通知 TCP 释放连接，这时 B 发出的连接释放报文段首部中的 FIN=1。现假设 B 的序号为 $w$（在半关闭状态下，B 可能又发送了一些数据），那么 B 还必须重复上次已发送过的确认号 ack=$u$+1，这时 B 就进入最后确认（LAST-ACK）状态，等待 A 的确认。

A 在收到 B 的连接释放报文段后，必须回送确认报文段。在确认报文段中把 ACK 置为 1，确认号 ack=$w$+1，而自己的序号是 seq=$u$+1（根据 TCP 标准，前面发送过的 FIN=1 报文段要分配一个序号），然后进入时间等待（TIME-WAIT）状态。此时，TCP 连接还没有释放掉，必须等待时间等待计时器（TIME-WAIT timer）设置的 2×MSL 时间后，A 才进入 CLOSED 状态。MSL 为最长报文段寿命（Maximum Segment Lifetime）。RFC 793 建议将 MSL 设为 2 分钟，但这完全是从工程上来考虑的，对于现在的网络，MSL 设为 2 分钟可能太长了一些，因此 TCP 标准允许不同的实现可根据具体情况使用更小的 MSL 值，实际应用中常用的是 30 秒、1 分钟和 2 分钟等。从 A 进入 TIME-WAIT 状态后要经过 4 分钟（MSL=2）才能进入 CLOSED 状态，然后才能开始建立下一个新的连接。当 A 撤销相应的 TCB 后，就结束了这次 TCP 连接。

A 之所以在 TIME-WAIT 状态下必须等待 2×MSL 的时间，主要有以下两个原因。

① 为了保证 A 发送的最后一个 ACK 报文段能够到达 B。这个 ACK 报文段有可能丢失，从而使处在 LAST-ACK 状态下的 B 收不到对已发送的 FIN+ACK 报文段的确认。B 会超时重传这个 FIN+ACK 报文段，而 A 就能在 2×MSL 时间内收到这个重传的 FIN+ACK 报文段。接着，A 重传一次确认报文段，重新启动时间等待计时器。最后，A 和 B 都正常进入 CLOSED 状态。如果 A 在 TIME-WAIT 状态下不等待一段时间，而是在发送完 ACK 报文段后立即释放连接，那么就无法收到 B 重传的 FIN+ACK 报文段，也不会再发送一次确认报文段，这样 B 就无法按照正常步骤进入 CLOSED 状态。

② 为了防止已失效的连接请求报文段出现在本连接中。A 在发送完最后一个 ACK 报文段后，再等待 2×MSL 时间后就可以使本连接持续的时间内所产生的所有报文段都从网络中消失，这样就可以使下一个新的连接中不会出现这种旧的连接请求报文段。B 只要收到了 A 发出的确认报文段就进入 CLOSED 状态，同样地，B 在撤销相应的 TCB 后就结束了这次 TCP 连接，而且 B 结束 TCP 连接的时间要比 A 早一些。

上述 TCP 连接释放的过程是四报文握手。

除时间等待计时器外，TCP 还设有一个保活计时器（keepalive timer）。考虑这样一种情况：客户已主动与服务器建立了 TCP 连接，但后来客户的主机突然出现了故障，这样服务器以后就不能再收到客户发来的数据，因此需要采取一些措施不使服务器白白浪费资源，这样就设置了保活计时器。服务器每收到一次客户的数据就重新设置保活计时器，设置的时间通常是 2 小时。如果 2 小时没有收到客户的数据，服务器就发送一个探测报文段，以后则每隔 75 秒发送一次。如果一连发送 10 个探测报文段后仍没有收到客户的响应，服务器就认为客户的主机出了故障，接着就关闭这个连接。

③ TCP 的有限状态机

TCP 连接的建立和释放过程可以用一个有限状态机来描述，该状态机有 11 种可能的状态，见表 6-2。

表 6-2　TCP 连接管理有限状态机的状态

| 名　　称 | 说　　明 |
| --- | --- |
| CLOSED | 没有连接 |
| LISTEN | 服务器正在等待连接请求的到来 |
| SYN-RCVD | 一个连接请求已到达，等待 ACK |
| SYN-SENT | 应用进程已经开始打开连接 |
| ESTABLISHED | 正常的数据传送状态 |
| FIN-WAIT-1 | 应用进程表示它已经结束连接 |
| FIN-WAIT-2 | 对端已经同意释放连接 |
| TIME-WAIT | 等待所有的报文段传送完 |
| CLOSING | 双方试图同时关闭连接 |
| CLOSE-WAIT | 对端已经发起释放连接的过程 |
| LAST-ACK | 等待所有的报文段传送完 |

TCP 连接管理有限状态机描述了所有连接可能处于的状态及其变迁，如图 6-9 所示。图中

一个方框表示的就是 TCP 可能具有的一种状态，方框中的大写英文字母字符串是 TCP 标准所使用的 TCP 连接状态名；状态之间的箭头表示可能发生的状态变迁，箭头旁边的字表明引起这种变迁的原因，或表明发生状态变迁后又出现什么动作。图中有三种不同的箭头，粗实线箭头表示对客户的正常变迁，粗虚线箭头表示对服务器的正常变迁，细线箭头表示异常变迁。

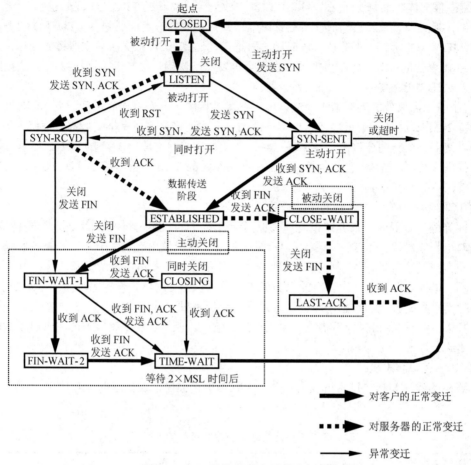

图 6-9　TCP 连接管理有限状态机示意图

### 6.3.3　TCP 传输控制

TCP 发送的报文段要交给网络层进行传输，但网络层只能尽最大努力提供服务，也就是说，TCP 下面的网络提供的是不可靠的传输，因此 TCP 必须采用适当的可靠传输机制才能使两个运输层之间的通信变得可靠。

#### 1．可靠传输

在理想传输条件下，传输信道不会产生差错，而且不管发送方以多快的速度发送数据，接收方总能及时地处理收到的数据。在这样的理想传输条件下，不需要采取任何措施就能够实现可靠传输。但是，实际的网络基本都不具备这样的理想条件。为了实现可靠传输，可以使用一些可靠传输协议，当出现差错时让发送方重传出现差错的数据，同时在接收方来不及处理收到的数据时及时告知发送方适当降低发送数据的速度，这样就能使本来不可靠的传输信道实现可靠传输了。

自动重传请求（ARQ，Automatic Repeat-reQuest，）是运输层使用的一种纠错协议，它使用确认和超时这两个机制在不可靠服务的基础上实现可靠的信息传输。如果发送方在发送后一段时间之内没有收到确认分组，它通常会重新发送。重传的请求是自动进行的，接收方不需要请求发送方重传某个出错的分组。ARQ 协议包括停止等待协议和连续 ARQ 协议。由于本节讨论的是可靠传输原理，因此把传送的数据单元统称为分组，而不考虑数据是在哪一个层次上传送的。

（1）停止等待协议

停止等待协议的基本原理就是每发完一个分组就停止发送，等待对方确认（回复 ACK）。如果过了一段时间（超时）后，还是没有收到 ACK，就表明没有发送成功，需要重新发送，直到收到 ACK 后再发下一个分组。下面借助图 6-10 来说明停止等待协议的工作原理。

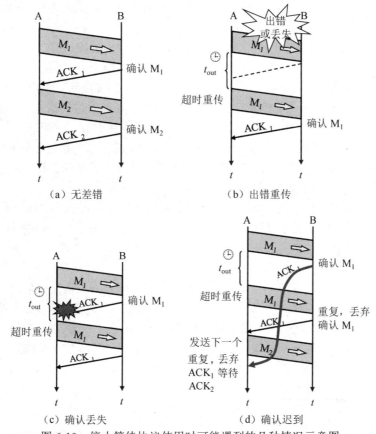

图 6-10　停止等待协议使用时可能遇到的几种情况示意图

图 6-10（a）给出的是分组在传输过程中无差错的情况。A 向 B 发送分组 $M_1$，发完就暂停发送，等待 B 的确认。B 收到了 $M_1$ 后就向 A 发送确认。A 在收到了对 $M_1$ 的确认后，再发送下一个分组 $M_2$。同样地，A 在收到 B 对 $M_2$ 的确认后，再发送 $M_3$。

图 6-10（b）给出的是分组在传输过程中出现差错后重传的情况。B 接收 $M_1$ 时检测到出了差错，就丢弃 $M_1$，其他什么也不做（不通知 A 收到有差错的分组）；也可能是 $M_1$ 在传输过程中丢失了，这时 B 当然什么都不知道。在这两种情况下，B 都不会发送任何信息。可靠传输协议是这样设计的：A 只要超过了一段时间仍然没有收到确认，就认为刚才发送的分组丢失了，因此要重传前面已发送过的分组，这称为超时重传。要实现超时重传，就要在每发送完一个分组后设置一个超时计时器。如果在超时计时器到期之前收到了对方的确认，就撤销已设置的超时

计时器。其实在图 6-10（a）中 A 为每个已发送的分组都设置了一个超时计时器，A 只要在超时计时器到期之前收到了相应的确认，就撤销该超时计时器。为简单起见，省略了这些细节。

这里应注意三个问题：① A 在发送完一个分组后必须暂时保留已发送的分组的副本（在发生超时重传时使用），只有在收到相应的确认后才能清除分组副本；② 分组和确认分组都必须进行编号，这样才能明确发送出去的哪一个分组收到了确认，而哪一个分组还没有收到确认；③ 超时计时器设置的重传时间应当比分组传输的平均往返时间更长些。图 6-10（b）中的虚线表示如果 $M_1$ 正确到达 B、同时 A 也正确收到确认的过程，可见重传时间应设定为比平均往返时间更长一些。显然，如果重传时间设定得很长，那么通信的效率就会很低。但是如果重传时间设定得太短，就会产生不必要的重传，从而浪费了网络资源。在运输层重传时间的准确设定是非常复杂的，这是因为已发送出的分组到底会经过哪些网络，以及这些网络将会产生多大的时延（这取决于这些网络当时的拥塞情况），这些都是不确定的。为方便阐述，图 6-10 中把往返时间看作一个固定值（但这并不符合网络的实际情况）。

图 6-10（c）给出的是确认丢失的情况。B 所发送的对 $M_1$ 的确认丢失了，A 在设定的超时重传时间内没有收到确认，并且无法知道是自己发送的分组出错了、丢失了，还是 B 发送的确认丢失了，因此 A 在超时计时器到期后就要重传 $M_1$。如果 B 又收到了重传的分组 $M_1$，这时 B 应该丢弃这个重复的分组 $M_1$，不将其向上层交付，而且要向 A 发送确认。B 不能认为已经发送过确认就不再发送，因为 A 之所以重传 $M_1$ 就表示 A 没有收到对 $M_1$ 的确认。

图 6-10（d）给出的是确认迟到的情况。传输过程中没有出现差错，但是 B 对 $M_1$ 的确认迟到了，这样 A 就会收到重复的确认，对重复确认的处理就是收下后就丢弃。B 也会收到重复的 $M_1$，并且同样要丢弃重复的 $M_1$，并重传确认分组。

使用上述确认和重传机制就可以在不可靠的传输网络上实现可靠的通信。通常，A 最终总是可以收到对所有发出的分组的确认，如果 A 不断重传分组但总是收不到确认，就说明通信线路太差，不能进行通信。

（2）连续 ARQ 协议

停止等待协议的优点是简单，但缺点是信道利用率太低。为了提高传输效率，可以使用连续 ARQ 协议。连续 ARQ 协议是指发送方维持一个一定大小的发送窗口，位于发送窗口内的所有的分组都可以连续地发送出去，中途不需要等待对方的确认。连续 ARQ 协议使用滑动窗口协议控制发送方和接收方所能发送和接收的分组的数量与编号，每收到一个确认，发送方就把发送窗口向前滑动一个分组的位置，其工作原理如图 6-11 所示。

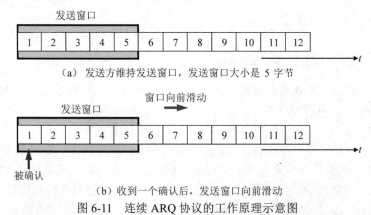

图 6-11　连续 ARQ 协议的工作原理示意图

图 6-11（a）给出的是发送方维持发送窗口的示意图，由图可见，位于发送窗口内的 5 个分

组都可以连续发送出去，而不需要等待对方的确认。这样，信道利用率就提高了。在讨论滑动窗口时，应当注意到，图中还有一个时间坐标，按照习惯，向前是指向着时间增大的方向，向后则是指向着时间减小的方向。分组发送按照分组序号从小到大发送。

连续 ARQ 协议规定，发送方每收到一个确认就把发送窗口向前滑动一个分组的位置。图 6-11（b）表示发送方收到了对第一个分组的确认，于是就把发送窗口向前移动一个分组的位置。如果原来已经发送了 5 个分组，那么现在就可以发送窗口内的第 6 个分组了。

① 以字节为单位的窗口滑动

TCP 的滑动窗口是以字节为单位的。假设 A 收到了 B 发来的确认报文段，其中窗口大小是 20 字节，而确认号是 16（这表明 B 期望收到的下一个序号是 16，而到序号 15 为止的数据均已收到）。根据这两个数据，A 就构造出自己的发送窗口，如图 6-12 所示。

图 6-12　A 根据 B 给出的窗口大小构造自己的发送窗口示意图

先来看发送方 A 的发送窗口。发送窗口表示在没有收到 B 的确认的情况下，A 可以连续把窗口内的数据都发送出去。凡是已经发送过的数据，在未收到确认前都必须暂时保留，以便在超时重传时使用。发送窗口里面的序号表示允许发送的序号，显然，窗口越大，发送方就可以在收到对方确认前连续发送更多的数据，从而可以获得更高的传输效率。需要注意的是，接收方会把自己的接收窗口大小放在窗口字段中发送给对方，因此，A 的发送窗口大小一定不能超过 B 的接收窗口大小。发送窗口后沿后面的部分表示已发送且已收到了确认的数据，这些数据不需要再保留了，而发送窗口前沿前面的部分表示不允许发送的数据，因为接收方没有为这部分数据保留临时存放的缓存空间。发送窗口的位置由窗口前沿和后沿的位置共同确定。发送窗口后沿的变化情况有两种可能：不动（没有收到新的确认）和前移（收到了新的确认）。发送窗口后沿不可能向后移动，因为不能撤销已收到的确认。发送窗口前沿通常是不断向前移动的，但也有可能不动，这对应于两种情况：第一，没有收到新的确认，对方通知的窗口大小也不变；第二，收到了新的确认，但对方通知的窗口缩小了，使得发送窗口前沿正好不动。发送窗口前沿也有可能向后收缩，这发生在对方通知的窗口缩小了的情况下。但 TCP 标准强烈不赞成这样做，因为很可能发送方在收到这个通知以前已经发送了许多数据，现在又要收缩窗口，不让发送这些数据了，这样就会产生一些错误。

现在假设 A 发送了序号为 16～35 的数据，这时发送窗口位置并未改变（见图 6-13），但发送窗口内靠后面有 11 字节表示已发送但未收到确认，而发送窗口内靠前面的 9 字节（序号为 27～35）是允许发送但尚未发送的。图 6-13 中的 $P_1$、$P_2$、$P_3$ 是用来描述发送窗口状态的三个指针，指针都指向字节的序号。图中，小于 $P_1$（左边）的是已发送并已收到确认的部分，而大于 $P_3$（右边）的是不允许发送的部分。

　　　　$P_3-P_1$=A 的发送窗口大小
　　　　$P_2-P_1$=已发送但尚未收到确认的字节数
　　　　$P_3-P_2$=允许发送但当前尚未发送的字节数（又称为可用窗口大小或有效窗口大小）

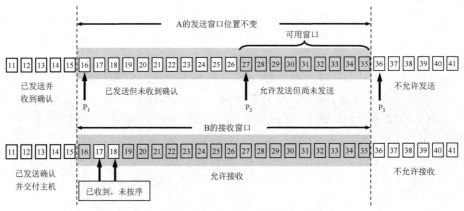

图 6-13  A 发送了 11 字节的数据示意图

再来看一下 B 的接收窗口。B 的接收窗口大小是 20 字节，在接收窗口外，到序号 15 为止的数据是已经发送过并确认的，并且已经交付给主机了，因此 B 可以不再保留这些数据。接收窗口内序号为 16～35 的数据是允许接收的。在图 6-13 中，B 收到了序号为 17 和 18 的数据，这些数据没有按序到达，因为序号为 16 的数据没有收到（可能丢失了，也可能滞留在网络中的某处）。这时，B 只能对按序收到的数据中的最高序号给出确认，因此 B 发送的确认报文段中的确认号仍然是 16（期望收到的序号），而不能是 17 或 18。

现在假设 B 收到了序号为 16 的数据，并把序号为 16～18 的数据交付给主机，然后 B 删除这些数据。接着把接收窗口向前移动三个序号（见图 6-14），同时给 A 发送确认，其中窗口大小仍为 20 字节，但确认号是 19，这表明 B 已经接收到了到序号 18 为止的数据。从图中可以看到，B 还收到了序号为 22、23 和 25 的数据，但这些数据都没有按序到达，只能先暂存在接收窗口中。A 收到 B 的确认后，就可以把发送窗口向前滑动三个序号，但指针 $P_2$ 不动。可以看出，现在 A 的可用窗口增大了，可以发送序号为 27～38 的数据。

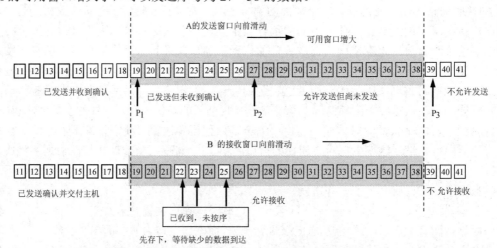

图 6-14  A 收到新的确认号，发送窗口向前滑动示意图

A 在继续发送完序号为 27～38 的数据后，指针 $P_2$ 向前移动，和指针 $P_3$ 重合。发送窗口内的序号都已用完，但还没有再收到确认（见图 6-15）。由于 A 的发送窗口已满，可用窗口大小已减小到 0，因此必须停止发送。此时可能存在下面这种情况：发送窗口内所有的数据都已正确到达 B，而且 B 也早已发出了确认，但遗憾的是，所有这些确认都滞留在网络中。在没有收到 B 的确认前，A 不能认为 B 已经收到了数据。为了保证可靠传输，A 只能认为 B 还没有收到这些

数据，于是 A 在经过一段时间后（由超时计时器控制）就会重传这部分数据，重新设置超时计时器，直到收到 B 的确认为止。如果 A 收到确认号落在发送窗口内，那么 A 就可以使发送窗口继续向前滑动，并发送新的数据。

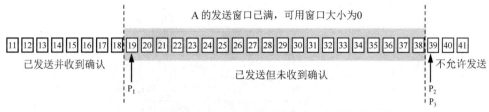

图 6-15　发送窗口内均为已发送但未被确认的数据示意图

② 确认

接收方一般采用累积确认方式，这就是说，接收方不必对收到的分组逐个发送确认，而是在收到几个分组后对按序到达的最后一个分组发送确认，这表明到这个分组为止的所有分组都已被正确接收了。累积确认的优点是易于实现，即使确认丢失也不必重传。其缺点是不能向发送方反映出接收方已经正确收到的所有分组的信息。例如，如果发送方发送了 5 个分组，而中间的第三个分组丢失了，这时接收方只能对前两个分组发出确认，如图 6-16 所示。由于发送方无法知道后面三个分组的下落，因此只好把后面的三个分组全部重传一次，这称为回退 $N$（Go-Back-$N$），表示需要再退回来重传已发送过的 $N$ 个分组。显然，当通信线路质量不好时，Go-Back-$N$ 重传会带来很严重的负面影响。

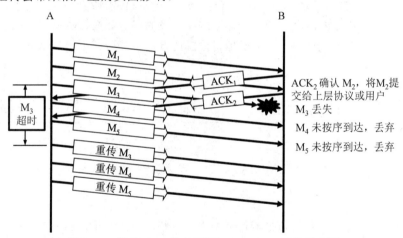

图 6-16　连续 ARQ 协议采用 Go-Back-$N$ 重传示意图

在图 6-16 中，假设分组 $M_4$ 和 $M_5$ 在传输过程中无差错，只是未按序号到达 B，中间缺少分组 $M_3$，在这种情况下，能否只传送缺少的分组而不重传已经正确到达的分组？选择性确认（SACK，Selective ACK）是一种可行的处理方法。使用 TCP SACK 选项可以告知发送方收到了哪些数据，这样，发送方收到这些信息后就会知道哪些数据丢失了，然后立即重传丢失的部分。

TCP SACK 包括两个选项，如图 6-17 所示。其中，一个是 SACK 允许选项（SACK_permitted），类型是 4，长度是 2，在 TCP 握手时发送，只允许在有 SYN 标志的报文段中设置，也就是 TCP 握手的前两个报文段，分别表示通信的双方各自是否支持 SACK；另一个是 SACK 信息选项，类型是 5，长度可变，其包含了具体的 SACK 信息，由于整个 TCP SACK 选项长度不超过 40 字节，因此实际上最多不超过 4 组边界值，左边界是指不连续字节块的第一字节的序列号，右边界是指不连续字节块的最后一字节的序号加 1。SACK 信息选项告诉对方已经接收到并缓存的不连续的字节块，发送方可据此检查究竟是哪个字节块丢失了，从而发送相应的字节块。

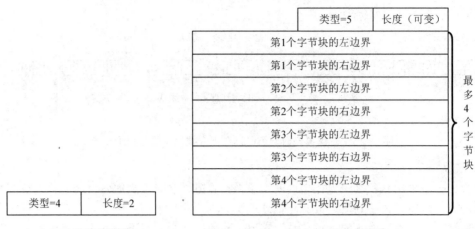

（a）SACK允许选项　　　　　　　　　　（b）SACK信息选项

图 6-17　TCP SACK 选项示意图

TCP SACK 工作原理说明举例如图 6-18 所示。假设接收方收到发送方发过来的数据字节块的序号是不连续的，这样就形成了一些不连续的字节块，如图 6-18 所示。可见，序号 1～1000 的字节块收到了，但序号 1001～1500 的字节块没有收到，接下来的字节块又收到了，但是又缺少了序号 4001～5500 的字节块，再后面从序号 7501 开始又没有收到。也就是说，接收方收到了和前面的字节块不连续的两个字节块。如果这些字节的序号都在接收窗口之内，那么接收方就先收下这些数据，但要把这些信息准确地告诉发送方，使发送方不要再重复发送这些已收到的数据。

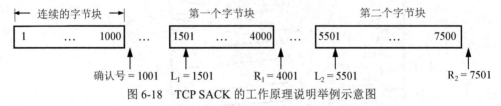

图 6-18　TCP SACK 的工作原理说明举例示意图

### 2．流量控制

一般来说，发送方总是希望数据能传输得更快一些，但是如果发送方把数据发送得过快，接收方可能来不及接收，这样就可能造成数据丢失或网络发生拥塞。流量控制就是让发送方的发送速率不要太快，既要让接收方来得及接收，也不会使网络发生拥塞。利用滑动窗口机制可以有效地在 TCP 连接上实现对发送方的流量控制，其原理就是运用 TCP 报文段中的窗口字段来控制流量，发送方的发送窗口不可以大于接收方发回的窗口大小。

在无数据丢失情况下，基于滑动窗口的流量控制机制能够正常工作。考虑这样一种特殊情况，如果接收方没有足够的缓存空间可用，就会发送窗口大小为 0 的报文，此时发送方将发送窗口大小设置为 0，停止发送数据。之后接收方又有了足够的缓存空间且发送了窗口大小为非 0 的报文段，但这个报文段在传输过程中丢失了，那么发送方的发送窗口就一直为 0，导致死锁。为了解决这个问题，TCP 标准为每个连接设置一个持续计时器（persistence timer），只要 TCP 连接的一方收到对方的零窗口通知就启动该计时器，周期性地发送一个零窗口探测报文段。对方在确认这个报文段的时候给出现在的窗口大小。需要注意的是，TCP 标准规定，即使设置为零窗口，也必须接收零窗口探测报文段、确认报文段和携带紧急数据的报文段。

### 3. 超时重传

TCP 连接的一个重要特性就是为上层服务提供可靠的传输，由于 TCP 连接是建立在不可靠的网络层基础之上的，因此必然会涉及报文段丢失问题。如果在数据传输过程中有一个或多个报文段丢失，那么发送端就接收不到对这些报文段的确认，这时报文段的重传就成为保证数据可靠到达的一个重要机制。为此，TCP 连接采用了超时重传策略，对每个 TCP 连接都维持一个计时器，每发送一个报文段，就设置一次计时器，只要计时器设置的重传时间到期却仍没有收到相应的确认信息，就重传这个报文段。TCP 重传的概念很简单，但超时重传时间的选择却是一个很复杂、很重要的问题。

TCP 连接采用一种自适应算法，它记录一个报文段发出的时间及收到相应的确认的时间，这两个时间之差就是报文段的往返时间（RTT）。TCP 保留了 RTT 的一个加权平均往返时间 $RTT_S$（又称为平滑的往返时间，S 表示 Smoothed。由于进行的是加权平均，因此得出的结果更加平滑）。每当第一次测量到 RTT 时，$RTT_S$ 的值即为所测量到的 RTT，但以后每测量到一个新的 RTT（$RTT_{new}$），就按下式重新计算一次 $RTT_{S\_new}$：

$$RTT_{S\_new}=(1-\alpha)\times RTT_{S\_old}+\alpha\times RTT_{new} \tag{6-3}$$

式中，$0\leq\alpha<1$。若 $\alpha$ 很接近于 0，则表示 $RTT_{S\_new}$（新 $RTT_S$）和 $RTT_{S\_old}$（旧 $RTT_S$）相比变化不大，RTT 更新较慢。若选择 $\alpha$ 接近于 1，则表示 $RTT_{S\_new}$ 受 $RTT_{new}$ 的影响较大，RTT 更新较快。RFC 6298 建议，$\alpha$ 值取为 1/8，即 0.125。用这种方法得出的 $RTT_S$ 比测量得到的 RTT 更加平滑。

超时计时器设置的超时重传时间（RTO, RetransmissionTime-Out）要略大于 $RTT_S$，RFC 6298 建议使用下式计算 RTO：

$$RTO=RTT_S+4\times RTT_D \tag{6-4}$$

式中，$RTT_D$ 是 RTT 的偏差的加权平均值，与 $RTT_S$ 和 $RTT_{new}$ 之差有关。RFC 6298 建议用如下方法计算 $RTT_D$：当第一次测量时，$RTT_D$ 的值取为测量到的 RTT 的一半，在以后的测量中则使用下式计算加权平均的 $RTT_D$：

$$RTT_{D\_new}=(1-\beta)\times RTT_{D\_old}+\beta\times|RTT_S-RTT_{new}| \tag{6-5}$$

式中，$\beta$ 是个小于 1 的系数，其推荐值为 1/4，即 0.25。

在实际应用中，会存在如图 6-19 所示的情况。发送一个报文段，设定的重传时间到了却还没有收到确认，于是就要重传该报文段。经过了一段时间后，收到了 ACK。那么，如何判定此 ACK 是先前发送的报文段的确认还是后来重传的报文段的确认呢？由于重传的报文段和原来的报文段完全一样，因此源主机在收到确认后就无法做出正确的判断，而正确的判断对确定 $RTT_S$ 的加权平均值是很重要的。如果收到的确认是对重传报文段的确认，但却被源主机当成对原来报文段的确认，那么这样计算出的 $RTT_S$ 和 RTO 就会偏大。如果后面再发送的报文段又是经过重传后才收到确认报文段，那么按此方法得出的 RTO 就会越来越大。同样地，如果收到的确认是对原来报文段的确认，但却被当成对重传报文段的确认，那么由此计算出的 $RTT_S$ 和 RTO 都会偏小，这必然导致报文段过多地重传，从而使 RTO 越来越小。

鉴于此，Karn 提出了一个算法：在计算 $RTT_S$ 时，只要报文段重传了，就不采用其 RTT，这样得出的 $RTT_S$ 和 RTO 就会更准确。但是这又引起了新的问题，如果报文段的时延突然增大了很多，那么在原来得出的重传时间内就不会收到确认报文段，于是就要重传报文段，但是根据 Karn 算法，不考虑重传报文段的 RTT 则无法更新 RTO。为了解决这个问题，对 Karn 算法进行了修正，即报文段每重传一次，RTO 就增大一些，即

$$RTO_{new}=\gamma \times RTO_{old} \qquad (6\text{-}6)$$

式中，系数 $\gamma$ 的典型取值为 2。

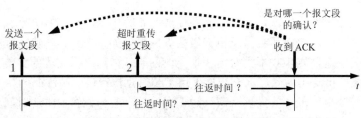

图 6-19　无法确定收到的确认是对哪个报文段的确认示意图

当不再发生报文段的重传时，才根据式（6-4）计算 RTO。实践证明，修正的 Karn 算法更为合理。Karn 算法能够使运输层区分开有效的和无效的 RTT，从而得到更合理的 RTT。

### 6.3.4　TCP 拥塞控制

**1．拥塞控制原理**

计算机网络中有许多资源（如带宽、缓存、处理机等），当对网络中某种资源的需求超过了该资源所能提供的可用部分，就会导致网络性能下降，这种现象称为拥塞（congestion）。

图 6-20 给出的是网络吞吐量与输入负载的关系曲线示意图，其中，横坐标是提供给网络的输入负载，表示单位时间内输入给网络的分组数目；纵坐标是吞吐量，表示单位时间内从网络输出的分组数目。对于具有理想拥塞控制的网络，在吞吐量饱和之前，吞吐量应与输入负载成正比，即吞吐量曲线是 45°的斜线。但是当输入负载超过某一限度时，由于网络资源受限，吞吐量不再增长而保持为水平线，表明此时吞吐量已达到饱和，输入负载中有一部分在某些节点处丢弃了。即便如此，在这种理想的拥塞控制作用下，网络的吞吐量仍能维持在其所能达到的最大值。

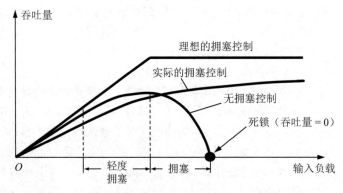

图 6-20　网络吞吐量与输入负载的关系曲线示意图

但是实际网络的情况却不同。由图 6-20 可以看出，在没有拥塞控制的情况下，随着输入负载的增加，吞吐量的增长速率会逐渐减慢。也就是说，在吞吐量还未达到饱和时，就已经有一部分的输入分组被丢弃了。当实际吞吐量明显低于理想吞吐量时，网络就进入了轻度拥塞状态。更值得注意的是，当输入负载达到某一数值时，吞吐量反而随输入负载的增加而下降，这时网络就进入了拥塞状态。当输入负载继续增加到某一数值时，网络吞吐量就下降为 0，此时网络已无法运行，这种现象就称为死锁。为了改善网络的性能，实际上都要采取一定的拥塞控制措施。

实践证明，实现拥塞控制并不容易，因为它是一个动态问题。从控制理论的角度来看拥塞控制，可以分为开环控制和闭环控制两种方法。开环控制就是在设计网络时事先将有关发生拥塞的因素考虑周全，力求网络在工作时不产生拥塞，一旦整个网络运行起来，中途就不能再改正了。闭环控制是基于反馈环路的，通过监测网络发现拥塞、发送拥塞信息、调整运行状态等措施来达到拥塞控制的目的。但是，过于频繁地采取拥塞控制措施会使网络产生不稳定的振荡，而过于迟缓地采取行动又不具有任何实用价值，因此要采用某种折中的方法。

### 2．TCP 拥塞控制方法

为了进行拥塞控制，TCP 标准经历了几次改动和增强，形成了多种不同的版本，如 TCP Tahoe、TCP Reno、TCP NewReno 等，其中 TCP Reno 是目前应用最广泛的 TCP 版本。其拥塞控制机制包括慢启动（slow-start）、拥塞避免（congestion avoidance）、快速重传（fast retransmit）和快速恢复（fast recovery）4 个阶段。

TCP 拥塞控制机制规定了如何确定合适的拥塞窗口大小，拥塞控制就是通过控制一些重要参数的改变来实现的。用于拥塞控制的参数主要有以下 5 个。

① 拥塞窗口（cwnd）：是拥塞控制的关键参数，它描述发送方在拥塞控制情况下一次最多能发送的报文段数量。

② 通告窗口或接收窗口（rwnd）：是接收方给发送方预设的发送窗口大小，它只在 TCP 连接的初始阶段起作用。

③ 慢启动阈值（ssthresh）：是拥塞控制中慢启动阶段和拥塞避免阶段的分界点。

④ 往返时间（RTT）：一个报文段从发送方传送到接收方，发送方收到接收方返回的确认的时间间隔。

⑤ 重传超时计时器（RTO）：描述报文段从发送到失效的时间间隔，是判断报文段丢失与否、网络是否发生拥塞的重要参数。

发送方控制拥塞窗口的原则是：只要网络中没有出现拥塞，就可以增大 cwnd，以便把更多的分组发送出去，这样可以提高网络的利用率。只要网络中出现拥塞或有可能出现拥塞，就必须减小 cwnd，以减少注入网络中的分组数，以便缓解网络的拥塞程度。

那么发送方又是如何知道网络发生了拥塞呢？当网络发生拥塞时，发送方就不能按时收到应当到达的确认报文段，这样报文段传输过程中就会出现超时，因此可以把是否出现超时作为判断网络拥塞的依据。

为简化拥塞控制的讨论，假设：① 数据传送是单向的，即发送方发送报文段，接收方接收后发送确认报文段；② 接收方的缓存空间足够大，cwnd 的大小由网络拥塞程度来决定。

（1）慢启动与拥塞避免

当启动一个连接或出现超时时，连接进入慢启动状态。cwnd 的初始值在该状态开始时被设置为一个发送方最大报文段（MSS），这就是说，只允许发送一个报文段，并在传送第二个报文段前等待确认的到来。RFC 5681 标准把 cwnd 的初始值设置为不超过 2～4 个 MSS，这里我们取 cwnd 的初始值为一个 MSS。之后，发送方每收到一个新报文段的确认，就通过增加一个 MSS 的方式指数地增大 cwnd，直到 cwnd 达到预先设置的慢启动阈值（ssthresh）。也就是说，在第一个 RTT 内，发送方发送一个报文段到网络中；在第二个 RTT 内，发送两个报文段；在第三个 RTT 内，发送 4 个报文段；如此继续下去。当 cwnd 达到 ssthresh 时，就进入拥塞避免状态。

ssthresh 的用法如下：

① 先设置 cwnd=1，当 cwnd < ssthresh 时，使用慢启动算法。

② 当 cwnd > ssthresh 时，停止使用慢启动算法而改用拥塞避免算法。

③ 当 cwnd=ssthresh 时，既可使用慢启动算法，也可使用拥塞避免算法。

拥塞避免算法的思路是：让 cwnd 按线性规律增大，每经过一个 RTT，就把发送方的 cwnd 加 1（一个 MSS），这样就可以使 cwnd 缓慢增大，防止网络过早出现拥塞。

cwnd 在拥塞控制过程中的变化情况如图 6-21 所示。假设初始时 cwnd=1，ssthresh=16，在慢启动阶段，cwnd 按指数规律增长，直到达到 ssthresh 设定的值，即 cwnd=16（图 6-21 中的点 ❶）。然后进入拥塞避免阶段，cwnd 按线性规律增大，当 cwnd 增大到 24 时，网络呈现拥塞状态而出现超时（图 6-21 中的点 ❷），于是更新 ssthresh 为 12（当前发送窗口大小 24 的一半），cwnd 再重新设置为 1，并执行慢启动算法。之后，当 cwnd=12 时，又进入拥塞避免阶段（图 6-21 中的点 ❸），cwnd 按线性规律增大，每经过一个 RTT，cwnd 就增 1。

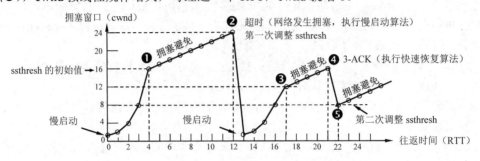

注：当 TCP 连接初始化时，将拥塞窗口大小置为 1（窗口大小单位不使用字节而使用报文段）。将慢启动阈值初始值设置为 16 个报文段，即 ssthresh = 16。

图 6-21　TCP 拥塞控制过程中 cwnd 变化情况示意图

（2）快速重传和快速恢复

慢启动与拥塞避免是 TCP 最早使用的拥塞控制算法，为了尽快判明网络是否真正出现了拥塞，而不必因等待 RTO 超时而浪费较长的时间，在 TCP 拥塞控制算法中又增加了快速重传和快速恢复。

快速重传算法的思路是：要求接收方对发来的一个报文段立即发送确认报文，而不要等待自己发送数据时才进行捎带确认，即使收到了失序的报文段，也要立即发出对已收到的报文段的重复确认；发送方只要连续收到三个重复的确认报文，就认为该报文段已经丢失，并立即进行重传（快速重传），这样就不会出现超时，发送方也不会误认为网络出现了拥塞。实践证明，使用快速重传可以使整个网络的吞吐量提高约 20%。图 6-22 给出了快速重传的示意图。

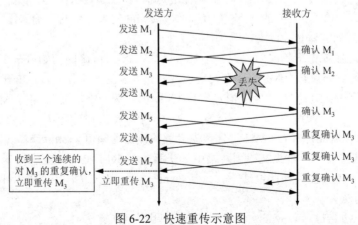

图 6-22　快速重传示意图

图 6-21 中的点 ❹ 就是发送方一连收到三个对同一个报文段的重复确认（记为 3-ACK）的情况，这时不执行慢启动算法，而是执行快速恢复算法。

快速恢复算法的思路是：当发送方收到三个重复的某确认报文段时，调整慢启动阈值，使其为当前拥塞窗口大小的一半，即 ssthresh=cwnd/2，然后将 cwnd 设置为调整后的 ssthresh 值（见图 6-21 中的点❺），并开始执行拥塞避免算法继续发送报文段，使 cwnd 缓慢地线性增大。

在 RFC 5681 标准中，快速恢复实现时把快速恢复开始时的 cwnd 值再增大一些，设置为 ssthresh+3×MSS。其理由是，既然发送方收到三个重复的确认，就表明有三个报文段已经离开了网络，这三个报文段不再消耗网络的资源而是停留在接收方的缓存空间中，因此可以适当把 cwnd 扩大些。

显然，采用快速恢复算法将使 TCP 拥塞控制性能得到明显提升，同时还可以看到，在采用快速重传和快速恢复算法时，慢启动算法只在 TCP 连接建立或网络出现超时的情况下才执行。

从图 6-21 可以看出，在拥塞避免阶段，cwnd 按照线性规律增大，通常称为加法增大（AI，Additive Increase）；而一旦出现超时或收到三个重复的确认，就把 ssthresh 设置为当前 cwnd 的一半，并大大减小 cwnd 的值，这通常称为乘法减小（MD，Multiplicative Decrease）。二者合在一起就是加法增大、乘法减小（AIMD）算法。

在本节开始时，我们假设接收方总是有足够大的缓存空间，因此发送窗口的大小由网络的拥塞程度来决定，但实际情况是，接收方的缓存空间总是有限的，因此接收方要根据自己的接收能力设定接收窗口（rwnd）大小（以报文段为单位），并把这个窗口大小写入 TCP 首部的窗口字段并传送给发送方。因此，从接收方对发送方的流量控制的角度考虑，发送方的 cwnd 一定不能超过对方给出的 rwnd。

将拥塞控制和接收方对发送方的流量控制一起考虑，则发送窗口大小的上限值应当取为 rwnd 和 cwnd 中较小的一个，即

$$发送窗口大小=Min[rwnd, cwnd] \tag{6-7}$$

式（6-7）表明，当 rwnd < cwnd 时，是接收方的接收能力限制了发送窗口大小的最大值。反之，当 cwnd < rwnd 时，则是网络的拥塞程度限制了发送窗口大小的最大值。也就是说，以 rwnd 和 cwnd 中数值较小的一个来控制发送方发送数据的速率。

# 习题 6

1．运输层具有怎样的作用？为何说运输层是不可缺少的？

2．运输层和网络层分别实现的是怎样的通信？

3．端口有何作用？分为几类？

4．套接字与端口号有何区别和联系？

5．UDP 和 TCP 分别具有怎样的特点？分别适用于哪种场合？

6．UDP 提供的是无连接服务，IP 提供的也是无连接服务，能否用 IP 取代 UDP？为什么？

7．TCP 建立连接时为什么要采用三报文握手方式？

8．什么是伪首部？在 TCP 报文段和 UDP 用户数据报中使用伪首部的作用是什么？

9．TCP 报文段的序号是如何确定的？

10．假设主机 A 向主机 B 连续发送了两个 TCP 报文段，其序号分别为 70 和 100。试问：

（1）第一个报文段携带了多少字节的数据？

（2）B 收到第一个报文段后发回的确认中的确认号应当是多少？

（3）如果 B 收到第二个报文段后发回的确认中的确认号是 180，则 A 发送的第二个报文段中的数据有多少字节？

（4）如果 A 发送的第一个报文段丢失了，但第二个报文段到达了 B，B 在第二个报文段到

达后向 A 发送确认，这个确认号应为多少？

11. 假设主机 A 与主机 B 之间建立了一个连接，主机 A 向主机 B 发送了两个连续的 TCP 报文段，分别是 300 字节和 500 字节，若第一个报文段的序号是 200，主机 B 正确收到两个 TCP 报文段后的确认号是多少？

12. 假设 TCP 的最大窗口为 65535 字节，报文段在无差错且带宽不受限的信道上传输，如果报文段的平均往返时间为 25ms，请问能得到的最大吞吐量是多少？

13. TCP 采用什么方式进行流量控制？

14. 在 TCP 拥塞控制中，假设初始拥塞窗口大小为一个报文段，当拥塞窗口大小为 20 个报文段时重传定时器超时，之后应该进入拥塞控制的哪个阶段？如果接下来的 4 组数据传输全部传输成功，那么每次发送时的拥塞窗口大小多大？

15. 试分析流量控制与拥塞控制的区别。

# 第 7 章 应 用 层

应用层位于计算机网络体系结构的最高层,直接与应用进程接口。它使用某种应用层协议,通过位于不同主机中的多个应用进程之间的通信和协同工作来为用户提供网络应用服务。本章主要讲述应用进程如何通过应用层协议和计算机网络的通信功能来为用户提供服务,包括域名系统、万维网、动态主机配置协议、文件传输、电子邮件等内容。

## 7.1 域名系统

### 7.1.1 域名系统概述

在互联网中为了屏蔽不同物理网络物理地址的差异,在网络层中使用 IP 地址来标识主机。IP 地址在互联网内部提供了一种全局性的通用地址,为上层软件设计实现提供了极大的方便,但是 IP 地址太抽象,难以记忆。为了向用户提供一种直观的主机标识符,互联网管理机构专门设计了一种层次型命名机制,即域名系统(DNS,Domain Name System)。

互联网的 DNS 实际上是一个联机分布式数据库。该数据库包含了互联网上所有主机名与其 IP 地址的对应信息,且其各个不同部分被分配到不同网络的域名服务器中,采用 C/S(客户-服务器)方式实现各个域名服务器的独立管理。这样即使单个域名服务器出现故障,DNS 仍能正常运行。DNS 使大多数主机名都在本地被解析,仅有少数解析需要在互联网上通信,因此 DNS 的效率很高。

由域名到 IP 地址的解析是由分布在互联网上的许多域名服务器协同完成的,解析过程可概述如下:当某个应用进程需要把主机名解析为 IP 地址时,该应用进程作为 DNS 的一个用户调用解析程序,以用户数据报方式把待解析的域名放在 DNS 请求报文中发送给本地域名服务器。本地域名服务器在数据库系统中查找到域名后,在应答报文中把相应的 IP 地址送回。应用进程获得了目标主机的 IP 地址后即可进行通信。如果本地域名服务器不能响应该请求,就作为 DNS 的另一个用户向其他域名服务器发出查询请求,这一操作一直持续到找到能够响应该请求的域名服务器为止。

### 7.1.2 域名结构

从 1983 年开始,互联网开始采用层次型命名机制。所谓层次型命名机制,就是在名字中引入了结构的概念,而这种结构又是层次型的。层次型名字空间不再采用集中式管理,而是将名字空间划分成若干部分,每一部分授权给某个机构管理,被授权的管理机构可以再将其所管辖的名字空间做进一步划分,并授权给若干子机构管理。如此下去,名字空间管理机构便形成一种层次型树状结构,其中每个节点(包括各层管理机构和最后的主机节点)都有一个相应的标识符,主机的名字就是从树叶到树根的路径上各节点标识符的有序序列。

采用这种命名方法使得任何一台连接在互联网上的主机或路由器都有一个唯一的层次结构名字,即域名。完整的域名是从树叶到树根的有序字符串,不完整的域名则是从一个节点开始且不以树根为结束的有序字符串。显然,只要同一子树下每层节点的标识符不冲突,主机名就绝对不会冲突。域是域名空间中的一个子树,这个域的名字就是这个子树顶部节点的域名,一个域本身又可以划分为若干子域,于是就形成了顶级域、二级域、三级域等。从语法上讲,每个域名都由两个或两个以上的分量组成，各分量之间使用"."隔开。互联网主机域名的一般格式为"www.<用户名>.<二级域名>.<一级域名>"。

DNS 规定，域名中的分量都由英文字母和数字组成，每个分量包含不超过 63 个字符（为方便记忆，最好不要超过 12 个字符），也不区分大小写字母；分量中除连字符（-）外不能使用其他的标点符号；级别最低的域名写在最左边，而级别最高的顶级域名则写在最右边；由多个分量组成的完整域名总长不超过 255 个字符。DNS 既不规定一个域名需要包含多少个下级域名，也不规定每级域名表示的含义。各级域名由其上一级的域名管理机构管理，而最高的顶级域名则由互联网名字和号码分配机构（ICANN, Internet Corporation for Assigned Names and Numbers）管理。用这种方法可使每个域名在整个互联网范围内是唯一的，并且也容易设计出一种查找域名的机制。

互联网顶级域名分为三大类。

① 国家顶级域名。采用 ISO 3166 的规定，此类域名按地理位置来划分，例如，cn 表示中国，us 表示美国，uk 表示英国等，也称为地理型域名。国家顶级域名又常记为 ccTLD（cc 表示国家代码 country-code）。到 2020 年 6 月为止，国家顶级域名总数已达 316 个。

② 通用顶级域名。此类域名按管理上的组织机构来划分，也称为组织型域名，与地理位置和网络相互连接情况无关，为各个行业、机构所使用，见表 7-1。最先确定的通用顶级域名有 7个，后来又陆续补充了 13 个。

表 7-1　通用顶级域名

| 域　　名 | 含　　义 | 域　　名 | 含　　义 |
|---|---|---|---|
| com | 商业组织 | cat | 使用加泰隆人的语言和文化团体 |
| net | 网络服务机构 | coop | 合作团体 |
| org | 非营利性组织 | info | 提供信息服务的单位 |
| int | 国际组织 | jobs | 人力资源管理者 |
| gov | 政府部门 | mobi | 移动产品与服务的用户和提供者 |
| edu | 教育机构 | museum | 博物馆 |
| mil | 军事部门 | name | 个人 |
| aero | 航空运输企业 | pro | 拥有证书的专业人员（如医生、律师等） |
| asia | 亚太地区 | tel | Telnic 股份有限公司 |
| biz | 公司和企业 | travel | 旅游业 |

③ 基础结构域名。此类域名只有 1 个，即 arpa，表示反向域名解析，因此也称为反向域名。

在国家顶级域名下注册的二级域名均由该国家自行确定。我国将二级域名分为类别域名和行政域名两大类。

① 类别域名。有 7 个，分别为 ac（科研机构）、com（工、商、金融等企业）、edu（教育机构）、gov（政府部门）、mil（我国的国防机构）、net（提供互联网络服务的机构）和 org（非营利性的组织）。

② 行政域名。有 34 个，适用于我国的各省、自治区、直辖市。例如，bj 表示北京市，sh表示上海市。

在我国，在二级域名 edu 下申请注册三级域名，需向中国教育和科研计算机网网络中心申请；在除二级域名 edu 之外的其他二级域名下申请注册三级域名，则应向中国互联网网络信息中心（CNNIC）申请。

### 7.1.3  域名服务器

互联网中的域名服务器系统是按照域名的层次来组织的，每个域名服务器只对域名系统中的一部分进行管辖，主要有根域名服务器、顶级域名服务器、授权域名服务器和本地域名服务器 4 种，如图 7-1 所示。

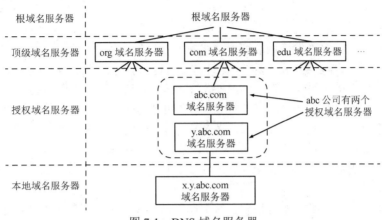

图 7-1  DNS 域名服务器

（1）根域名服务器

根域名服务器的区域是由整棵树组成的，用于管理顶级域，通常不保存关于域的任何详细信息，只是将其授权给所管辖的其他服务器，只保存到所有授权服务器的指针。根域名服务器并不直接对顶级域名下面所属的域名进行解析，但它一定能找到管辖范围内的所有二级域名的域名服务器。

（2）顶级域名服务器

顶级域名服务器负责管理在该顶级域名服务器注册的所有二级域名。当收到 DNS 查询请求时，就给出相应的应答。这个应答可能是最后的结果，也可能是下一步应当查找的域名服务器的 IP 地址。

（3）授权域名服务器

授权域名服务器负责经过授权的一个区域的域名管理。每台主机都必须在授权域名服务器上注册登记，通常，一台主机的授权域名服务器就是本地的一个域名服务器，许多域名服务器同时充当着本地域名服务器和授权域名服务器。授权域名服务器总能将其管辖的主机名转换为该主机的 IP 地址。

（4）本地域名服务器

本地域名服务器又称为默认域名服务器。当本地网络中的某台主机发出 DNS 查询请求时，这个查询请求报文首先被送到本地域名服务器进行处理。通常本地域名服务器工作于 ISP 或某个单独组织中，每个 ISP、每所大学都可能有一个或多个本地域名服务器。如果所要查询的主机也属于同一个本地 ISP，则该本地域名服务器就立即将所查询的主机名转换为它的 IP 地址，而不需要再去询问其他的域名服务器。

为了提高域名服务器的可靠性，DNS 定义了两种类型的域名服务器，即主域名服务器和辅助域名服务器。主域名服务器是指存储了授权区域有关文件的服务器，负责创建、维护和更新区域文件,并将区域文件存储在本地磁盘中。辅助域名服务器既不创建也不更新区域文件,只是负责备份主服务器的区域文件。一旦主域名服务器出现故障,辅助域名服务器就可以接替主域名服务器负责这个授权区域的名字解析。

### 7.1.4 域名解析

域名解析包括由域名到 IP 地址的正向解析和 IP 地址到域名的逆向解析,是由分布在互联网上的许多域名服务器协同完成的。在互联网中,域名解析一般采用两种方式,即递归解析和迭代解析。

(1)递归解析

主机向本地域名服务器发送域名解析请求时通常采用这种方式。当本地域名服务器接受了主机的查询请求后,本地域名服务器就力图代表主机找到答案,而在本地域名服务器执行所有查询工作的时候,主机只是处于等待状态,等待本地域名服务器给出所需的 IP 地址。如果本地域名服务器不能直接解析出 IP 地址,那么本地域名服务器就以 DNS 用户的身份向其他根域名服务器继续发出查询请求报文,在域名树的各分支上递归搜索来寻找答案。在递归解析中,域名服务器将持续搜索直到收到应答。这种应答可以是主机的 IP 地址,也可以是"主机不存在"。不论哪种结果,域名服务器都会把最终结果返回给主机。

(2)迭代解析

本地域名服务器向根域名服务器发送域名解析请求时通常采用这种方式。迭代解析是指当根域名服务器收到来自本地域名服务器的查询请求报文后,给出查询所需的 IP 地址,或者返回它认为可以解析本次查询的顶级域名服务器的 IP 地址。然后由本地域名服务器向顶级域名服务器请求查询。顶级域名服务器在收到本地域名服务器的查询请求报文后,就给出查询所需的 IP 地址。于是,本地域名服务器就继续如此进行迭代查询,最后获得所要解析域名的 IP 地址,再把这个结果返回给发起解析请求的主机。由于根域名服务器知道查询所需结果的域名服务器,因此查询最终一定会得到结果。本地域名服务器采用哪种解析方式,可在最初的查询请求报文中设定。

图 7-2 和图 7-3 分别给出了递归解析和迭代解析过程的示意图。

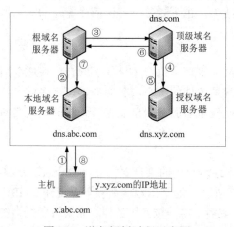

图 7-2　递归解析过程示意图

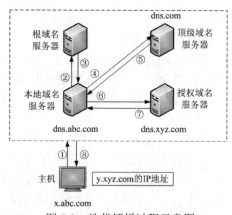

图 7-3　迭代解析过程示意图

在图 7-2 和图 7-3 中,无论是递归解析还是迭代解析都发送了 4 个请求报文和 4 个应答报文,但是这些报文传送的路径是不相同的。

为了提高查询效率和减少互联网上 DNS 查询报文的数量,域名服务器往往采用高速缓存。

高速缓存中存放着最近查询过的域名以及如何获取域名映射信息的记录，当主机再次请求同样的映射时，就可以直接从高速缓存中获取结果。高速缓存的设计不但适用于本地域名服务器，同样也适用于主机。主机在启动时从本地域名服务器下载名字和地址映射信息，把自己最近使用过的域名存储在高速缓存中，这样主机只有在从高速缓存中找不到域名解析结果时才去访问本地域名服务器，从而加快了域名解析过程。

## 7.2　万维网

万维网（WWW，World Wide Web）是一种基于互联网的分布式信息查询系统，使用超文本标记语言（HTML）和超文本传输协议（HTTP）。WWW 最初由欧洲量子物理实验室提出，用于促进物理学家之间文件的共享和通信。1993 年，美国国家超级计算应用中心开发出第一个图形WWW 浏览器 Mosaic，它的成功开发大大加速了 WWW 的发展。随着 WWW 服务器的开发成功，WWW 得到迅速普及，也极大地推动了互联网的发展，成为当前最重要的网络服务之一。

### 7.2.1　Web 服务

WWW 服务采用链接的方法将互联网中所有的硬件资源、软件资源和数据资源链接在一起，提供方便快捷的方法访问互联网中的 WWW 服务器。WWW 也是基于 C/S 方式工作的，可以使用户主动地按需获取丰富的信息。

（1）Web 浏览器

Web 浏览器是一个交互式应用程序，用于访问互联网中 Web 服务器上的某个页面，通常称为网页。Web 浏览器读取服务器上的某个页面后用适当的格式在屏幕上显示页面。页面一般由标题、正文等信息组成。链接到其他页面的超文本链接将会以突出方式（如带下画线或另外一种颜色）显示，当用户将鼠标指针指向一个超链接时，鼠标指针就会变成手形，单击该超链接就可以使浏览器显示相应的页面内容。

Web 浏览器通常由控制器、解释器和各种客户程序组成，如图 7-4 所示。控制器接收来自键盘或鼠标的输入，并调用各种客户程序来访问服务器。当浏览器从服务器获取 Web 页面后，控制器就调用解释器处理页面。浏览器支持的客户程序可以是 FTP、Telnet、SMTP 或 HTTP 等。解释器可以是 HTML、PHP、Java 或 Python 等，这取决于页面中文档的类型。

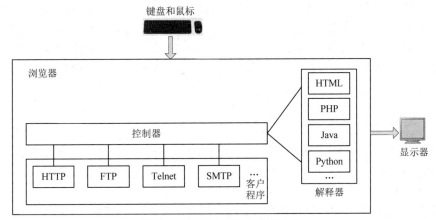

图 7-4　Web 浏览器组成示意图

（2）Web 服务模型

从用户角度看，Web 服务或者所有互联网网站就是一个 Web 页面集合，是一个全球范围内的巨大文档。Web 服务的核心应用层协议是超文本传输协议（HTTP，HyperText Transfer Protocol）。HTTP 是 Web 服务的基础。

　　服务模型是指为实现网络应用服务而搭建的实现服务请求、服务提供及服务注册的完整系统结构，Web 服务器模型由 Web 服务请求者、Web 服务提供者和 Web 服务注册中心（可选）组成，如图 7-5 所示。Web 服务请求者是指 Web 用户在访问网站时所用的 HTTP 客户程序，例如各种浏览器（IE、Chrome、360 浏览器等）。在 Web 浏览器中输入网站的域名或 IP 地址，或者在其他网站或文档上单击该网站的链接即可进入对应的网站，然后再单击相应的页面链接访问所需的文字、图片、音频和视频等页面。Web 服务提供者是指 Web 服务器（又称为 Web 站点），是 HTTP 服务器端程序。Web 服务提供者通常是用 Web 服务器程序（如 Apache 等）开发的网站，除了要对网站本身进行描述并向 Web 服务注册中心注册，更重要的职责是为 Web 访问用户提供所需的网页信息资源。Web 服务注册中心通常是互联网注册、管理中心，以及提供网站域名解析的 ISP 等，负责互联网网站的注册和管理，并向用户提供互联网域名解析服务。

图 7-5　Web 服务器模型示意图

### 7.2.2　统一资源定位符

　　统一资源定位符（URL，Uniform Resource Location）是对资源位置的一种抽象的识别方法，并用于对资源进行定位。URL 提供了从互联网上获得资源位置和访问这些资源的方法，只要能够对资源定位，系统就可以对资源进行各种操作，如存取、更新、替换和查找其属性等。

　　每个 URL 都由协议、主机域名、端口号、目录路径、文件名组成，其格式如下：

　　　　〈协议〉://〈主机域名（IP 地址）〉:〈端口号〉/〈目录路径〉/〈文件名〉

其中，协议是指获取 WWW 服务的协议，常用协议有 HTTP、FTP、Telnet。主机域名（IP 地址）是指 WWW 数据所在的服务器域名。端口号表示用户访问不同类型的资源，例如，常见的 WWW 服务器提供的端口号为 80 或 8080。在 URL 中，端口号可以省略，省略时连同前面的“:”一起省略。目录路径指明了服务器上存放的被请求信息的路径。文件名是指用户访问的页面名称，例如，index.htm，页面名称可以与设计时网页的源代码名称不同，由服务器完成两者之间的映射。

### 7.2.3　超文本标记语言

　　超文本标记语言（HTML，HyperText Markup Language）是 WWW 页面制作的标准语言，用来描述如何将文本格式化，可用于编写 WWW 服务器上的页面。利用 HTML，用户可以编写包含文本、图像和各种超链接的网页。

　　HTML 标记是 HTML 中最基本的单位。在语句构成上，每个 HTML 文档都是以一个包含标记和其他信息的文本文件来表示的。有些标记用于指定一个立即生效的动作，而有些标记则用于说明其后文本的显示格式。HTML 标记不区分大小写。常用的 HTML 标记及其意义见表 7-2。

表 7-2 常用的 HTML 标记及其意义

| 标　记 | 含　义 |
| --- | --- |
| \<head\>，\</head\> | HTML 文档头部开始和结束标记 |
| \<title\>，\</title\> | HTML 文档的标题，是显示于浏览器标题栏中的字符串 |
| \<menu\>,\</menu\> |  |
| \<i\>,\</i\> | 斜体显示 |
| \<b\>,\</b\> | 粗体显示 |
| \<u\>,\</u\> | 加下画线显示 |
| \<! --注释--\> | 注释信息，但不被显示 |
| \<p\> | 段落标记 |
| \<br\> | 换行标记 |

HTML 自 1993 年问世后其版本不断更新，现在最新的版本是 HTML5，新版本增加了在网页中嵌入音频、视频、交互式文档等功能。现在大多数浏览器都支持 HTML5。

### 7.2.4　超文本传输协议

超文本传输协议（HTTP）是一个属于应用层的面向对象的协议，用于在 Web 浏览器与 Web 服务器之间传输数据。HTTP 改变了传统的线性浏览方法，通过超文本环境实现文档间的快速跳转，实现高效浏览。

HTTP 是一个典型的请求/响应协议，客户给服务器发送请求，服务器向客户发送响应，在客户和服务器之间的 HTTP 报文有两种类型：请求报文和响应报文。

#### 1. 请求报文

HTTP 请求报文由请求行、请求首部和请求数据（实体）组成，如图 7-6 所示。

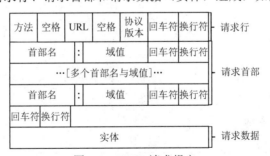

图 7-6　HTTP 请求报文

请求行包括方法、URL 和协议版本三个字段。其中，方法字段严格区分大小写形式。当前 HTTP 协议中的方法都是大写英文字母。常用的 HTTP 请求的方法有以下几种。

① GET：请求获取 Request-URI 所标识的资源。URI 是通用资源标识符，URL 是其子集，URI 注重的是标识，而 URL 强调的是位置，可以将 URL 看成原始的 URI。

② POST：在 Request-URI 所标识的资源后附加新的数据；支持 HTML 表单提交，表单中有用户添加的数据，这些数据会发送到服务器端，由服务器存储至某位置（如发送处理程序）。

③ HEAD：请求 Request-URI 所标识的资源响应消息报头。HEAD 方法可以在响应时不返回消息体。

④ PUT：与 GET 相反，请求服务器存储一个资源，并用 Request-URI 作为其标识，例如发布系统。

⑤ DELETE：请求删除 URL 指向的资源。

⑥ OPTIONS：请求查询服务器的性能，或者查询与资源相关的选项。

⑦ TRACE：跟踪请求要经过的防火墙、代理或网关等，主要用于测试或诊断。

⑧ CONNECT：保留将来使用。

### 2．响应报文

HTTP 响应报文由状态行、响应首部和响应数据（实体）组成，如图 7-7 所示。

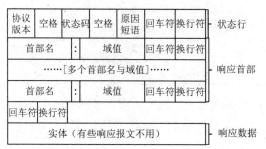

图 7-7　HTTP 响应报文

状态行包括协议版本、状态码与原因短语三个字段。常用的状态码和原因短语的说明见表 7-3。

表 7-3　状态码及原因短语的说明

| 状 态 码 | 原 因 短 语 | 说　　明 |
|---|---|---|
| 100 | Continues | 请求的开始部分已收到，客户可以继续其请求 |
| 101 | Switching | 服务器同意客户的请求，切换为在更新首部中定义的协议 |
| 200 | OK | 客户请求成功 |
| 201 | Created | 请求已经被实现，而且有一个新的资源已经依据请求的需要而创建，且其 URI 已经随 Location 头信息返回 |
| 301 | Moved Permanently | 被请求的资源已永久移动到新位置，并且将来任何对此资源的引用都应该使用本响应返回的若干 URI 之一 |
| 302 | Found | 在响应报文中使用首部"Location: URL"指定临时资源位置 |
| 304 | Not Modified | 在条件式请求中使用 |
| 403 | Forbidden | 请求被服务器拒绝 |
| 404 | Not Found | 服务器无法找到请求的 URL |
| 405 | Method Not Allowed | 不允许使用此方法请求相应的 URL |
| 500 | Internal Server Error | 服务器内部错误 |
| 502 | Bad Gateway | 代理服务器从上游收到了一条伪响应 |
| 503 | Service Unavailable | 服务器此时无法提供服务，但将来可能可用 |
| 505 | HTTP Version Not Supported | 服务器不支持或者拒绝支持在请求中使用的 HTTP 版本。这暗示着服务器不能或不愿使用与客户端相同的版本。响应中应当包含一个描述了为何该版本不被支持，以及服务器支持哪些协议的实体 |

请求报文和响应报文都包含首部，用于 HTTP 客户和服务器之间交换附加的信息。首部可以有一个或多个首部行，每个首部行由首部名、冒号和域值组成。首部行共有 4 种：通用首部、

请求首部、响应首部和实体首部。请求报文只包含通用首部、请求首部和实体首部，响应报文只包含通用首部、响应首部和实体首部。

① 通用首部：给出了关于报文的通用信息。

② 请求首部：指明客户的配置和客户优先使用的文档格式。

③ 响应首部：指明服务器的配置和关于请求的特殊信息。

④ 实体首部：用于指定实体属性，给出文档正文的信息。

# 7.3 动态主机配置协议

## 7.3.1 主要功能

动态主机配置协议（DHCP，Dynamic Host Configuration Protocol）的前身是 BOOTP（BOOTstrap Protocol）。BOOTP 用于为连接到网络中的设备自动分配地址。由于 BOOTP 是一个静态配置的协议，在有限的 IP 资源环境中，BOOTP 的静态配置会造成很大的浪费，因此后来被 DHCP 取代了。DHCP 在 BOOTP 基础上提供了即插即用的机制，通常被应用于大型的局域网络环境中，允许服务器向客户动态分配 IP 地址，还允许主机得知其他信息，例如，子网掩码、第一跳路由器地址（默认网关）、本地 DNS 服务器地址等。

DHCP 为 IP 地址的分配提供了两种机制：静态地址分配和动态地址分配。分配可以是人工的，也可以是自动的。静态地址分配为人工配置，DHCP 服务器有一个数据库，把物理地址和 IP 地址进行静态绑定。人工配置使用不方便，且容易出错。动态地址分配为自动配置，当一个 DHCP 客户请求临时的 IP 地址时，DHCP 服务器就从数据库中查找可用的 IP 地址，并指派有一定使用期限的有效的 IP 地址。由此可见，动态分配是一种允许自动重用地址的机制，又称为即插即用联网。这对于有临时上网需求的用户，以及网络资源并不丰富的场合尤为适用。DHCP 可为位置固定且运行服务器程序的计算机分配永久的 IP 地址。

DHCP 采用 C/S 方式，DHCP 服务器对所有的网络配置数据进行统一的集中管理，并负责处理客户的请求。DHCP 使用的知名端口号与 BOOTP 相同，即 DHCP 服务器端口号是 67，DHCP 客户端口号是 68。

## 7.3.2 DHCP 报文

### 1. DHCP 报文类型

DHCP 提供 8 种类型的 DHCP 报文，即 DHCP DISSCOVER 报文、DHCP OFFER 报文、DHCP REQUEST 报文、DHCP ACK 报文、DHCP NAK 报文、DHCP RELEASE 报文、DHCP DECLINE 报文和 DHCP INFORM 报文。各种报文的用途见表 7-4。

表 7-4  DHCP 报文类型及其用途

| 报 文 类 型 | 用　　　途 |
| --- | --- |
| DHCP DISCOVER | DHCP 客户首次登录网络时进行 DHCP 过程的第一个报文，用来寻找 DHCP 服务器 |
| DHCP OFFER | DHCP 服务器用来响应 DHCP DISCOVER 报文的报文，此报文携带了各种配置信息 |
| DHCP REQUEST | DHCP 客户初始化后，发送广播的 DHCP REQUEST 报文来响应服务器的 DHCP OFFER 报文。<br>　　DHCP 客户重启并初始化后，发送广播的 DHCP REQUEST 报文来确认先前被分配的 IP 地址等配置信息。<br>当 DHCP 客户已经和某个 IP 地址绑定后，发送 DHCP REQUEST 报文来延长 IP 地址的租期 |

| 报 文 类 型 | 用 途 |
|---|---|
| DHCP DECLINE | DHCP 客户可通过发送此报文主动释放 DHCP 服务器分配给它的 IP 地址。当 DHCP 服务器收到此报文后，可将这个 IP 地址分配给其他的 DHCP 客户 |
| DHCP ACK | DHCP 服务器对 DHCP 客户的 DHCP REQUEST 报文的确认响应报文，DHCP 客户收到此报文后才真正获得了 IP 地址和相关的配置信息 |
| DHCP NAK | DHCP 服务器对 DHCP 客户的 DHCP REQUEST 报文的拒绝响应报文，例如，服务器对客户分配的 IP 地址已超过使用租借期限（服务器没有找到相应的租约记录），或者由于某些原因无法正常分配 IP 地址，则发送 DHCP NAK 报文作为应答。<br>通知 DHCP 客户无法分配合适的 IP 地址，DHCP 客户需要重新发送 DHCP DISCOVER 报文来申请新的 IP 地址 |
| DHCP RELEASE | 当 DHCP 客户发现 DHCP 服务器分配给它的 IP 地址发生冲突时，会通过发送此报文来通知 DHCP 服务器，并且会重新向 DHCP 服务器申请地址 |
| DHCP INFORM | DHCP 客户已经获得了 IP 地址，发送此报文的目的是从 DHCP 服务器获得一些其他的网络配置信息，如网关地址、DNS 服务器地址等。目前已基本不用了 |

## 2．DHCP 报文格式

虽然 DHCP 报文类型较多，但每种报文的格式基本相同，只是某些字段的取值不同。DHCP 报文格式如图 7-8 所示。

| 操作（1字节） | 硬件类型（1字节） | 物理地址长度（1字节） | 跳数（1字节） |
|---|---|---|---|
| 事务标识符（4字节） | | | |
| 秒数（2字节） | | 标志（2字节） | |
| 用户IP地址（4字节） | | | |
| 客户IP地址（4字节） | | | |
| 服务器IP地址（4字节） | | | |
| 路由器IP地址（4字节） | | | |
| 客户硬件地址（16字节） | | | |
| 服务器主机名（64字节） | | | |
| 引导文件名（128字节） | | | |
| 选项（可变长） | | | |

图 7-8　DHCP 报文格式示意图

各字段的含义说明如下。

- 操作：占 1 字节，报文的操作类型，分为请求报文和响应报文。客户发送给服务器的报文为请求报文，值为 1；服务器发送给客户的报文为响应报文，值为 2。
- 硬件类型：占 1 字节，指明 DHCP 客户的底层物理网络的类型，其值为 1 表示底层网络是最常见的以太网。
- 物理地址长度：占 1 字节，指明 DHCP 客户的底层物理网络的物理地址的长度。以太网 MAC 地址长度为 6 字节，即对应的物理地址长度为 6。
- 跳数：占 1 字节，指明 DHCP 报文经过的路由器（中继）数量。如果没有经过路由器，则值为 0（同一网内）。DHCP 请求报文中，该字段初始值为 0，请求报文被转发一次，该字段的值就会增 1。为了限制 DHCP 服务器的作用范围，请求中的跳数增大到 3 时就会被丢弃。响应过程则相反，每经过一个路由器，跳数减 1。
- 事务标识符（ID）：占 4 字节，用于匹配 DHCP 请求和响应。DHCP 客户通过 DHCP DISCOVER 报文发起一次 IP 地址请求时所选择的随机数，用来标识一次 IP 地址请求过程。在一次请求中所有报文的 ID 都是一样的。

- 秒数：占 2 字节，指明 DHCP 客户从获取 IP 地址或者续约过程开始到现在所花费的时间，以秒为单位。在没有获得 IP 地址前，该字段始终为 0。
- 标志：占 2 字节，但只使用最左边的 1 位，其余位尚未使用。该位是广播应答标志位，用来区分 DHCP 服务器应答报文是采用单播还是广播方式发送。其中，0 表示采用单播方式，1 表示采用广播方式。DHCP 客户发出请求时，可将该位置为 1，指明 DHCP 服务器采用广播方式响应。
- 用户 IP 地址：占 4 字节，指明 DHCP 客户的 IP 地址。其仅在 DHCP 服务器发送的 DHCP ACK 报文中显示，在其他报文中均显示为 0。这是因为，在得到 DHCP 服务器确认前，DHCP 客户还没有被分配 IP 地址。
- 客户 IP 地址：占 4 字节，指明 DHCP 服务器分配给客户的 IP 地址。其仅在 DHCP 服务器发送的 DHCP OFFER 和 DHCP ACK 报文中显示，在其他报文中显示为 0。
- 服务器 IP 地址：占 4 字节，指明为 DHCP 客户分配 IP 地址等信息的其他 DHCP 服务器 IP 地址。其仅在 DHCP OFFER、DHCP ACK 报文中显示，在其他报文中显示为 0。
- 路由器 IP 地址：占 4 字节，指明 DHCP 客户发出请求报文后经过的第一个 DHCP 中继的 IP 地址。如果没有经过 DHCP 中继，则显示为 0。
- 客户硬件地址：占 16 字节，指明 DHCP 客户的 MAC 地址。在每个报文中都会显示对应 DHCP 客户的 MAC 地址。
- 服务器主机名：占 64 字节，指明为客户分配 IP 地址的服务器名称（DNS 域名格式）。其只在 DHCP OFFER 和 DHCP ACK 报文中显示，在其他报文中显示为空。
- 引导文件名：占 128 字节，指明 DHCP 服务器为 DHCP 客户指定的启动配置文件的名称及路径信息。其仅在 DHCP OFFER 报文中显示，在其他报文中显示为空。
- 选项：可选字段，长度可变。选项主要是配置信息，格式为"代码+长度+数据"。部分选项说明见表 7-5。

表 7-5　DHCP 报文中的选项说明

| 代　码 | 长　　度 | 说　　明 |
| --- | --- | --- |
| 1 | 4 字节 | 子网掩码 |
| 3 | 长度可变，必须是 4 字节的整倍数 | 默认网关（可以是一个路由器 IP 地址列表） |
| 6 | 长度可变，必须是 4 字节的整数倍 | DNS 服务器（可以是一个 DNS 服务器 IP 地址列表） |
| 15 | 长度可变 | 域名称（主 DNS 服务器名称） |
| 44 | 长度可变，必须是 4 字节的整数倍 | WINS 服务器（可以是一个 WINS 服务器 IP 地址列表） |
| 51 | 4 字节 | 有效租约期（以秒为单位） |
| 53 | 1 字节 | 报文类型：<br>1）DHCP DISCOVER<br>2）DHCP OFFER<br>3）DHCP REQUEST<br>4）DHCP DECLINE<br>5）DHCP ACK<br>6）DHCP NAK<br>7）DHCP RELEASE<br>8）DHCP INFORM |
| 58 | 4 字节 | 续约时间 |

### 7.3.3 DHCP 的工作过程

DHCP 服务不仅体现在自动为 DHCP 客户分配 IP 地址的过程中，还体现在 IP 地址的续约和释放过程中。

#### 1. IP 地址自动分配过程

DHCP 服务器为 DHCP 客户初次提供 IP 地址的自动分配过程可分为 4 个阶段，各阶段使用不同的 DHCP 报文进行交互，如图 7-9 所示。

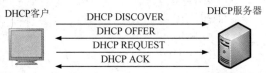

图 7-9　DHCP 自动分配 IP 地址工作过程示意图

① DHCP 客户发现阶段：DHCP 客户查找 DHCP 服务器的阶段。DHCP 客户以广播方式（因为 DHCP 服务器的 IP 地址对于客户来说是未知的）发送 DHCP DISCOVER 发现信息来寻找网络中的 DHCP 服务器，源地址为 0.0.0.0，目标地址为 255.255.255.255。网络上每台安装了 TCP/IP 协议的主机都会接收到这种广播信息，但只有 DHCP 服务器才会做出响应。

② DHCP 服务器提供阶段：DHCP 服务器向 DHCP 客户提供 IP 地址的阶段。在网络中接收到 DHCP DISCOVER 发现信息的 DHCP 服务器都会做出响应，它从尚未出租的 IP 地址中挑选一个分配给 DHCP 客户，向 DHCP 客户发送一个包含出租的 IP 地址和其他设置的 DHCP OFFER 信息。

③ DHCP 客户选择阶段：DHCP 客户选择某台 DHCP 服务器提供的 IP 地址的阶段。如果有多台 DHCP 服务器向 DHCP 客户发来 DHCP OFFER 报文，则 DHCP 客户只接收第一个收到的 DHCP OFFER 报文，然后以广播方式应答一个 DHCP REQUEST 报文，该报文中包含向它所选定的 DHCP 服务器请求 IP 地址的内容。之所以要以广播方式应答，是为了通知所有的 DHCP 服务器，它将选择某台 DHCP 服务器所提供的 IP 地址。

④ DHCP 服务器确认阶段：DHCP 服务器确认所提供的 IP 地址的阶段。当 DHCP 服务器收到 DHCP 客户应答的 DHCP REQUEST 报文之后，它便向 DHCP 客户发送一个包含它所提供的 IP 地址和其他设置的 DHCP ACK 报文，告诉 DHCP 客户可以使用它所提供的 IP 地址，然后 DHCP 客户便将其 TCP/IP 协议与网卡绑定；否则返回 DHCP NAK 报文，表明 IP 地址不能分配给该客户。

#### 2. IP 地址租约更新过程

DHCP 服务器将 IP 地址提供给 DHCP 客户时，会包含租约的有效期，默认租约期限为 8 天（691200 秒）。除了租约期限，还具有两个时间值 T1 和 T2，其中，T1 定义为租约期限的一半，默认为 4 天（345600 秒），而 T2 定义为租约期限的 7/8，默认为 7 天（604800 秒）。当到达 T1 定义的时间期限时，DHCP 客户会向提供租约的原始 DHCP 服务器发送 DHCP REQUEST 报文，请求对租约进行更新，如果 DHCP 服务器接受此报文则回复 DHCP ACK 报文，包含更新后的租约期限；如果 DHCP 服务器不接受 DCHP 客户的租约更新请求（例如此 IP 地址已被从作用域中去除），则向 DHCP 客户单播回复 DHCP NAK 报文，通知 DHCP 客户不能获得新的租约，该 IP 地址不再分配给该 DHCP 客户。此时，DHCP 客户需立即发起 DHCP DISCOVER 报文以寻求新的 IP 地址。如果 DHCP 客户没有从 DHCP 服务器得到任何回复，则继续使用此 IP 地址直到达到 T2 定义的时间期限。此时，DHCP 客户再次向提供租约的原始 DHCP 服务器发送 DHCP REQUEST 报文，请求对租约进行更新，如果仍然没有得到 DHCP 服务器的回复，则发起 DHCP DISCOVER 报文以寻求新的 IP 地址。

# 7.4 文件传输

## 7.4.1 文件传输协议

文件传输是互联网最早提供的服务功能之一，目前仍在广泛使用。文件传输服务由文件传输协议（FTP，File Transfer Protocol）提供，其允许用户将文件从一台计算机传输到另一台计算机上，并且能保证传输的可靠性。

FTP 采用客户-服务器工作方式，其模型如图 7-10 所示。与普通的客户-服务器程序不同，FTP 的客户和服务器之间要建立双重连接——控制连接和数据连接。其原因在于 FTP 是一个交互式会话系统，客户以主动方式与服务器建立控制连接，通过控制连接将命令传给服务器，服务器通过控制连接将应答传给客户。当涉及大量数据传输时，服务器和客户之间再建立一个数据连接，进行实际的数据（如文件）传输。一旦数据传输结束，数据连接相继释放，但控制连接依然存在，客户可以继续发出命令，直到客户退出或服务器主动断开。

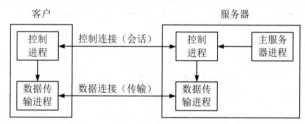

图 7-10　FTP 的客户-服务器模型

一个 FTP 服务器进程可以同时为多个客户进程提供服务。服务器进程主要分为两部分：① 主进程，负责接收新的客户请求并启动相应的从属进程；② 若干从属进程，负责处理具体的客户请求。

FTP 服务器的知名端口号是 21，客户进程连接服务器的端口 21 就可以进行控制连接的对话了。FTP 的工作过程概括如下：

① 服务器首先启动 FTP 主进程，主进程打开知名端口 21，为客户连接做好准备，并等待客户进程的连接请求。

② 客户在命令提示符下输入 FTP 服务器名并按回车键，客户向服务器的端口 21 发出请求连接报文，并告诉服务器自己的另一个端口号。

③ 服务器主进程接收到客户请求后，启动从属的控制进程与客户建立控制连接，并将响应信息传送给客户。

④ 服务器主进程回到等待状态，继续准备接收其他客户的请求。

⑤ 客户输入账号、口令和文件读取命令后，通过控制连接传送给服务器的控制进程。

⑥ 服务器控制进程创建数据传送进程，并通过端口 20 与客户建立数据传输连接。

⑦ 客户通过建立的控制连接传送交互命令，并通过数据连接接收服务器传来的文件数据。

⑧ 传输结束，服务器释放数据连接，数据传输进程自动终止。

⑨ 客户输入退出命令，释放控制连接。

⑩ 服务器控制进程自动终止，会话过程结束。

使用 help 命令可以查询 FTP 命令，一些常用的命令见表 7-6。

表 7-6　FTP 常用命令说明

| 命令 | 说明 |
|---|---|
| ABOR | 放弃先前的 FTP 命令和数据传输 |
| LIST filelist | 列表显示文件或目录 |
| PASS password | 服务器上的口令 |
| USER username | 服务器上的用户名 |
| CWD dir | 进入某个目录 |
| RETR filename | 下载一个文件 |
| STOR filename | 上载一个文件 |
| SYST | 服务器返回系统类型 |
| TYPE type | 说明文件类型：A 表示文本文件，I 表示二进制文件 |
| PORT n1,n2,n3,n4,n5,n6 | 客户 IP 地址（n1,n2,n3,n4）和端口（n5×256+n6） |
| PASV | 希望进入被动模式 |
| QUIT | 从服务器注销 |

### 7.4.2　简单文件传输协议

简单文件传输协议（TFTP，Trivial File Transfer Protocol）是一种简化的文件传输协议，仅提供单纯的文件传输，没有权限控制，也不支持客户与服务器之间的复杂交互过程，因此 TFTP 比 FTP 简单得多。

TFTP 之所以简单，一个重要的原因就在于它不需要提供可靠流传输服务，而是建立在 UDP 用户数据报基础上，利用确认与超时重传机制保证传输的可靠性。TFTP 支持 5 种报文类型：读请求（READ REQ）、写请求（WRITE REQ）、数据（DATA）、确认（ACK）和差错（ERROR）。其中，请求报文用于在客户与服务器之间建立连接，请求报文必须指明对象文件的文件名；数据以块（一块 512 字节）为单位传送数据；差错报文用于报告错误；确认报文用于确认数据，指出正确接收到的数据块号。

TFTP 的另一个特点是提供对称性重传，客户和服务器都具有超时重传机制。服务器超时后，重传一个数据块；客户超时后，重传一个确认，从而可以进一步提高 TFTP 的鲁棒性。

## 7.5　电子邮件

### 7.5.1　基本概念

电子邮件（E-mail）是互联网上使用最多、最受用户欢迎的一种应用。电子邮件把邮件发送给收件人使用的邮件服务器，并放在其中的收件人邮箱（mail box）中，收件人可以在方便时上网到自己使用的邮件服务器进行读取。这相当于互联网为用户设立了存放邮件的邮箱，因此 E-mail 有时也称为电子邮箱。电子邮件不仅使用方便，而且还具有传递迅速和费用低廉的优点。

一个电子邮件系统由用户代理、邮件服务器，以及邮件传送协议（如简单邮件传送协议）和邮件读取协议（如邮局协议 3）组成，如图 7-11 所示。

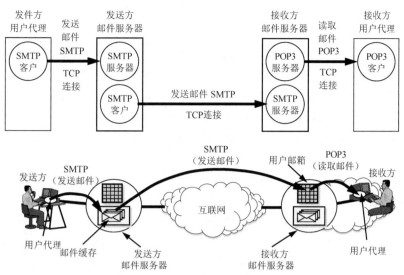

图 7-11 电子邮件系统组成示意图

用户代理（UA，User Agent）就是用户与电子邮件系统的接口。在大多数情况下，它就是运行在用户计算机中的一个程序，因此又称为电子邮件客户端软件。用户代理向用户提供一个很友好的接口（目前主要是窗口界面）来发送和接收邮件。现在可供选择的用户代理有很多种，例如，微软公司的 Outlook Express 和我国张小龙制作的 Foxmail 都是很受欢迎的电子邮件用户代理。

用户代理应至少具有以下 4 项功能。

① 撰写。给用户提供编辑信件的环境，例如，应让用户能创建便于使用的通讯录（包括常用的人名和地址），回信时不仅能很方便地从来信中提取出对方地址，自动将此地址写入邮件中合适的位置，还能方便地对来信提出的问题进行答复（系统自动将来信复制一份在用户撰写回信的窗口中，因而用户不需要再输入来信中的问题）。

② 显示。能方便地在计算机屏幕上显示来信内容（包括来信附上的声音和图像）。

③ 发送邮件和接收邮件的处理。收件人应能根据情况按不同方式对来信进行处理，例如，阅读后删除、存盘、打印、转发等，以及自建目录对来信进行分类保存。有时还可在读取邮件之前先查看一下邮件的发件人和长度等，对于不愿接收的邮件可直接在邮箱中删除。

④ 通信。发信人在撰写完邮件后，要利用邮件传送协议发送到用户所使用的邮件服务器中；收件人在接收邮件时，要使用邮件读取协议从本地邮件服务器中接收邮件。

互联网上有许多邮件服务器可供用户选用（有些要收取少量的费用）。邮件服务器 24 小时不间断地工作，并且有很大容量的邮箱。邮件服务器的功能是发送和接收邮件，同时还要向发件人报告邮件传送的结果（已交付、被拒绝、丢失等）。邮件服务器按照客户-服务器方式工作。邮件服务器需要使用两种不同的协议：一种协议用于用户代理向邮件服务器发送邮件或在邮件服务器之间发送邮件，如 SMTP；另一种协议用于用户代理从邮件服务器中读邮件，如 POP3。

需要注意的是，邮件服务器必须能够同时充当客户和服务器。例如，当邮件服务器 A 向另一个邮件服务器 B 发送邮件时，A 就作为 SMTP 客户，而 B 就是 SMTP 服务器。反之，当 B 向 A 发送邮件时，B 就是 SMTP 客户，而 A 就是 SMTP 服务器。SMTP 和 POP3［或交互式邮件存取协议（IMAP）］都使用 TCP 连接来传送邮件，其目的是为了可靠地传送邮件。

电子邮件由信封和内容两部分组成，电子邮件的传输程序根据信封上的信息来传送邮件。在邮件的信封上，最重要的就是收件人的地址。TCP/IP 体系的电子邮件系统规定电子邮件地址的格式如下：

用户名@邮件服务器的域名

其中，符号"@"读作 at，表示"在"的意思。例如，在电子邮件地址abc@xyz.com中，xyz.com 就是邮件服务器的域名，而 abc 就是在这个邮件服务器中收件人的用户名，也就是收件人邮箱名，是收件人为自己定义的字符串标识符。需要注意的是，这个用户名在邮件服务器中必须是唯一的（当用户定义自己的用户名时，邮件服务器要负责检查该用户名在本服务器中的唯一性），这样就保证了每个电子邮件地址在世界范围内是唯一的，这对保证电子邮件能够在整个互联网范围内准确交付是十分重要的。电子邮件的用户名一般应采用容易记忆的字符串。

## 7.5.2 电子邮件协议

电子邮件协议主要包括邮件传送协议和邮件读取协议两部分。邮件传送协议主要有简单邮件传送协议（SMTP，Simple Mail Transfer Protocol），其用于将邮件从发送邮件服务器传送到接收邮件服务器中。邮件读取协议主要有邮局协议 3（POP3，Post Office Protocol 3）、交互式邮件存取协议（IMAP，Internet Mail Access Protocol）等，其用于将邮件从邮件服务器读取到用户主机中。

### 1. 简单邮件传送协议

简单邮件传送协议（SMTP）用于在邮件服务器之间传送邮件，主要解决的是邮件交付系统如何将邮件从一台邮件服务器传送到另一台邮件服务器中的问题，不涉及用户如何从邮件服务器接收邮件的问题。

SMTP 是一个基于 ASCII 码的协议，采用客户-服务器工作方式，每个 SMTP 会话涉及两个邮件传送代理（MTA，Mail Transfer Agent）之间的一次对话。在这两个 MTA 中，负责发送邮件的 SMTP 进程就是 SMTP 客户，负责接收邮件的 SMTP 进程就是 SMTP 服务器。SMTP 客户发送相关命令在 SMTP 控制下由 SMTP 服务器负责接收，SMTP 服务器做出响应。SMTP 定义了客户和服务器之间交互的命令和响应格式，命令由 SMTP 客户发给服务器。SMTP 的最小命令集见表 7-7。响应是由服务器发给客户的，响应是一个 3 位的十进制数，后面可以跟着附加的文本信息，SMTP 的响应码见表 7-8。

表 7-7　SMTP 的最小命令集及其含义

| 命　令 | 含　　义 |
| --- | --- |
| HELLO | SMTP 客户向 SMTP 服务器所做的提示 |
| MAIL | 后跟发信人，启动邮件发送处理 |
| RCPT | 识别邮件服务器 |
| DATA | DATA 后面的内容表示邮件数据，以<CRLF>结尾 |
| NOOP | 用于用户测试，仅返回 OK |
| REST | 退出（或复位）当前的传输处理，返回 OK 应答表示过程有效 |
| QUIT | 服务器返回 OK 应答并关闭传输连接 |

表 7-8　SMTP 的响应码及其含义

| 响　应　码 | 含　　义 |
| --- | --- |
| 211 | 系统状态或系统帮助响应 |
| 214 | 帮助信息 |

| 响 应 码 | 含 义 |
|---|---|
| 220 | <域>服务就绪 |
| 221 | <域>服务关闭 |
| 250 | 要求的邮件操作完成 |
| 251 | 用户非本地,寻找<前向路径> |
| 354 | 开始邮件输入,以"."结束 |
| 421 | <域>服务器未就绪,关闭传输信道 |
| 450 | 要求的邮件操作未完成,邮箱不可用 |
| 451 | 放弃要求的操作,处理过程中出错 |
| 454 | 临时认证失败,可能账号被临时冻结 |
| 500 | 语法错误,不能识别命令 |
| 501 | 参数格式错误 |
| 502 | 命令不可实现 |
| 503 | 错误的命令序列,接收邮箱格式错误 |
| 504 | 命令参数不可实现 |
| 550 | 要求的邮件操作未完成,邮箱不可用 |
| 551 | 用户非本地,请尝试<前向路径> |
| 552 | 过量的存储分配,要求的操作未执行 |
| 553 | 邮箱名不可用,要求的操作未执行 |
| 554 | 操作失败 |

邮件传送分为 SMTP 连接建立、邮件传送和 SMTP 连接释放三个阶段。

(1) SMTP 连接建立阶段

发件人的邮件送到发送邮件服务器的邮件缓存中后,SMTP 客户就每隔一定的时间(如 30 分钟)对邮件缓存扫描一次。例如,发现有邮件,就使用 SMTP 的知名端口号 25 与接收邮件服务器的 SMTP 服务器建立 TCP 连接。在连接建立后,接收方 SMTP 服务器要发送 220 Service ready,通知 SMTP 客户自己已经准备就绪。然后 SMTP 客户向 SMTP 服务器发送 HELLO 报文,并附上发送方的主机名通知服务器。如果 SMTP 服务器有能力接收邮件,则发送 250 OK,表示已准备好接收,SMTP 连接建立完毕;如果 SMTP 服务器不可用,则发送 421 Service not available,表示服务不可用,SMTP 连接建立失败。

(2) 邮件传送阶段

SMTP 连接建立以后就进入邮件传送过程。SMTP 客户通过命令 MAIL FROM 和 RCTP 将信封内容发送给 SMTP 服务器,如果 SMTP 服务器已准备好接收邮件,则回答 250 OK,否则返回一个代码,指出原因。例如,451 表示处理时出错等。RCPT 命令的作用就是先弄清 SMTP 服务器是否已做好接收邮件的准备,然后才发送邮件。这样做是为了避免浪费通信资源,不至于发送了很长的邮件以后才知道地址错误。

接下来发送 DATA 命令,表示要开始传送邮件的内容了。SMTP 服务器返回的信息是:354 Start mail input; end with <CRLF>.<CRLF>,其中<CRLF>是回车换行的意思。如果 SMTP 服务器不能接收邮件,则返回 421(服务器不可用)、500(命令无法识别)等。接着 SMTP 客户就发送邮件的内容，发送完毕后，再发送<CRLF>.<CRLF>（两个回车换行中间用一个点隔开）表示邮件内容结束。实际上在服务器端看到的可打印字符只是一个英文的句点，如果邮件收到了，则SMTP 服务器返回信息 250 OK 或返回差错代码。

（3）SMTP 连接释放阶段

邮件发送完毕后，SMTP 客户应发送 QUIT 命令。SMTP 服务器返回的信息是 221（表示服务关闭传输连接），表示同意结束本次 SMTP 会话。至此，邮件传送的全部过程结束。

需要强调一下，使用电子邮件的用户看不见以上这些过程，所有这些复杂过程都被电子邮件的用户代理屏蔽了。

### 2. 邮件读取协议

常用的邮件读取协议有两个：POP3 和 IMAP。

POP 是一个非常简单、但功能有限的邮件读取协议，采用客户-服务器工作方式。在接收邮件的用户计算机中的用户代理必须运行 POP3 客户程序，而在收件人所连接的 ISP 邮件服务器中则运行 POP3 服务器程序，POP3 服务器只有在用户输入鉴别信息（用户名和口令）后才允许对邮箱进行读取。

IMAP 也是采用客户-服务器工作方式，但它比 POP3 复杂得多。

在使用 IMAP 时，用户计算机中运行 IMAP 客户程序，然后与接收方的邮件服务器中的 IMAP服务器程序建立 TCP 连接。用户在自己的计算机中就可以操作邮件服务器的邮箱，就像在本地操作一样，因此 IMAP 是一个联机协议。当用户计算机中的 IMAP 客户程序打开 IMAP 服务器的邮箱时，用户就可以看到邮件的首部。如果用户想要打开某个邮件，那么该邮件才传到用户计算机中。用户可以根据需要为自己的邮箱创建便于分类管理的层次式的邮箱文件夹，并能将存放的邮件从某一个文件夹中移动到另一个文件夹中。用户也可按某种条件对邮件进行查找。在用户未发出删除邮件的命令之前，IMAP 服务器邮箱中的邮件一直保存着。

IMAP 最大的好处就是，用户可以在不同的地方使用不同的计算机随时上网阅读和处理自己在邮件服务器中的邮件，它还允许收件人只读取邮件中的某个部分。IMAP 的缺点是，如果用户没有将邮件复制到自己的计算机中，邮件就一直存放在 IMAP 服务器中，用户要想查阅自己的邮件就必须先上网。

POP3 和 IMAP 的主要功能比较见表 7-9。

表 7-9  POP3 和 IMAP 的主要功能比较

| 操 作 位 置 | 操 作 内 容 | POP3 | IMAP |
|---|---|---|---|
| 收件箱 | 阅读、标记、移动、删除邮件等 | 仅在客户端 | 客户端与邮箱更新同步 |
| 发件箱 | 保存到已发送文件夹 | 仅在客户端 | 客户端与邮箱更新同步 |
| 创建文件夹 | 新建自定义的文件夹 | 仅在客户端 | 客户端与邮箱更新同步 |
| 草稿 | 保存草稿 | 仅在客户端 | 客户端与邮箱更新同步 |
| 垃圾文件夹 | 接收并移入垃圾文件夹的邮件 | 不支持 | 支持 |
| 广告邮件 | 接收并移入广告邮件夹的邮件 | 不支持 | 支持 |

最后再强调一下，不要把 POP3 或 IMAP 与 SMTP 弄混。发件人的用户代理向发送邮件服务器发送邮件，以及发送邮件服务器向接收邮件服务器发送邮件，都使用 SMTP，而 POP3 或IMAP 则是用户代理从接收邮件服务器中读取邮件所使用的协议。

# 习题 7

1. 应用层提供哪些服务？给谁提供服务？
2. 域名系统的主要功能是什么？具有怎样的结构？
3. 域名服务器有几种类型？各有什么功能？
4. 举例说明域名系统的解析过程。
5. 举例说明 WWW 服务中 Web 浏览器访问 Web 服务器的过程。
6. DHCP 的作用是什么？适用于哪种场合？
7. 简述 DHCP 客户从 DHCP 服务器获取 IP 地址的过程？
8. DHCP 客户如何完成 IP 地址租约更新？
9. FTP 和 TFTP 有何区别？
10. 电子邮件系统由几部分组成？
11. SMTP 邮件传送分为哪几个阶段？
12. POP3 和 IMAP 有何区别？

# 第 8 章　基于 eNSP 的网络实验

eNSP（英文为 Enterprise Network Simulation Platform）是华为公司研发的网络设备仿真平台，主要对企业网络路由器、交换机、WLAN 等设备进行软件仿真，其目的是完美地呈现真实设备部署实景，支持大型网络规模，让网络技术初学者在没有真实设备的情况下也能开展测试实验，学习网络技术。本章基于 eNSP 仿真平台设计了几个实验，通过实践帮助学生巩固和加深对所学理论知识的理解与掌握。

## 8.1　eNSP 介绍

eNSP 提供便捷的图形化操作界面，使得组网变得简单，如图 8-1 所示。另外，eNSP 按照真实设备支持的特性进行模拟，可模拟的设备形态多，功能全面，还可以与真实网卡对接，实现模拟设备与真实设备的组网，灵活性强。eNSP 的安装和使用需要 WinPcap、Wireshark 和 VirtualBox 三款软件提供支持环境。

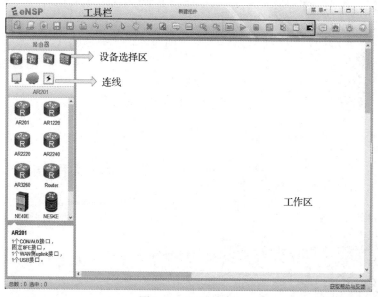

图 8-1　eNSP 界面

### 8.1.1　命令行方式

企业组网时，配置网络设备大多采用命令行方式。使用时，可以先在文本文件中编辑完成全部配置指令，然后在设备的命令行方式下，采用复制粘贴的方式直接运行。事实上，工业企业网络设备的维护和升级都采用这种工程化模式。在学习的初级阶段，网络设备的配置提倡采用命令行方式，尽量避免采用图形界面配置方式。

打开 eNSP 软件，将交换机或路由器拖到工作区，选中交换机或路由器，右键选择启动，稍等几秒钟，待设备启动完成后，双击设备，就会进入命令行方式。

eNSP 软件中的视图模式包括用户视图、系统视图、端口（接口）视图、协议视图等，用得比较多的是系统视图和端口视图。

（1）用户视图

在默认状态下，双击路由器图标，就会打开用户视图，如图 8-2 所示。

图 8-2　用户视图

（2）系统视图

在用户模式下，输入 system-view 可以进入系统视图。在系统视图下，输入"?"，即可显示系统视图下支持的命令，如图 8-3 所示。

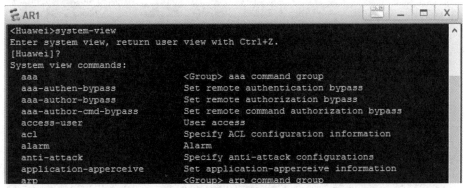

图 8-3　系统视图

（3）端口视图

在系统视图下，输入端口名可以进入端口视图。在端口视图下，可以为某个端口配置 IP 地址，如图 8-4 所示。

图 8-4　端口视图

交换机或路由器端口一般有两种类型：一种以 E（Ethernet）开头，表示端口带宽为 100Mbit/s（百兆）；另一种以 G（GigabitEthernet）开头，表示端口带宽为 1000Mbit/s（千兆）。

交换机和 PC 机（主机）之间的连线采用 Auto 模式自动连接，路由器以太网口之间的连线也可以采用 Auto 模式自动连接，路由器广域网端口（也就是串口）的连接类型需选择 Serial。

## 8.1.2　eNSP 常用命令

（1）修改名称
　　〈Huawei〉system-view
　　[Huawei]sysname R1000
　　[R1000]
（2）查看当前配置
　　[Huawei]display current-configuration　　!在系统视图下输入
上面命令可以简写为
　　[Huawei]dis cu

命令行方式支持 Tab 键自动补齐和命令简写，例如，在用户视图下输入 sy 后按 Tab 键，将被自动补齐为 system-view 命令。在进行命令简写时，要求所简写的字母必须能够唯一地代表该命令，例如，输入 dis 可以唯一地代表 display 命令，但输入 co?，将会出现 3 个命令，分别是 command-privilege、config 和 controller，所以 co 无法代表 config 命令，输入 conf 才能代表 config 命令。

（3）保存配置

为了保障设备重启后不会丢失数据，配置完成后需要进行保存：

    〈Huawei〉save    !在用户视图进行保存

系统提示是否保存修改，输入 y 保存，输入 n 不保存，如图 8-5 所示。

```
<Huawei>save
 The current configuration will be written to the device.
 Are you sure to continue? (y/n)[n]:
```

图 8-5　保存配置

（4）恢复出厂配置

    〈Huawei〉reset saved-configuration    !恢复出厂配置

    〈Huawei〉reboot    !重启

给出恢复出厂配置命令后，系统会提示是否删除闪存里的配置信息，并保存现有的配置信息。用户可根据情况选择保存或不保存，如图 8-6 所示。

```
<Huawei>reset saved-configuration
This will delete the configuration in the flash memory.

The device configuratio
ns will be erased to reconfigure.

Are you sure? (y/n)[n]:
```

图 8-6　恢复出厂配置

给出重启命令后，系统也会提示是否进行重启，输入 y 重启，输入 n 不重启，如图 8-7 所示。

```
<Huawei>reboot
Info: The system is comparing the configuration, please wait.
Warning: All the configuration will be saved to the next startup configuration
Continue ? [y/n]:
```

图 8-7　重启设备

## 8.2　单个交换机划分 VLAN 实验

### 1．实验目的

（1）了解 VLAN 原理。

（2）掌握使用交换机划分 VLAN 的方法。

（3）了解如何验证 VLAN 的划分。

### 2．应用背景

华为园区网交换机又称为 S 系列交换机，有 S1700、S2700、S3700、S5700、S6700、S7700、S9700 共 7 个产品系列，可满足家庭网络、中小型企业园区网、大型企业园区网的组网要求。

虚拟局域网（VLAN）是构建局域网交换技术的一种网络管理方法，即对一个实体局域网进行逻辑划分，划分成若干虚拟局域网，可以降低数据拥塞发生的概率，实现广播隔离。相同 VLAN 内的主机可以互相访问，不同 VLAN 之间的主机必须经过路由转发才能互相访问。

基于交换机端口划分虚拟局域网（Port VLAN）是实现 VLAN 的方式之一。这种方式的优点是简单、直观。另外，还可以根据主机的 MAC 地址或 IP 地址划分 VLAN。Port VLAN 利用交换机的端口进行 VLAN 的划分，端口连接类型需设为 Access。一个端口只能属于一个 VLAN。交换机系统内默认都存在 VLAN 1，它不能被删除，所有端口都属于 VLAN 1。通常，将 VLAN 1 的 IP 地址作为交换机的管理地址。

本实验要使用二层交换机根据端口号划分为两个 VLAN，PC1 和 PC2 属于 VLAN 10，PC3 和 PC4 属于 VLAN 20。使用交换机划分 VLAN 之前，所有主机均能连通；使用交换机划分 VLAN 之后，只有在同一个 VLAN 内的主机才能连通，不同 VLAN 内的主机不能连通，也就是说，PC1 和 PC2 能连通，PC3 和 PC4 能连通，但是 PC1 和 PC3 不能连通。

使用交换机划分 VLAN 的命令如下：

```
[Huawei]vlan 10    !创建 VLAN 10
[Huawei-vlan10]quit
[Huawei]interface ethernet 0/0/1    !进入端口模式
[Huawei-Ethernet0/0/1]port link-type access    !端口连接类型设为 Access
[Huawei-Ethernet0/0/1]port default vlan 10    !将端口划入 VLAN 10
[Huawei-Ethernet0/0/1]quit    !退出当前模式
```

### 3．实验设备

S3700 交换机 1 个，主机 4 台，直连线或交叉线若干。

### 4．实验拓扑

实验拓扑如图 8-8 所示。

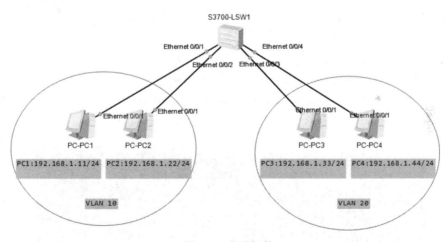

图 8-8　实验拓扑

一个完整 IP 描述包含 IP 地址和子网掩码。子网掩码有两种表示方式：一种用点分十进制数表示，与 IP 地址的表示方式一样；另一种用网络号二进制数表示。拓扑中，PC1 的 IP 地址为 192.168.1.11/24，这里的"/24"说明网络号在 32 位二进制数表示中占 24 位，若用点分十进制数表示，则子网掩码为 255.255.255.0。

### 5．实验步骤

第 1 步：组建局域网。选择 S3700 交换机，加入工作区。选中 PC 机图标，将 PC1～PC4 加入工作区。选择自动连线方式，将 PC1～PC4 与交换机相连。组网完成后，单击工具栏中的

"启动设备"按钮，开启拓扑中的设备。

第 2 步：配置主机。双击 PC1 的图标，弹出主机配置页面，如图 8-9 所示。配置 PC1 的 IP 地址为 192.168.1.11，子网掩码为 255.255.255.0，网关暂时不配置。配置好后，单击工具栏中的"应用"按钮，保存主机配置。

参照 PC1 的配置方法，配置 PC2 的 IP 地址为 192.168.1.22，PC3 的 IP 地址为 192.168.1.33，PC4 的 IP 地址为 192.168.1.44，子网掩码均为 255.255.255.0，网关暂时不配置。

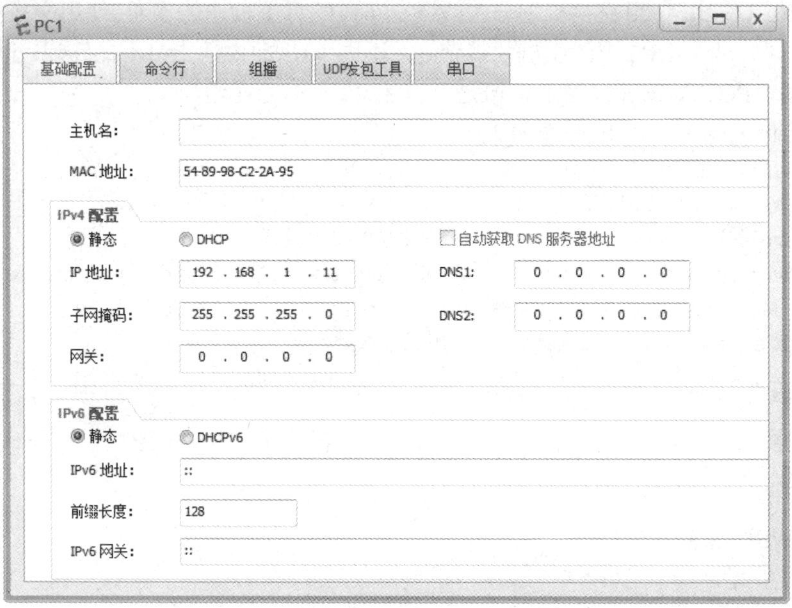

图 8-9　PC1 的配置

第 3 步：测试连通性。此时，交换机上没有做任何配置，只是使用交换机的二层交换功能，扩大局域网的规模。由于在默认情况下，交换机的所有端口属于 VLAN 1，PC1～PC4 分别连接交换机的端口 Ethernet 0/0/1～Ethernet 0/0/4，因此 PC1～PC4 都属于 VLAN 1，它们两两之间可以连通，如图 8-10 至图 8-13 所示。

```
<Huawei>system-view
Enter system view, return user view with Ctrl+Z.
[Huawei]display vlan
The total number of vlans is : 1
--------------------------------------------------------------------------------
U: Up;          D: Down;          TG: Tagged;          UT: Untagged;
MP: Vlan-mapping;                 ST: Vlan-stacking;
#: ProtocolTransparent-vlan;     *: Management-vlan;
--------------------------------------------------------------------------------

VID  Type    Ports
--------------------------------------------------------------------------------
1    common  UT:Eth0/0/1(U)     Eth0/0/2(U)      Eth0/0/3(U)      Eth0/0/4(U)
                Eth0/0/5(D)     Eth0/0/6(D)      Eth0/0/7(D)      Eth0/0/8(D)
                Eth0/0/9(D)     Eth0/0/10(D)     Eth0/0/11(D)     Eth0/0/12(D)
                Eth0/0/13(D)    Eth0/0/14(D)     Eth0/0/15(D)     Eth0/0/16(D)
                Eth0/0/17(D)    Eth0/0/18(D)     Eth0/0/19(D)     Eth0/0/20(D)
                Eth0/0/21(D)    Eth0/0/22(D)     GE0/0/1(D)       GE0/0/2(D)


VID  Status  Property      MAC-LRN Statistics Description
--------------------------------------------------------------------------------

1    enable  default       enable  disable    VLAN 0001
```

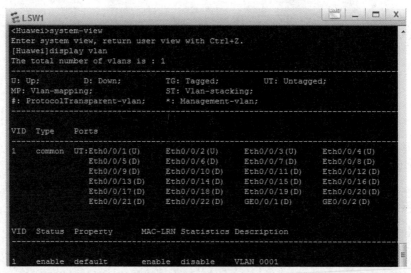

图 8-10　查看 VLAN

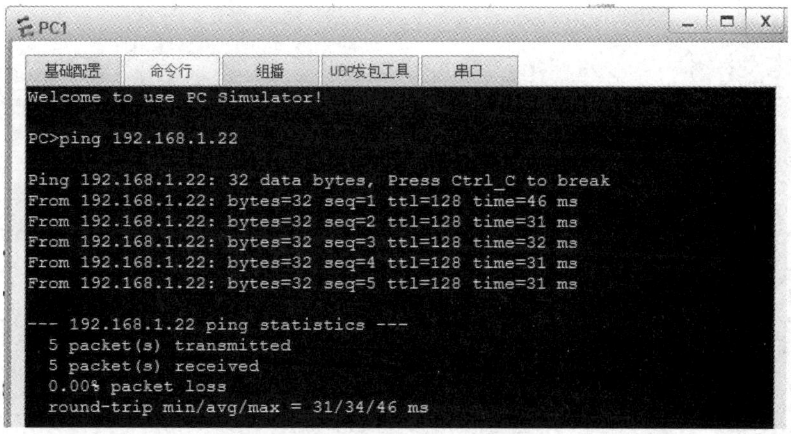

图 8-11　PC1 ping PC2 成功

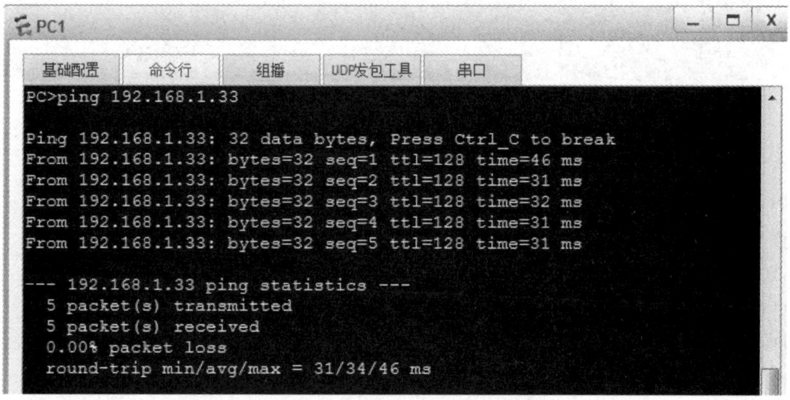

图 8-12　PC1 ping PC3 成功

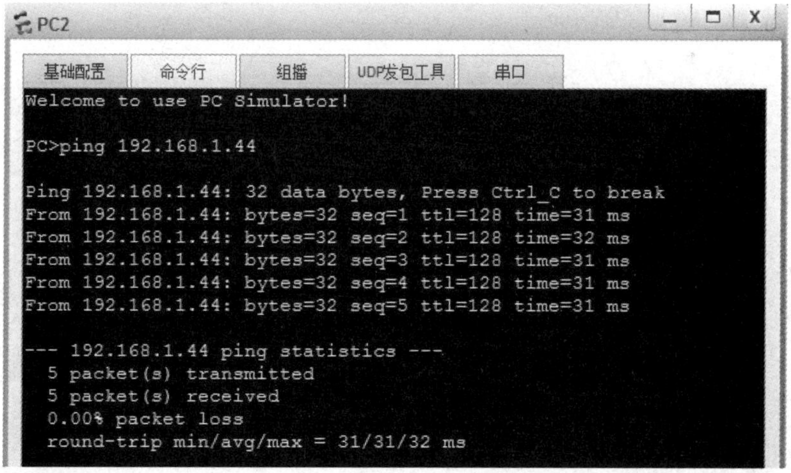

图 8-13　PC2 ping PC4 成功

第 4 步：创建 VLAN 10 和 VLAN 20，结果如图 8-14 所示。

```
[Huawei]vlan 10
[Huawei-vlan10]quit
[Huawei]vlan 20
[Huawei-vlan20]quit
```

图 8-14　创建 VLAN

第 5 步：为 VLAN 10 添加端口 Ethernet 0/0/1～Ethernet 0/0/2，为 VLAN 20 添加端口 Ethernet 0/0/3～Ethernet 0/0/4，结果如图 8-15 所示。

```
[Huawei]interface ethernet 0/0/1
[Huawei-Ethernet0/0/1]port link-type access
[Huawei-Ethernet0/0/1]port default vlan 10
[Huawei-Ethernet0/0/1]quit
Huawei]interface ethernet 0/0/2
[Huawei-Ethernet0/0/2]port link-type access
[Huawei-Ethernet0/0/2]port default vlan 10
[Huawei-Ethernet0/0/2]quit
```

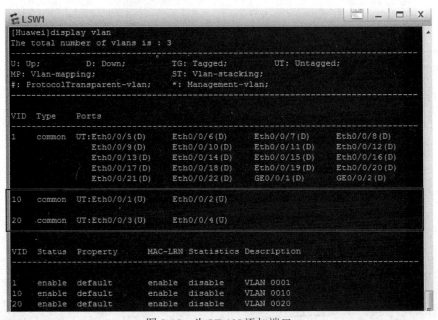

图 8-15　为 VLAN 添加端口

第 6 步：测试连通性。此时，PC1 和 PC2 属于 VLAN 10，PC3 和 PC4 属于 VLAN 20，只有同一个 VLAN 内的主机才能连通，因此 PC1 和 PC2 能连通，PC3 和 PC4 能连通，但是 PC1 和 PC3 不能连通，如图 8-16 所示。

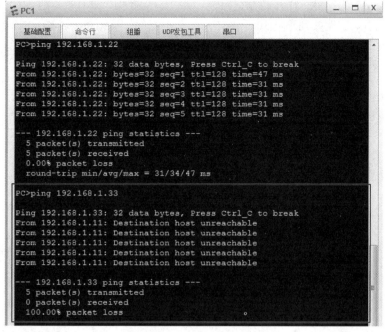

图 8-16　PC1 ping PC3 失败

6．思考题

VLAN 是一项什么技术？它和普通的 IP 子网有什么异同？

# 8.3　跨交换机实现 VLAN 通信实验

## 1．实验目的

（1）了解 IEEE 802.1q 协议原理。

（2）掌握交换机端口连接类型设置方法。

（3）掌握用三层交换机划分 VLAN 的 IP 地址配置方法。

## 2．应用背景

用二层交换机划分 VLAN 后，不同 VLAN 内的主机之间无法通信。如果需要互相连通必须经过三层网络设备进行转发，一种方法是通过三层交换机实现 VLAN 之间的通信，另一种方法是通过路由器实现 VLAN 之间的通信。

在一般的企业网络连接中，通常采用三层交换机作为汇聚层或核心层的设备，二层接入交换机与三层汇聚交换机往往使用星形拓扑连接在一起，三层交换机作为汇聚层设备，是企业网络的中心节点。

VLAN 和普通物理网络一样，通常和一个 IP 子网联系在一起，同一个 VLAN 内的主机拥有相同的网络号，不同 VLAN 内的主机拥有不同的网络号。交换机虚拟端口（SVI，Switch Virtual Interface）也称为 VLAN 端口，是一种逻辑的三层端口，类似于路由器子端口，其端口 IP 地址作为对应 VLAN 主机的默认网关,通过三层交换机的路由模块可以实现不同 VLAN 之间的通信。

本实验要实现同一个 VLAN 内的主机跨交换机进行通信，即如图 8-17 所示拓扑中 PC1 和 PC2 之间的通信；不同 VLAN 内的主机通过三层交换机端口的路由功能也能实现通信，即拓扑中 PC1 和 PC3 之间的通信。

拓扑中，LSW2 交换机工作在数据链路层，为二层交换机，只对数据包进行转发；LSW1 交换机为三层交换机，它能处理不同 IP 子网之间的数据交换，具有路由功能，VLAN 的 IP 地址配置在 LSW1 上进行。实验用到的命令如下：

```
[Huawei]vlan batch 10 20          !批量创建 VLAN 10、VLAN 20
[Huawei]undo vlan batch 10 20     !批量删除创建 VLAN 10、VLAN 20
[Huawei]interface ethernet 0/0/3  !进入端口模式
[Huawei-Ethernet0/0/3]port link-type trunk    !将端口连接类型设为 Trunk
[Huawei-Ethernet0/0/3]port trunk allow-pass vlan 10 20    !允许 VLAN 中的数据通过
[Huawei-Ethernet0/0/3]quit
```

### 3. 实验设备

S3700 交换机 2 个，主机 4 台，直连线或交叉线若干。

### 4. 实验拓扑

实验拓扑如图 8-17 所示。

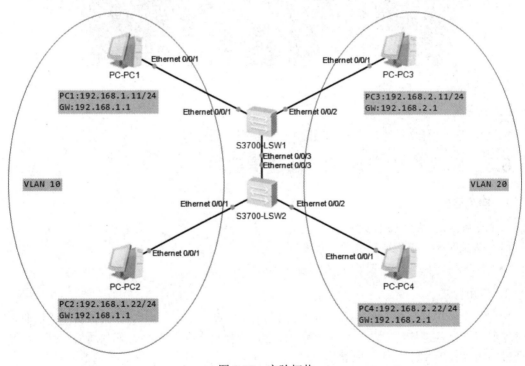

图 8-17　实验拓扑

### 5. 实验步骤

第 1 步：组网。选择 S3700 交换机，添加 2 个交换机到工作区中。选择 PC 机图标，添加 PC1～PC4 到工作区中。PC1～PC4 选择自动连线方式，将主机与交换机相连。交换机 1（LSW1）与交换机 2（LSW2）也采用自动连线的方式进行连接。组网完成后，单击工具栏中的"启动设备"按钮，开启拓扑中的设备。

注：拓扑中的 S3700-LSW1 是系统自动生成的设备名称，一般不用修改。用户在配置设备时，将会打开设备配置界面，其中华为所有设备的名称都是 Huawei，为了区分不同设备，需要进行重新命名，交换机一般命名为 SW1、SW2 等，路由器一般命名为 R1、R2 等。

第 2 步：配置主机，如图 8-18 所示。

配置 PC1 的 IP 地址为 192.168.1.11/24，网关为 192.168.1.1。

配置 PC2 的 IP 地址为 192.168.1.22/24，网关为 192.168.1.1。

配置 PC3 的 IP 地址为 192.168.2.11/24，网关为 192.168.2.1。

配置 PC4 的 IP 地址为 192.168.2.22/24，网关为 192.168.2.1。

配置好后，单击工具栏中的"应用"按钮，保存主机配置。

图 8-18　PC1 配置

第 3 步：使用交换机划分 VLAN。交换机 1（LSW1）和交换机 2（LSW2）的配置相同，首先创建 VLAN 10 和 VLAN 20，然后将端口 Ethernet 0/0/1 划入 VLAN 10，接着将端口 Ethernet 0/0/2 划入 VLAN 20，结果如图 8-19 所示。

```
<Huawei>system-view
Enter system view, return user view with Ctrl+Z.
[Huawei]vlan batch 10 20
Info: This operation may take a few seconds. Please wait for a moment...done.
[Huawei]interface ethernet 0/0/1
[Huawei-Ethernet0/0/1]port link-type access
[Huawei-Ethernet0/0/1]port default vlan 10
[Huawei-Ethernet0/0/1]quit
[Huawei]interface ethernet 0/0/2
[Huawei-Ethernet0/0/2]port link-type access
[Huawei-Ethernet0/0/2]port default vlan 20
[Huawei-Ethernet0/0/2]quit
[Huawei]display vlan
```

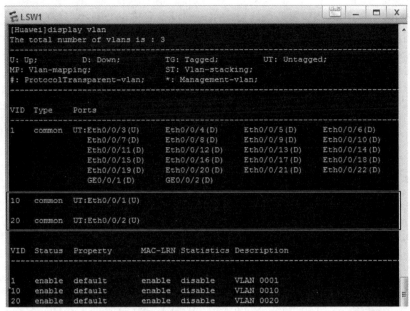

图 8-19　查看 VLAN

第 4 步：配置交换机与交换机相连的端口，端口连接类型设为 Trunk。交换机 1（LSW1）和交换机 2（LSW2）在这一步中的配置相同，Ethernet 0/0/3 的端口连接类型设为 Trunk，允许 VLAN 10 和 VLAN 20 中的数据通过，结果如图 8-20 所示。

```
[Huawei]interface ethernet 0/0/3
[Huawei-Ethernet0/0/3]port link-type trunk
[Huawei-Ethernet0/0/3]port trunk allow-pass vlan 10 20
[Huawei-Ethernet0/0/3]quit
```

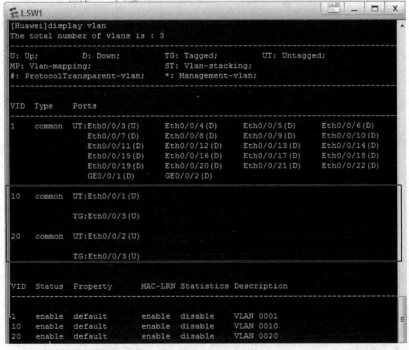

图 8-20　查看 VLAN 及其端口

第 5 步：测试连通性。PC1 和 PC2 属于 VLAN 10，PC3 和 PC4 属于 VLAN 20，PC1 和 PC2 能连通，PC3 和 PC4 能连通，但 PC1 和 PC3 不能连通，如图 8-21 至图 8-23 所示。

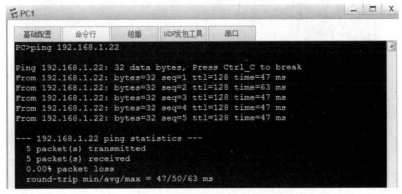

图 8-21　PC1 ping PC2 成功

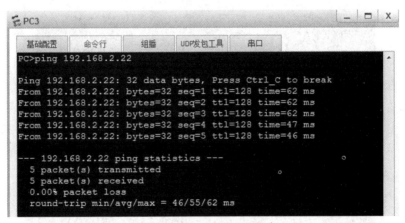

图 8-22　PC3 ping PC4 成功

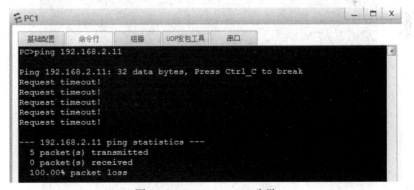

图 8-23　PC1 ping PC3 失败

第 6 步：在交换机 LSW1 上配置 VLAN 10 和 VLAN 20 的 IP 地址，结果如图 8-24 所示。

```
[Huawei]interface vlan 10
[Huawei-Vlanif10]ip address 192.168.1.1 24
[Huawei-Vlanif10]quit
[Huawei]interface vlan 20
[Huawei-Vlanif20]ip address 192.168.2.1 24
[Huawei-Vlanif20]quit
```

```
[Huawei]display ip interface brief
*down: administratively down
^down: standby
(l): loopback
(s): spoofing
The number of interface that is UP in Physical is 4
The number of interface that is DOWN in Physical is 1
The number of interface that is UP in Protocol is 3
The number of interface that is DOWN in Protocol is 2

Interface                         IP Address/Mask      Physical   Protocol
MEth0/0/1                         unassigned           down       down
NULL0                             unassigned           up         up(s)
Vlanif1                           unassigned           up         down
Vlanif10                          192.168.1.1/24       up         up
Vlanif20                          192.168.2.1/24       up         up
```

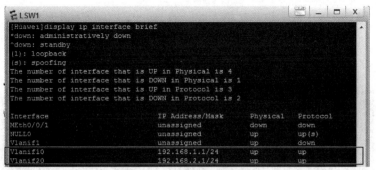

图 8-24　查看端口状态

第 7 步：测试连通性。在 VLAN 10 和 VLAN 20 内的主机，分别实现了连通，PC1 与 PC3、PC1 与 PC4、PC2 与 PC3 都能连通，如图 8-25 至图 8-27 所示。

```
PC>ping 192.168.2.11

Ping 192.168.2.11: 32 data bytes, Press Ctrl_C to break
From 192.168.2.11: bytes=32 seq=1 ttl=127 time=63 ms
From 192.168.2.11: bytes=32 seq=2 ttl=127 time=31 ms
From 192.168.2.11: bytes=32 seq=3 ttl=127 time=31 ms
From 192.168.2.11: bytes=32 seq=4 ttl=127 time=31 ms
From 192.168.2.11: bytes=32 seq=5 ttl=127 time=31 ms

--- 192.168.2.11 ping statistics ---
  5 packet(s) transmitted
  5 packet(s) received
  0.00% packet loss
  round-trip min/avg/max = 31/37/63 ms
```

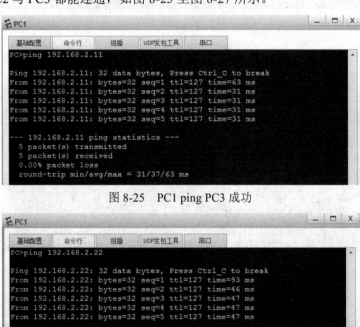

图 8-25　PC1 ping PC3 成功

```
PC>ping 192.168.2.22

Ping 192.168.2.22: 32 data bytes, Press Ctrl_C to break
From 192.168.2.22: bytes=32 seq=1 ttl=127 time=93 ms
From 192.168.2.22: bytes=32 seq=2 ttl=127 time=46 ms
From 192.168.2.22: bytes=32 seq=3 ttl=127 time=47 ms
From 192.168.2.22: bytes=32 seq=4 ttl=127 time=47 ms
From 192.168.2.22: bytes=32 seq=5 ttl=127 time=47 ms

--- 192.168.2.22 ping statistics ---
  5 packet(s) transmitted
  5 packet(s) received
  0.00% packet loss
  round-trip min/avg/max = 46/56/93 ms
```

图 8-26　PC1 ping PC4 成功

```
PC>ping 192.168.2.11

Ping 192.168.2.11: 32 data bytes, Press Ctrl_C to break
From 192.168.2.11: bytes=32 seq=1 ttl=127 time=47 ms
From 192.168.2.11: bytes=32 seq=2 ttl=127 time=31 ms
From 192.168.2.11: bytes=32 seq=3 ttl=127 time=47 ms
From 192.168.2.11: bytes=32 seq=4 ttl=127 time=47 ms
From 192.168.2.11: bytes=32 seq=5 ttl=127 time=47 ms

--- 192.168.2.11 ping statistics ---
  5 packet(s) transmitted
  5 packet(s) received
  0.00% packet loss
  round-trip min/avg/max = 31/43/47 ms
```

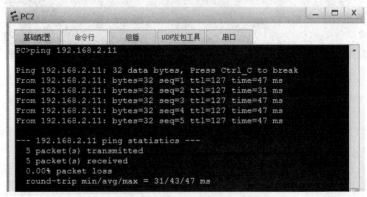

图 8-27　PC2 ping PC3 成功

## 6．思考题

（1）交换机 Access 和 Trunk 两种端口连接类型如何选择？

（2）Trunk 类型如何识别不同的 VLAN 数据？它能解决不同交换机同一个 VLAN 之间的通信问题，试问：它可以解决不同交换机不同 VLAN 之间的通信问题吗？

# 8.4　单臂路由实现 VLAN 通信实验

## 1．实验目的

（1）了解单臂路由的由来。

（2）掌握路由器单臂路由配置方法。

（3）了解数据包的传输路径。

## 2．应用背景

同一个 VLAN 内的主机可以互相访问，不同 VLAN 内的主机必须经过路由转发才能互相访问。在实际应用中，不同 VLAN 内的主机经常需要互相访问，单臂路由就是解决 VLAN 之间通信问题的一种方法。

单臂路由（one-armed-router）是指在路由器的一个端口上通过配置子端口（或逻辑端口，并不存在真正的物理端口）的方式，实现原来相互隔离的不同 VLAN（虚拟局域网）之间的互连互通。物理端口后面添加一个数字就是一个子端口，子端口的编号和 VLAN 的编号不要求一样。实验中为了好记，子端口的编号和 VLAN 的一样。

如果不采用单臂路由，那么需要在路由器上为每个 VLAN 分配一个单独的物理端口。有几个 VLAN，就需要几个路由器的物理端口。一般情况下，路由器的端口数量有限，不能满足 VLAN 的数量要求。采用单臂路由方式，路由器一个物理端口的不同子端口作为不同 VLAN 的默认网关。当不同 VLAN 内的主机需要通信时，只需将数据包发送给网关，网关处理后再发送至目标主机所在的 VLAN，从而实现 VLAN 之间通信。

由于从拓扑上看，在交换机与路由器之间，数据仅通过一条物理链路传输，故形象地称之为单臂路由。

单臂路由配置命令：

```
[R1]interface gigabitethernet 0/0/0.10    !进入子端口
[R1-GigabitEthernet0/0/0.10]dot1q termination vid 10    !指定子端口对应的 VLAN
[R1-GigabitEthernet0/0/0.10]ip address 192.168.1.1 24    !配置子端口的 IP 地址
[R1-GigabitEthernet0/0/0.10]quit    !退出当前模式
```

## 3．实验设备

AR1220 路由器 1 个，S3700 交换机 2 个，主机 4 台，直连线或交叉线若干。

## 4．实验拓扑

实验拓扑如图 8-28 所示。

## 5．实验步骤

第 1 步：组网。单击交换机图标，选择 S3700 交换机，添加两个到工作区中。选中 PC 机图标，添加 4 台到工作区中。其中，PC1～PC2 与交换机 1（LSW1）相连，PC3～PC4 与交换机 2（LSW2）相连，交换机 1 与交换机 2 采用自动连线。单击路由器图标，选择 AR1220 路由器，添加一个到工作区中，将路由器（AR1）与交换机 1 连线。

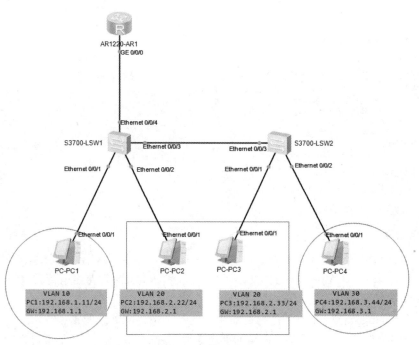

图 8-28  实验拓扑

组网完成后，单击工具栏中的"启动设备"按钮，开启拓扑中的设备。

第 2 步：配置主机，如图 8-29 所示。

图 8-29  PC1 配置

配置 PC1 的 IP 地址为 192.168.1.11/24，网关为 192.168.1.1。

配置 PC2 的 IP 地址为 192.168.2.22/24，网关为 192.168.2.1。

配置 PC3 的 IP 地址为 192.168.2.33/24，网关为 192.168.2.1。

配置 PC4 的 IP 地址为 192.168.3.44/24，网关为 192.168.3.1。

配置好后，单击工具栏中的"应用"按钮，保存主机配置。

第 3 步：在交换机上划分 VLAN。交换机 1（LSW1）和交换机 2（LSW2）的配置相似。将交换机 1 命名为 SW1，在 SW1 上创建 VLAN 10、VLAN 20 和 VLAN 30，将端口 Ethernet 0/0/1 划入 VLAN 10，将端口 Ethernet 0/0/2 划入 VLAN 20。交换机 2 命名为 SW2，在 SW2 上创建 VLAN 20 和 VLAN 30，将端口 Ethernet 0/0/1 划入 VLAN 20，将端口 Ethernet 0/0/2 划入 VLAN 30。SW1 和 SW2 的 Ethernet 0/0/3 的端口连接类型设为 Trunk，允许所有 VLAN 中的数据通过（或者允许 VLAN 10、VLAN 20、VLAN 30 中的数据通过）。SW1 的端口 Ethernet 0/0/4 连接路由器的以太网口，端口连接类型也设为 Trunk，允许所有 VLAN 中的数据通过。

配置命令如下，结果如图 8-30 所示。

```
<Huawei>system-view
Enter system view, return user view with Ctrl+Z.
[Huawei]sysname SW1
[SW1]vlan batch 10 20 30
Info: This operation may take a few seconds. Please wait for a moment...done.
[SW1]interface ethernet 0/0/1
[SW1-Ethernet0/0/1]port link-type access
[SW1-Ethernet0/0/1]port default vlan 10
[SW1-Ethernet0/0/1]quit
[SW1]interface ethernet 0/0/2
[SW1-Ethernet0/0/2]port link-type access
[SW1-Ethernet0/0/2]port default vlan 20
[SW1-Ethernet0/0/2]quit
[SW1]interface ethernet 0/0/3
[SW1-Ethernet0/0/3]port link-type trunk
[SW1-Ethernet0/0/3]port trunk allow-pass vlan all
[SW1-Ethernet0/0/3]quit
[SW1]interface ethernet 0/0/4
[SW1-Ethernet0/0/4]port link-type trunk
[SW1-Ethernet0/0/4]port trunk allow-pass vlan all
[SW1-Ethernet0/0/4]quit
```

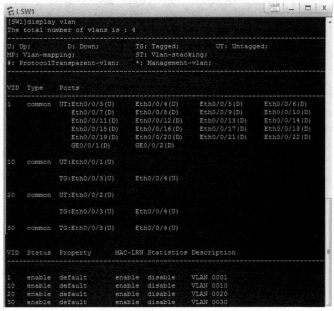

图 8-30　查看 VLAN（1）

配置命令如下，结果如图 8-31 所示。

```
<Huawei>system-view
[Huawei]sysname SW2
[SW2]vlan batch  20 30
[SW2]interface ethernet 0/0/1
[SW2-Ethernet0/0/1]port link-type access
[SW2-Ethernet0/0/1]port default vlan 20
[SW2-Ethernet0/0/1]quit
[SW2]interface ethernet 0/0/2
[SW2-Ethernet0/0/2]port link-type access
[SW2-Ethernet0/0/2]port default vlan 30
[SW2-Ethernet0/0/2]quit
[SW2]interface ethernet 0/0/3
[SW2-Ethernet0/0/3]port link-type trunk
[SW2-Ethernet0/0/3]port trunk allow-pass vlan all
[SW2-Ethernet0/0/3]quit
```

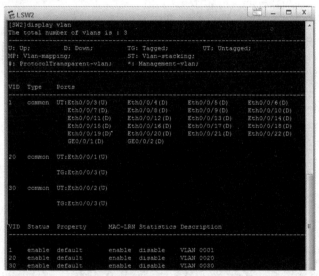

图 8-31　查看 VLAN（2）

第 4 步：测试连通性。只有在同一个 VLAN 内的主机才能连通，不同 VLAN 内的主机不能连通。此时，只有 PC2 和 PC3 能连通，PC2 和 PC4 不能连通，如图 8-32 和图 8-33 所示，因为 PC2 和 PC3 同属于 VLAN 20，而其他主机不能连通。

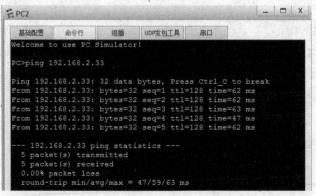

图 8-32　PC2 ping PC3 成功

图 8-33　PC2 ping PC4 失败

第 5 步：在路由器上配置单臂路由，路由器 AR1 命名为 R1，在路由器 R1 的以太网口上创建三个子接口，并为子接口分配 IP 地址，结果如图 8-34 所示。

```
<Huawei>system-view
[Huawei]sysname R1
[R1]interface gigabitethernet 0/0/0.10    !进入子端口
[R1-GigabitEthernet0/0/0.10]dot1q termination vid 10    !指定子端口对应的 VLAN
[R1-GigabitEthernet0/0/0.10]ip address 192.168.1.1 24    !配置子端口的 IP 地址
[R1-GigabitEthernet0/0/0.10]arp broadcast enable    !开启 ARP 广播功能
[R1-GigabitEthernet0/0/0.10]quit
[R1]interface gigabitethernet 0/0/0.20
[R1-GigabitEthernet0/0/0.20]dot1q termination vid 20
[R1-GigabitEthernet0/0/0.20]ip add 192.168.2.1 24
[R1-GigabitEthernet0/0/0.20]arp broadcast enable
[R1-GigabitEthernet0/0/0.20]quit
[R1]interface gigabitethernet 0/0/0.30
[R1-GigabitEthernet0/0/0.30]dot1q termination vid 30
[R1-GigabitEthernet0/0/0.30]ip add 192.168.3.1 24
[R1-GigabitEthernet0/0/0.30]arp broadcast enable
[R1-GigabitEthernet0/0/0.30]quit
[R1]display ip interface brief
```

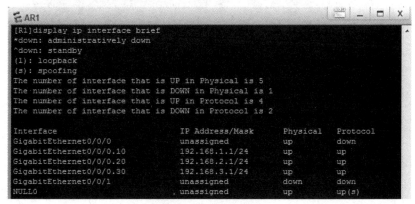

图 8-34　查看端口状态

第 6 步：再次进行连通性测试，发现 VLAN 10、VLAN 20、VLAN 30 内的所有主机都能互相连通，如图 8-35 至图 8-37 所示。

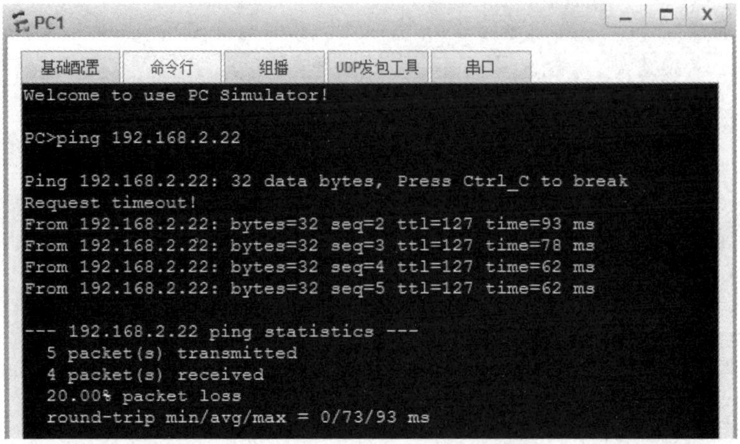

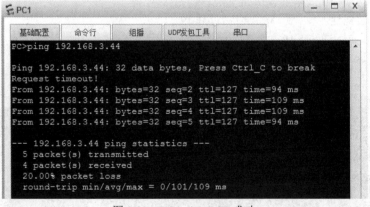

图 8-35　PC1 ping PC2 成功

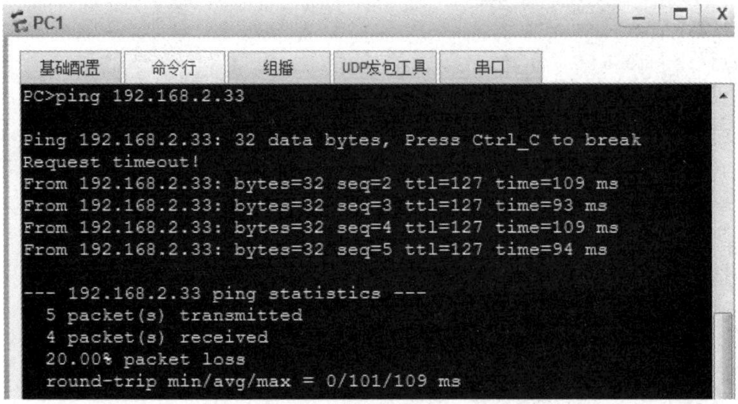

图 8-36　PC1 ping PC3 成功

图 8-37　PC1 ping PC4 成功

## 6．思考题

对于 PC1 ping PC3，帧的流动路径为 PC1→LSW1→AR1→LSW1→LSW2→PC3，请给出 PC2 ping PC4 的帧流动路径。

# 8.5 静态路由实验

## 1. 实验目的

（1）深入掌握 IP 协议和路由原理。

（2）掌握静态路由配置方法。

## 2. 应用背景

静态路由是指由用户或网络管理员手工配置的路由。当网络拓扑结构或链路状态发生变化时，需要手工去修改路由表的相关信息。在默认情况下，静态路由是私有的，不会传递给其他路由器，也不会通过路由器发通告消息，从而节省网络带宽和路由器的运算资源。

静态路由是单向的，适合小型网络或结构比较稳定的网络。静态路由不适合大型和复杂的网络环境，因为当网络拓扑结构或链路状态发生变化时，需要网络管理员做大量的调整，且无法自动感知错误的发生，不易排错。

静态路由的配置命令语法：

Router(config)#ip route-static［目标网段或目标网络 IP 地址］［掩码］［下一跳地址或出口号］［管理距离］

静态路由配置命令举例：

［R1］ip route-static 192.168.30.0 24 10.0.0.2

上述命令表示在路由器 R1 上增加一条静态路由，目标网络 IP 地址为 192.168.30.0，目标网络的子网掩码为 24 位（用点分十进制数表示为 255.255.255.0），R1 到达目标网络经过的下一个节点是 10.0.0.2。

## 3. 实验设备

AR2220 路由器 2 个，主机 2 台，直连线或交叉线若干。

## 4. 实验拓扑

实验拓扑如图 8-38 所示。拓扑中，GE 0/0/0 为 GigabitEthernet 0/0/0 的简写形式，以后不再说明。

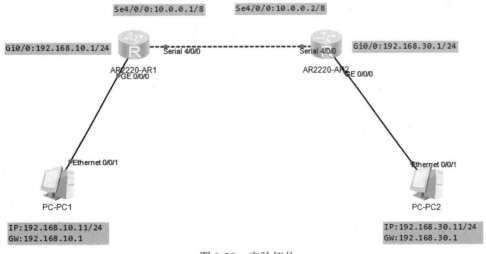

图 8-38　实验拓扑

### 5．实验步骤

第1步：组网。首先，为路由器添加串口，右键单击路由器图标，选择"设置"命令，打开路由器设置界面。在"eNSP支持的接口卡"中选择2SA接口卡，将它拖到上方空槽里面。路由器端口连接类型设为 Serial，使得一个路由器的 DCE 端口与另一个路由器的 DTE 端口连接，并且在 DCE 端口上配置时钟频率。在真实网络设备上，路由器串口之间采用 V.35 线缆进行背靠背连接，也要在 DCE 端口上配置时钟频率。

组网完成后，单击工具栏中的"启动设备"按钮，开启拓扑中的设备。添加模块前、后的界面分别如图 8-39 和图 8-40 所示。

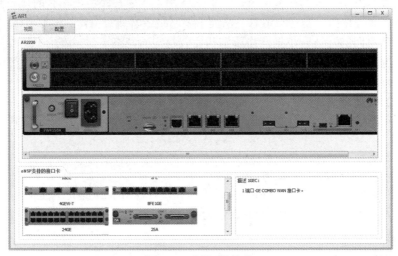

图 8-39　添加模块前

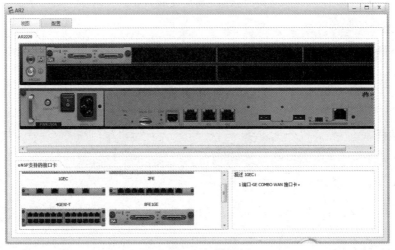

图 8-40　添加模块后

第2步：配置主机。

配置 PC1 的 IP 地址为 192.168.10.11/24，网关为 192.168.10.1，如图 8-41 所示。

配置 PC2 的 IP 地址为 192.168.30.11/24，网关为 192.168.30.1。

配置好后，单击工具栏中的"应用"按钮，保存主机配置。

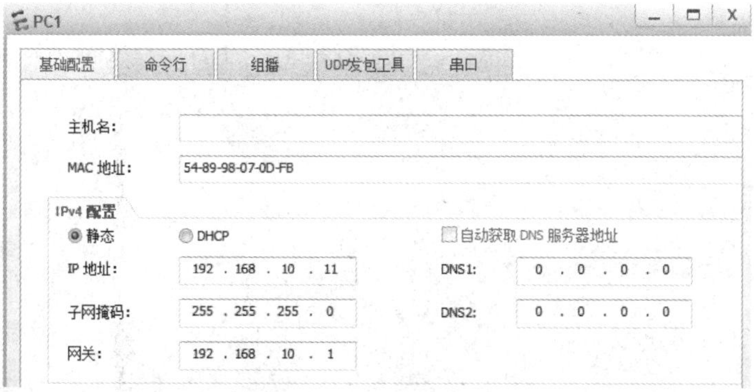

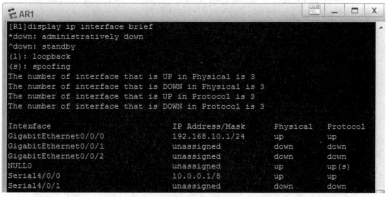

图 8-41　PC1 配置

第 3 步：在路由器上配置端口的 IP 地址。路由器 1（AR1）和路由器 2（AR2）的配置相似。首先修改设备名称，将 AR1 命名为 R1，AR2 命名为 R2，然后为以太网口配置 IP 地址，最后为串口配置封装协议和 IP 地址，结果分别如图 8-42 和图 8-43 所示。

```
<Huawei>system-view
[Huawei]sysname R1
[R1]interface gigabitethernet 0/0/0
[R1-GigabitEthernet0/0/0]ip add 192.168.10.1 24
[R1-GigabitEthernet0/0/0]quit
[R1]interface serial 4/0/0
[R1-Serial4/0/0]link-protocol ppp
[R1-Serial4/0/0]ip address 10.0.0.1 255.0.0.0
[R1-Serial4/0/0]quit
[R1]display ip interface brief
```

图 8-42　查看端口状态（1）

```
<Huawei>system-view
[Huawei]sysname R2
[R2]interface gigabitethernet 0/0/0
[R2-GigabitEthernet0/0/0]ip add 192.168.30.1 24
[R2-GigabitEthernet0/0/0]quit
[R2]interface serial 4/0/0
[R2-Serial4/0/0]link-protocol ppp
[R2-Serial4/0/0]ip address 10.0.0.2 255.0.0.0
[R2-Serial4/0/0]quit
[R1]display ip interface brief
```

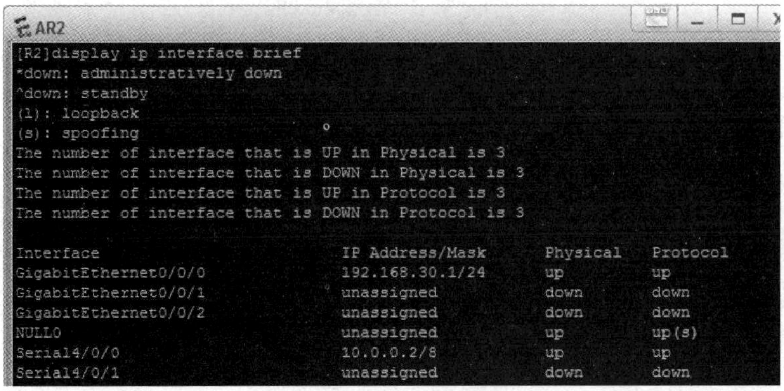

图 8-43　查看端口状态（2）

第 4 步：分段测试。从 PC1 出发，分别 ping 以下 IP 地址：① 192.168.10.1；② 10.0.0.1；③ 10.0.0.2；④ 192.168.30.1；⑤ 192.168.30.11。最后进行连通测试。

从图 8-44 和图 8-45 的测试结果可以发现，如果从 PC1 出发，由左向右，逐段进行测试，IP 地址①和②能连通，从 IP 地址 10.0.0.2 开始，IP 地址③～⑤都不能连通。如果从 PC2 出发，由右向左，逐段进行测试，会发现从 IP 地址 10.0.0.1 开始都不能连通，后续的 IP 地址 192.168.10.1 和 192.168.10.11 也不能连通。

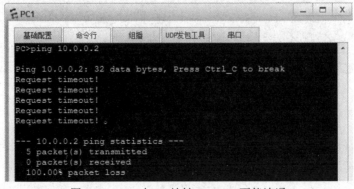

图 8-44　PC1 ping 网关成功

图 8-45　PC1 与 IP 地址 10.0.0.2 不能连通

第 5 步：配置静态路由。

（1）配置静态路由之前，使用 display ip routing-table 命令查看路由表。可以发现路由器的路由表中只有直连网段，R1 上没有网段 192.168.30.0，R2 上没有网段 192.168.10.0。

```
[R1]display ip routing-table
Route Flags: R-relay, D-download to fib
-----------------------------------------------------------------------
Routing Tables: Public
         Destinations : 11        Routes : 11
Destination/Mask     Proto   Pre  Cost  Flags    NextHop        Interface
10.0.0.0/8           Direct  0    0     D        10.0.0.1       Serial4/0/0
10.0.0.1/32          Direct  0    0     D        127.0.0.1      Serial4/0/0
10.0.0.2/32          Direct  0    0     D        10.0.0.2       Serial4/0/0
10.255.255.255/32    Direct  0    0     D        127.0.0.1      Serial4/0/0
127.0.0.0/8          Direct  0    0     D        127.0.0.1      InLoopBack0
127.0.0.1/32         Direct  0    0     D        127.0.0.1      InLoopBack0
127.255.255.255/32   Direct  0    0     D        127.0.0.1      InLoopBack0
192.168.10.0/24      Direct  0    0     D        192.168.10.1   GigabitEthernet0/0/0
192.168.10.1/32      Direct  0    0     D        127.0.0.1      GigabitEthernet0/0/0
192.168.10.255/32    Direct  0    0     D        127.0.0.1      GigabitEthernet0/0/0
255.255.255.255/32   Direct  0    0     D        127.0.0.1      InLoopBack0
```

（2）配置静态路由如下：

```
[R1]ip route-static 192.168.30.0 24 10.0.0.2
```

本实验中，R1 只有一个非直连的网段，那就是 192.168.30.0。在 R1 上配置静态路由，指明目标网段 192.168.30.0/24，通过下一跳 IP 地址 10.0.0.2 可以到达：

```
[R2]ip route-static 192.168.10.0 24 10.0.0.1
```

本实验中，R2 只有一个非直连的网段，那就是 192.168.10.0。在 R2 上配置静态路由，指明目标网段 192.168.10.0/24，通过下一跳 IP 地址 10.0.0.1 可以到达。

再次查看 R1 的路由表，显示如图 8-46 所示，多了一行 Static 路由条目。

图 8-46　查看路由表

第 6 步：接着进行连通性测试，结果分别如图 8-47 和图 8-48 所示。

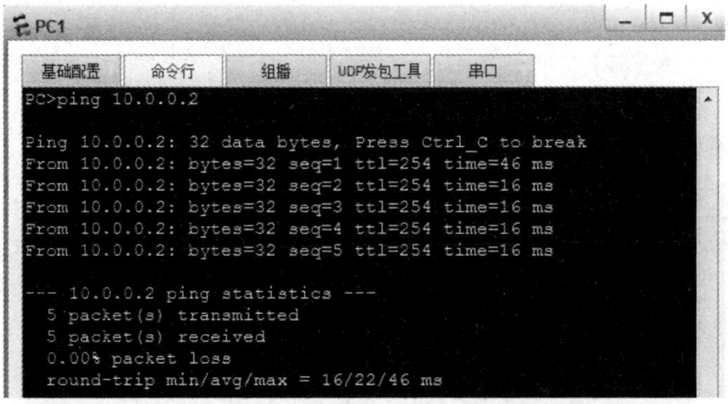

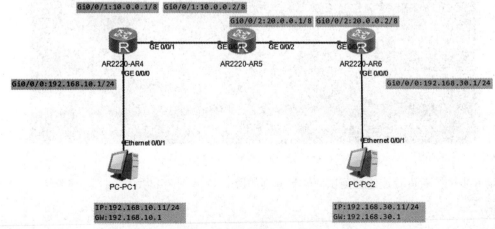

图 8-47　PC1 与 IP 地址 10.0.0.2 能连通

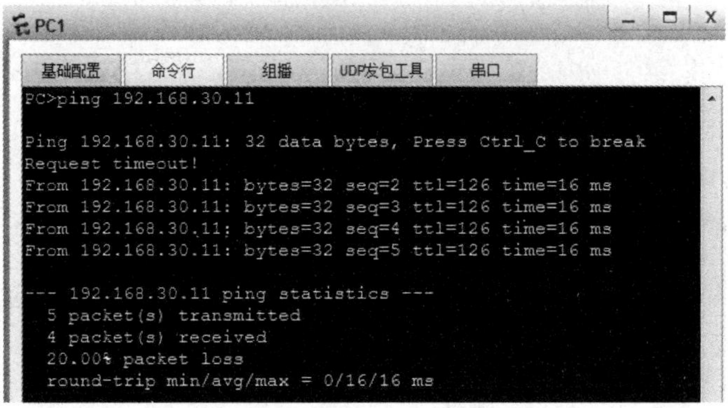

图 8-48　PC1 和 PC2 能连通

### 6．思考题

（1）静态路由实验，拓扑结构为：PC1→R1→R2→PC2。路由是双向的，如果只在 R1 上配置了静态路由，在 R2 上要取消静态路由，可使用 undo 命令：

　　　　R2（config）#undo　ip route-static　192.168.10.0　24　10.0.0.1

若 PC1 ping PC2，会有什么现象？截图显示。

若 PC2 ping PC1，又会有什么现象？截图显示。

（2）图 8-49 中，路由器的每个端口都给出了 IP 地址，使用静态路由连接每个网段，保证全网全通，请给出每个路由器上静态路由的配置命令。

图 8-49　思考题（2）的图

# 8.6 RIP 动态路由实验

## 1．实验目的

（1）深入掌握动态路由原理。
（2）掌握动态路由 RIP 配置方法。
（3）掌握 RIP 路由工作原理。

## 2．应用背景

路由信息协议（RIP）是一种应用广泛的内部网关协议，在路由器数量小于 10 个的企业规模网络中比较适用。RIP 允许一条路径最多只能包含 15 个路由器，因此，当距离等于 16 时为不可达。华为定义 RIP 的优先级是 100，思科定义 RIP 的优先级是 120。

RIP 有两个版本：RIPv1 报文为广播报文，消息通过广播地址 255.255.255.255 进行发送；而 RIPv2 报文为组播报文，组播地址为 224.0.0.9。

RIP 路由配置命令如下：

```
[R1]rip            !进入 RIP 路由模式
[R1-rip-1]version 2          !启用 RIPv2
[R1-rip-1]network 192.168.10.0    !声明采用 RIP 的直连网段 1
[R1-rip-1]network 12.0.0.0      !声明采用 RIP 的直连网段 2
[R1-rip-1]quit        !退出当前模式
```

## 3．实验设备

AR2220 路由器 3 个，主机 3 台，直连线或交叉线若干。

## 4．实验拓扑

实验拓扑如图 8-50 所示。

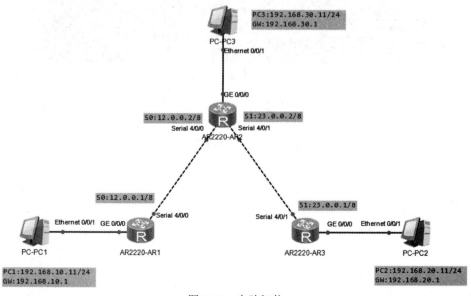

图 8-50　实验拓扑

## 5．实验步骤

第 1 步：连接线缆。为 3 个路由器添加串口，按照拓扑正确组网。组网完成后，单击工具栏中的"启动设备"按钮，开启拓扑中的设备。

第 2 步：配置路由器 AR2 端口的 IP 地址。

首先，将路由器 AR2 命名为 R2，然后配置以太网口 GigabitEthernet 0/0/0 的 IP 地址为 192.168.30.1/24，接着配置串口 Serial 4/0/0 的 IP 地址为 12.0.0.2/8，最后配置串口 Serial 4/0/1 的 IP 地址为 23.0.0.2/8。

```
<Huawei>system-view
Enter system view, return user view with Ctrl+Z.
[Huawei]sysname R2
[R2]interface gigabitethernet 0/0/0
[R2-GigabitEthernet0/0/0]ip address 192.168.30.1 24
[R2-GigabitEthernet0/0/0]quit
[R2]interface serial 4/0/0
[R2-Serial4/0/0]ip address 12.0.0.2 8
[R2-Serial4/0/0]quit
[R2]interface serial 4/0/1
[R2-Serial4/0/1]ip add 23.0.0.2 8
[R2-Serial4/0/1]quit
```

配置完成后，使用 display ip interface brief 命令进行检查，结果如图 8-51 所示。

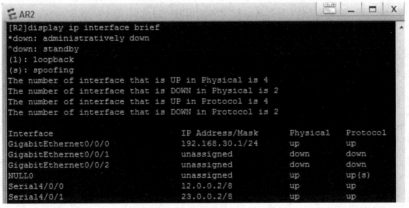

图 8-51　查看端口状态（1）

第 3 步：配置路由器 AR1 端口的 IP 地址。

首先，将路由器 AR1 命名为 R1，然后配置以太网口 GigabitEthernet 0/0/0 的 IP 地址为 192.168.10.1/24，接着配置串口 Serial 4/0/0 的 IP 地址为 12.0.0.1/8，结果如图 8-52 所示。

```
<Huawei>system-view
Enter system view, return user view with Ctrl+Z.
[Huawei]sysname R1
[R1]interface gigabitethernet 0/0/0
[R1-GigabitEthernet0/0/0]ip address 192.168.10.1 24
[R1-GigabitEthernet0/0/0]quit
[R1]interface serial 4/0/0
[R1-Serial4/0/0]ip address 12.0.0.1 8
[R1-Serial4/0/0]quit
```

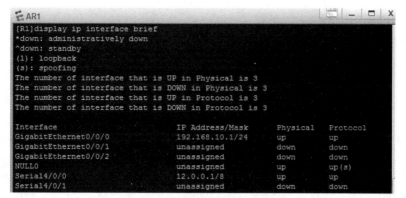

图 8-52  查看端口状态（2）

第 4 步：配置路由器 AR3 端口的 IP 地址。

首先，将路由器 AR3，命名为 R3，然后配置以太网口 GigabitEthernet 0/0/0 的 IP 地址为 192.168.20.1/24，接着配置串口 Serial 4/0/1 的 IP 地址为 23.0.0.1/8，结果如图 8-53 所示。

```
<Huawei>system-view
Enter system view, return user view with Ctrl+Z.
[Huawei]sysname R3
[R3]interface gigabitethernet 0/0/0
[R3-GigabitEthernet0/0/0]ip address 192.168.20.1 24
[R3-GigabitEthernet0/0/0]quit
[R3]interface serial 4/0/1
[R3-Serial4/0/1]ip address 23.0.0.1 8
[R3-Serial4/0/1]quit
```

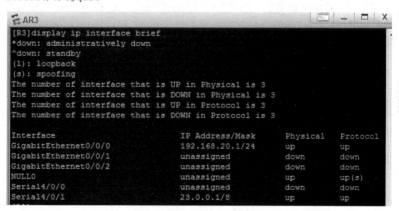

图 8-53  查看端口状态

第 5 步：配置主机。

配置 PC1 的 IP 地址为 192.168.10.11/24，网关为 192.168.10.1。

配置 PC2 的 IP 地址为 192.168.20.11/24，网关为 192.168.20.1。

配置 PC3 的 IP 地址为 192.168.30.11/24，网关为 192.168.30.1。

单击工具栏中的"应用"按钮，保存主机配置。

第 6 步：配置 RIP。配置之前，查看当前路由表。以 R2 为例，可以发现路由器当前路由表中只有直连网段，没有网段 192.168.10.0 和网段 192.168.20.0。

```
[R2]display ip routing-table
Route Flags: R-relay, D-download to fib
------------------------------------------------------------------------

Routing Tables: Public
         Destinations : 15      Routes : 15
Destination/Mask    Proto   Pre  Cost  Flags    NextHop          Interface
12.0.0.0/8          Direct  0    0     D        12.0.0.2         Serial4/0/0
12.0.0.1/32         Direct  0    0     D        12.0.0.1         Serial4/0/0
12.0.0.2/32         Direct  0    0     D        127.0.0.1        Serial4/0/0
12.255.255.255/32   Direct  0    0     D        127.0.0.1        Serial4/0/0
23.0.0.0/8          Direct  0    0     D        23.0.0.2         Serial4/0/1
23.0.0.1/32         Direct  0    0     D        23.0.0.1         Serial4/0/1
23.0.0.2/32         Direct  0    0     D        127.0.0.1        Serial4/0/1
23.255.255.255/32   Direct  0    0     D        127.0.0.1        Serial4/0/1
127.0.0.0/8         Direct  0    0     D        127.0.0.1        InLoopBack0
127.0.0.1/32        Direct  0    0     D        127.0.0.1        InLoopBack0
127.255.255.255/32  Direct  0    0     D        127.0.0.1        InLoopBack0
192.168.30.0/24     Direct  0    0     D        192.168.30.1     GigabitEthernet0/0/0
192.168.30.1/32     Direct  0    0     D        127.0.0.1        GigabitEthernet0/0/0
192.168.30.255/32   Direct  0    0     D        127.0.0.1        GigabitEthernet0/0/0
255.255.255.255/32  Direct  0    0     D        127.0.0.1        InLoopBack0
```

（1）在路由器上配置 RIP 路由。

```
[R2]rip            !进入 RIP 路由模式
[R2-rip-1]version 2        !启用 RIPv2
[R2-rip-1]network 192.168.30.0
[R2-rip-1]network 12.0.0.0
[R2-rip-1]network 23.0.0.0
[R2-rip-1]quit


[R1]rip            !进入 RIP 路由模式
[R1-rip-1]version 2        !启用 RIPv2
[R1-rip-1]network 192.168.10.0
[R1-rip-1]network 12.0.0.0
[R1-rip-1]quit


[R3]rip            !进入 RIP 路由模式
[R3-rip-1]version 2        !启用 RIPv2
[R3-rip-1]network 192.168.20.0
[R3-rip-1]network 23.0.0.0
[R3-rip-1]quit
```

（2）路由配置好后，路由器之间进行信息交互，更新路由条目。如果想查看 RIP 报文，需要右键单击路由器，选择"数据抓包"命令，确认抓包的端口。

在路由器 R1 上右键单击，选择"数据抓包"命令，抓包的端口选择 Serial 4/0/0。结束抓包，在过滤栏中输入 rip，即只显示抓取的 RIP 报文，如图 8-54 所示。可以看到，1 号、15 号、33 号等报文是 IP 地址 12.0.0.1 发出的，也就是 R1 发出的。从 Time 字段可知，R1 每隔 30 秒发送 1 次报文，目标网络 IP 地址为 224.0.0.9。10 号、24 号等报文是 IP 地址 12.0.0.2 发出的，也就是

R2 发出的。选中 10 号报文，在下方可以看到 R2 更新的路由条目有 3 条：第 1 条中 IP 地址是 23.0.0.0，跳数是 1；第 2 条中 IP 地址是 192.168.20.0，跳数是 2；第 3 条中 IP 地址是 192.168.30.0，跳数是 1。

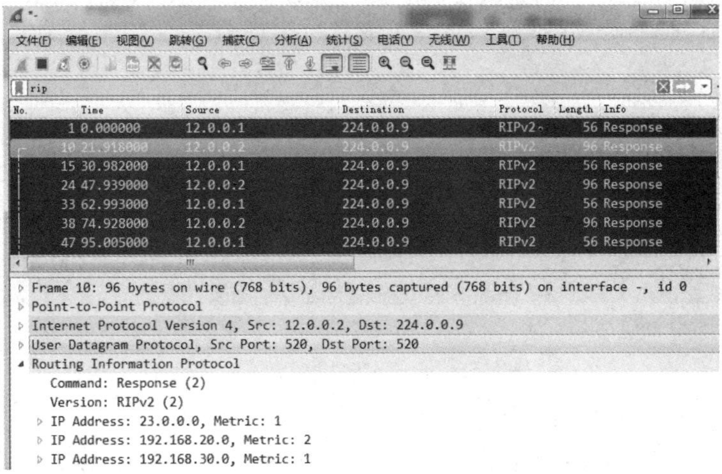

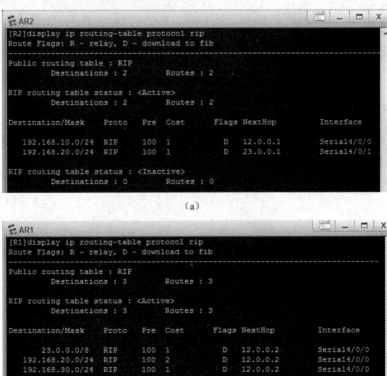

图 8-54　RIP 报文内容

第 7 步：查看路由表。路由器 R1、R1、R3 全部配置完成后，30 秒 1 个周期，经过几个周期之后，路由表学习到了网络上全部网段，此时用 display ip routing-table protocol rip 命令查看 RIP 路由表，会发现每个路由器通过 RIP 学习到了全部非直连网段。路由器 R2 学习到两行路由条目，R1 和 R3 分别学习到三行路由条目，如图 8-55 所示。

图 8-55　查看 RIP 路由表

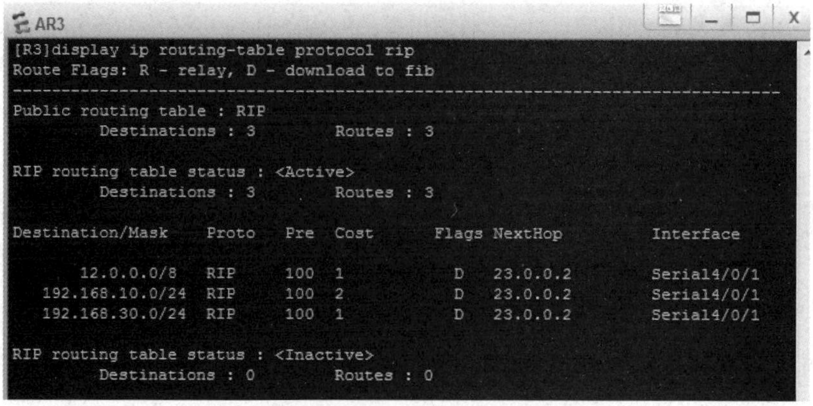

(c)

图 8-55　查看 RIP 路由表（续）

第 8 步：测试连通性，按照由近及远的原则。

（1）在路由器上进行 ping 测试，结果分别如图 8-56 和图 8-57 所示。

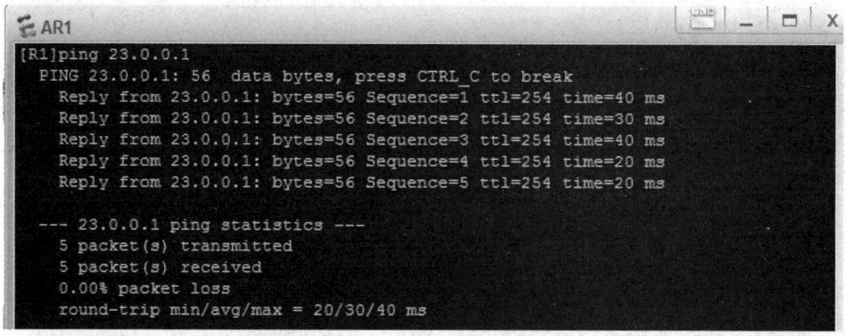

图 8-56　R1 ping 23.0.0.1 成功

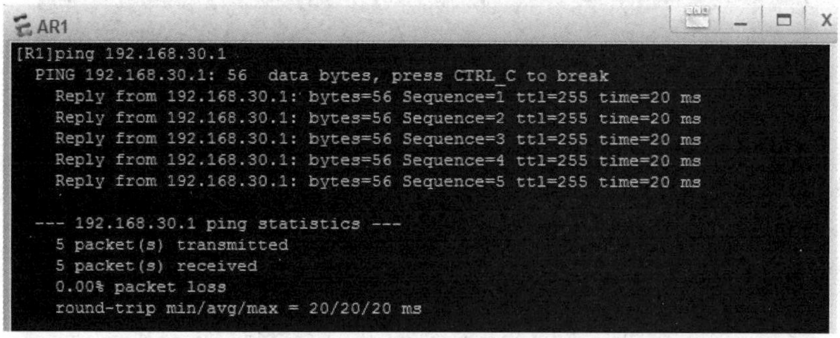

图 8-57　R1 ping 192.168.30.1 成功

（2）在主机上进行 ping 测试，先保证主机能 ping 通网关，再由近及远地 ping 其他地址。PC1 先 ping 192.168.10.1，再 ping 12.0.0.1，再 ping 12.0.0.2，再 ping 192.168.30.1，再 ping 192.168.30.11。结果分别如图 8-58 和图 8-59 所示。

6．思考题

给出路由器 R1 在 RIP 配置之前和之后的截图。进行比较，说明 R1 通过 RIP 学习到几行路由条目。

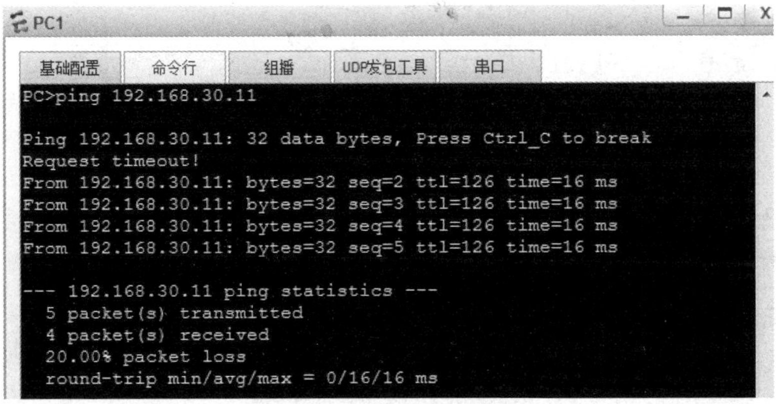

图 8-58　PC1 ping PC3 成功

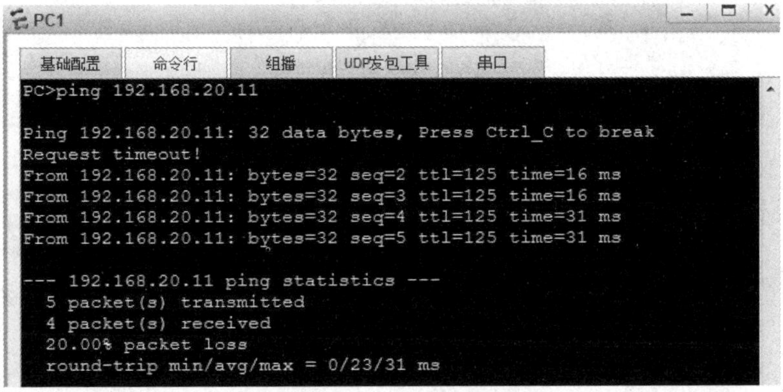

图 8-59　PC1 ping PC2 成功

# 8.7　OSPF 动态路由实验

## 1．实验目的

（1）深入掌握动态路由原理。

（2）掌握动态路由 OSPF 配置方法。

（3）掌握 OSPF 路由工作原理。

## 2．应用背景

开放最短路径优先（OSPF）协议是一种典型的链路状态路由协议。使用 OSPF 协议，依据链路状态数据库（LSDB），利用 SPF 算法，路由器就能构造路由表。

OSPF 协议划分区域的目的是控制链路状态广播（LSA）泛洪的范围，减小 LSDB 的大小，改善网络的可扩展性，以便快速地收敛。当网络包含多个区域时，OSPF 协议规定，必须有一个 Area 0 区域，通常也称为骨干区域，其他所有区域都必须与骨干区域在物理或逻辑上相连。

配置 OSPF 路由：① 创建一个 OSPF 路由进程，每个路由器创建一个自身的进程号，范围是 1~65535。② 配置 Router ID（RID），其是一个 32 位的无符号整数，用于标识路由器，要求全局唯一。RID 可以手工配置，也可以自动生成。③ 定义关联的 IP 地址范围及区域。

在特权模式下使用 display ip ospf neighbor 命令查看邻居表，然后使用 display ip ospf database 命令查看链路状态数据库。

OSPF 协议配置命令如下：

```
[R1]ospf 1          !进入 OSPF 模式
[R1-ospf-1]area 0    !进入主干区域 area0
[R1-ospf-1-area-0.0.0.0]network 192.168.1.0 0.0.0.255    !属于 OSPF 区域的直连网段
[R1-ospf-1-area-0.0.0.0]quit    !退出当前模式
```

### 3. 实验设备

AR2220 路由器 2 个，主机 2 台，三层交换机 1 个，直连线或交叉线若干。

### 4. 实验拓扑

实验拓扑如图 8-60 所示。

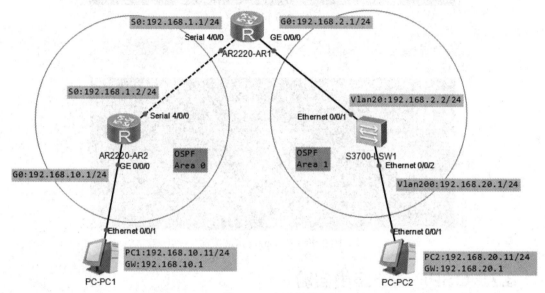

图 8-60    实验拓扑

### 5. 实验步骤

第 1 步：连接线缆。为两个路由器添加串口，按照拓扑正确组网。组网完成后，单击工具栏中的"启动设备"按钮，开启拓扑中的设备。

第 2 步：配置路由器 AR2 端口的 IP 地址。

首先，将路由器 AR2 命名为 R2，然后配置以太网口 GigabitEthernet 0/0/0 的 IP 地址为 192.168.10.1/24，接着配置串口 Serial 4/0/0 的 IP 地址为 192.168.1.2/24，结果如图 8-61 所示。

```
<Huawei>system-view
Enter system view, return user view with Ctrl+Z.
[Huawei]sysname R2
[R2]interface gigabitethernet 0/0/0
[R2-GigabitEthernet0/0/0]ip address 192.168.10.1 24
[R2-GigabitEthernet0/0/0]quit
[R2]interface serial 4/0/0
[R2-Serial4/0/0]ip address 192.168.1.2 24
[R2-Serial4/0/0]quit
```

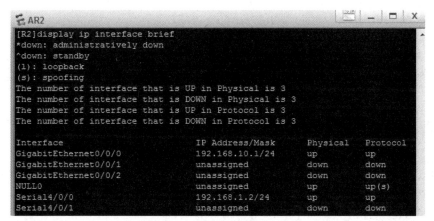

图 8-61　查看端口状态（1）

第 3 步：配置路由器 AR1 端口的 IP 地址。

首先，将路由器 AR1 命名为 R1，然后配置以太网口 GigabitEthernet 0/0/0 的 IP 地址为 192.168.2.1/24，接着配置串口 Serial 4/0/0 的 IP 地址为 192.168.1.1/24，结果如图 8-62 所示。

```
<Huawei>system-view
Enter system view, return user view with Ctrl+Z.
[Huawei]sysname R1
[R1]interface gigabitethernet 0/0/0
[R1-GigabitEthernet0/0/0]ip address 192.168.2.1 24
[R1-GigabitEthernet0/0/0]quit
[R1]interface serial 4/0/0
[R1-Serial4/0/0]ip address 192.168.1.1 24
[R1-Serial4/0/0]quit
```

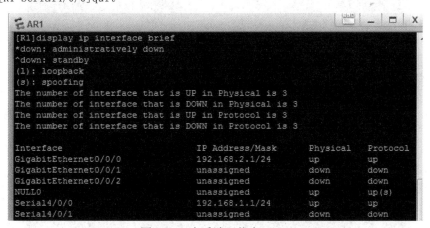

图 8-62　查看端口状态（2）

第 4 步：在交换机上配置 VLAN。将交换机命名为 S3700，创建 VLAN 20 和 VLAN 200，将端口 Ethernet 0/0/1 划入 VLAN 20，将端口 Ethernet 0/0/2 划入 VLAN 200，并为 VLAN 20 设置 IP 地址 192.168.2.2/24，为 VLAN 200 设置 IP 地址 192.168.20.1/24。

```
<Huawei>system-view
[Huawei]sysname S3700
[S3700]vlan batch 20 200
[S3700]interface ethernet 0/0/1
```

```
[S3700-Ethernet0/0/1]port link-type access
[S3700-Ethernet0/0/1]port default vlan 20
[S3700-Ethernet0/0/1]quit
[S3700]interface ethernet 0/0/2
[S3700-Ethernet0/0/2]port link-type access
[S3700-Ethernet0/0/2]port default vlan 200
[S3700-Ethernet0/0/2]quit
[S3700]interface vlan 20
[S3700-Vlanif20]ip address 192.168.2.2 24
[S3700-Vlanif20]quit
[S3700]interface vlan 200
[S3700-Vlanif200]ip address 192.168.20.1 24
[S3700-Vlanif200]quit
```

配置完成后，使用 display vlan 和 display ip interface brief 命令进行检查，结果分别如图 8-63 和图 8-64 所示。

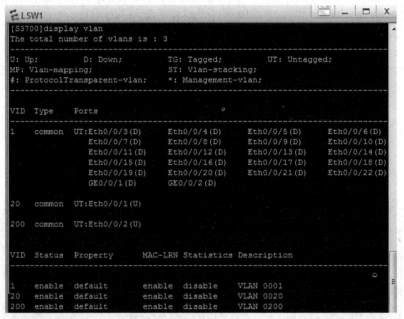

图 8-63　查看 VLAN

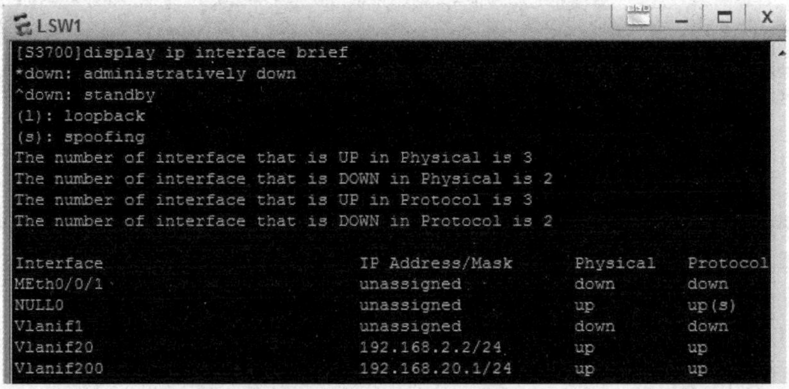

图 8-64　查看端口状态（3）

第 5 步：配置主机。

配置 PC1 的 IP 地址为 192.168.10.11/24，网关为 192.168.10.1。

配置 PC2 的 IP 地址为 192.168.20.11/24，网关为 192.168.20.1。

单击工具栏中的"应用"按钮，保存主机配置。

第 6 步：配置 OSPF。

（1）配置之前，查看当前路由表。以 R2 为例，可以发现路由器当前路由表中只有直连网段，没有网段 192.168.2.0 和网段 192.168.20.0。

```
[R2]display ip routing-table
Route Flags: R-relay, D-download to fib
------------------------------------------------------------------------
Routing Tables: Public
         Destinations : 11        Routes : 11
Destination/Mask      Proto   Pre  Cost  Flags   NextHop        Interface
127.0.0.0/8           Direct  0    0     D       127.0.0.1      InLoopBack0
127.0.0.1/32          Direct  0    0     D       127.0.0.1      InLoopBack0
127.255.255.255/32    Direct  0    0     D       127.0.0.1      InLoopBack0
192.168.1.0/24        Direct  0    0     D       192.168.1.2    Serial4/0/0
192.168.1.1/32        Direct  0    0     D       192.168.1.1    Serial4/0/0
192.168.1.2/32        Direct  0    0     D       127.0.0.1      Serial4/0/0
192.168.1.255/32      Direct  0    0     D       127.0.0.1      Serial4/0/0
192.168.10.0/24       Direct  0    0     D       192.168.10.1   GigabitEthernet0/0/0
192.168.10.1/32       Direct  0    0     D       127.0.0.1      GigabitEthernet0/0/0
192.168.10.255/32     Direct  0    0     D       127.0.0.1      GigabitEthernet0/0/0
255.255.255.255/32    Direct  0    0     D       127.0.0.1      InLoopBack0
```

（2）在路由器和交换机上配置 OSPF 路由，并用 display 命令查看相应的端口，结果如图 8-65 所示。

```
[R2]ospf 1          !进入 OSPF 模式
[R2-ospf-1]area 0       !设置区域 Area 0
[R2-ospf-1-area-0.0.0.0]network 192.168.10.0 0.0.0.255
[R2-ospf-1-area-0.0.0.0]network 192.168.1.0 0.0.0.255
[R2-ospf-1-area-0.0.0.0]quit

[R1-ospf-1]area 0
[R1-ospf-1-area-0.0.0.0]network 192.168.1.0 0.0.0.255
[R1-ospf-1-area-0.0.0.0]quit
[R1-ospf-1]
[R1-ospf-1]area 1
[R1-ospf-1-area-0.0.0.1]network 192.168.2.0 0.0.0.255
[R1-ospf-1-area-0.0.0.1]quit

[S3700]ospf 1
[S3700-ospf-1]area 1
[S3700-ospf-1-area-0.0.0.1]network 192.168.2.0 0.0.0.255
[S3700-ospf-1-area-0.0.0.1]network 192.168.20.0 0.0.0.255
[S3700-ospf-1-area-0.0.0.1]quit
```

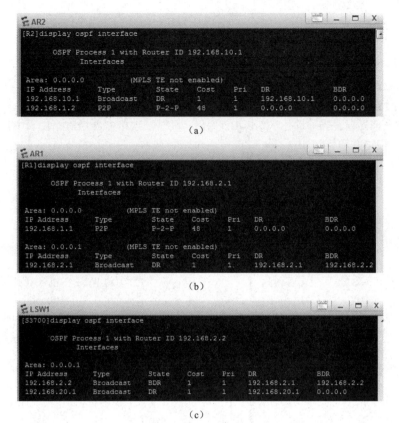

图 8-65　查看相应的端口

使用 display ospf routing 命令查看路由信息，结果如图 8-66 所示。

图 8-66　查看路由信息

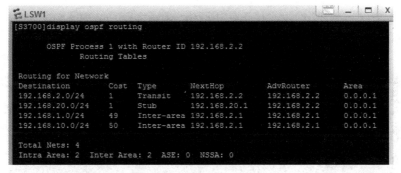

（c）

图 8-66　查看路由信息（续）

（3）路由配置好后，路由器之间进行信息交互，更新路由条目。如果想查看 OSPF 报文，需要右键单击路由器，选择"数据抓包"命令，确认抓包的端口。

在路由器 R1 上右键单击，选择"数据抓包"命令，抓包的端口选择 Serial 4/0/0。结束抓包，在过滤栏中输入 ospf，即只显示抓取的 OSPF 报文，如图 8-67 所示。Hello 报文的作用：邻居发现、邻居建立和邻居保持。根据链路的不同，Hello 报文的发送时间间隔为 10s 和 30s，用于周期性更新。Hello 报文还有一个老化时间间隔，其必须是发送时间间隔的 4 倍，如果不是则不能建立邻居关系。

1 号和 7 号报文是路由器 R1 发出的 Hello 报文，时间间隔大约为 10s，目标地址为组播地址 224.0.0.5。Hello 报文里面携带的信息有网络掩码、报文发送时间间隔、路由器优先级、报文老化时间间隔、指定路由器、备份指定路由器、邻居 IP 地址等信息。

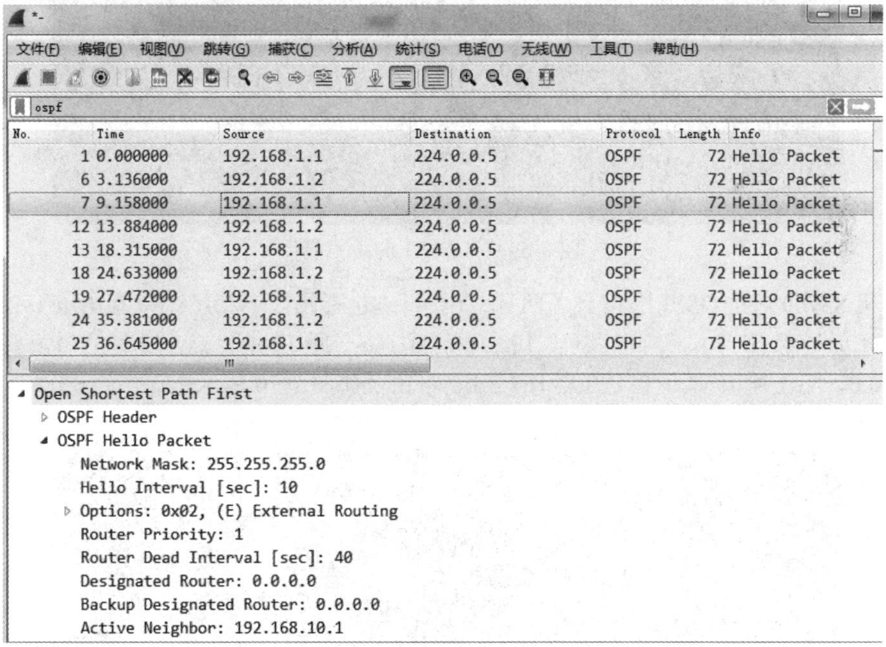

图 8-67　报文分析

第 7 步：查看路由表。路由器 R1、R1、R3 全部配置完成后，经过几个周期之后，路由表学习到了网络上全部网段，此时用 display ip routing-table protocol ospf 命令查看路由表，会发现每个路由器通过 OSPF 学习到了全部非直连网段。路由器 R2 通过 OSPF 学习到了两行路由条目，包括网段 192.168.2.0 和网段 192.168.20.0，路由开销分别是 49 和 50，下一跳 IP 地址是 192.168.1.1，如图 8-68 所示。

```
AR2
[R2]display ip routing-table protocol ospf
Route Flags: R - relay, D - download to fib
------------------------------------------------------------------------------
Public routing table : OSPF
         Destinations : 2        Routes : 2

OSPF routing table status : <Active>
         Destinations : 2        Routes : 2

Destination/Mask    Proto   Pre  Cost      Flags NextHop         Interface

    192.168.2.0/24  OSPF    10   49          D   192.168.1.1     Serial4/0/0
   192.168.20.0/24  OSPF    10   50          D   192.168.1.1     Serial4/0/0

OSPF routing table status : <Inactive>
         Destinations : 0        Routes : 0
```

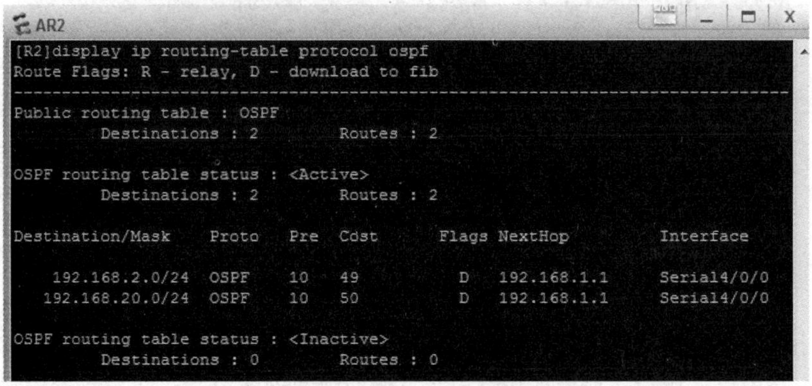

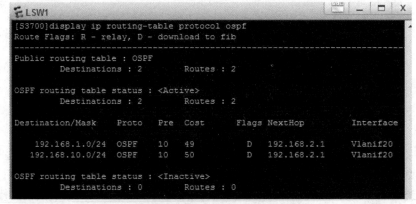

图 8-68　查看 R2 的路由表

路由器 R1 通过 OSPF 学习到了两行路由条目，包括网段 192.168.10.0 和网段 192.168.20.0，路由开销分别是 49 和 2。要到达网段 192.168.10.0，下一跳 IP 地址是 192.168.1.2。要到达网段 192.168.20.0，下一跳 IP 地址是 192.168.2.2。路由表如图 8-69 所示。

```
AR1
[R1]display ip routing-table protocol ospf
Route Flags: R - relay, D - download to fib
------------------------------------------------------------------------------
Public routing table : OSPF
         Destinations : 2        Routes : 2

OSPF routing table status : <Active>
         Destinations : 2        Routes : 2

Destination/Mask    Proto   Pre  Cost      Flags NextHop         Interface

   192.168.10.0/24  OSPF    10   49          D   192.168.1.2     Serial4/0/0
   192.168.20.0/24  OSPF    10   2           D   192.168.2.2     GigabitEthernet
0/0/0

OSPF routing table status : <Inactive>
         Destinations : 0        Routes : 0
```

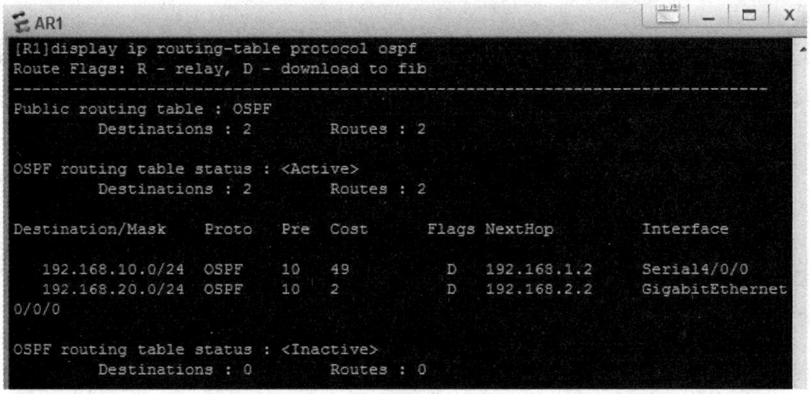

图 8-69　查看 R1 的路由表

交换机 S3700 通过 OSPF 学习到了两行路由条目，包括网段 192.168.1.0 和网段 192.168.10.0，路由开销分别是 49 和 50。要到达网段 192.168.1.0，下一跳 IP 地址是 192.168.2.1。要到达网段 192.168.10.0，下一跳 IP 地址也是 192.168.2.1。路由表如图 8-70 所示。

```
LSW1
[S3700]display ip routing-table protocol ospf
Route Flags: R - relay, D - download to fib
------------------------------------------------------------------------------
Public routing table : OSPF
         Destinations : 2        Routes : 2

OSPF routing table status : <Active>
         Destinations : 2        Routes : 2

Destination/Mask    Proto   Pre  Cost      Flags NextHop         Interface

    192.168.1.0/24  OSPF    10   49          D   192.168.2.1     Vlanif20
   192.168.10.0/24  OSPF    10   50          D   192.168.2.1     Vlanif20

OSPF routing table status : <Inactive>
         Destinations : 0        Routes : 0
```

图 8-70　查看 S3700 的路由表

第 8 步：测试连通性，按照由近及远的原则。

（1）在路由器 R2 进行 ping 测试，结果显示 R2 能连通 PC2 的网关，如图 8-71 所示。

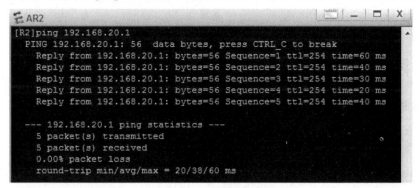

图 8-71　连通性测试

（2）在 PC1 上进行 ping 测试，先保证主机能 ping 通网关，再由近及远，ping 其他地址。对 PC1 来说，PC1 先 ping 192.168.10.1，再 ping 192.168.1.2，再 ping 192.168.1.1，再 ping 192.168.2.1，再 ping 192.168.2.2。结果显示，PC1 能够连通网关和 PC2，分别如图 8-72 和图 8-73 所示。

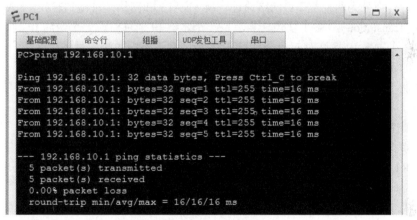

图 8-72　PC1 ping 网关成功

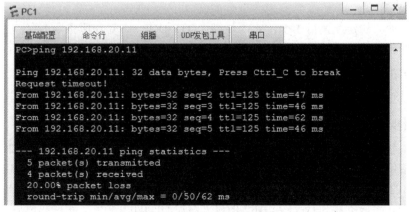

图 8-73　PC1 ping PC2 成功

### 6．思考题

（1）本实验拓扑包含 4 个网段，如果将 4 个网段全部划入同一个区域，能否实现全网全通？

（2）OSPF 协议会根据端口的带宽自动计算其开销值，计算公式为：端口开销=带宽参考值/端口带宽。根据路由表中的开销推断一下以太网口链路和串口链路的带宽。

## 8.8　网络地址转换实验

### 1．实验目的

（1）掌握访问控制列表的配置方法。

（2）掌握 NAT 和 NAPT 的区别。

### 2．应用背景

网络地址转换（NAT）能帮助解决 IP 地址资源紧缺的问题，而且使得内、外网隔离，提供一定的网络安全保障。NAT 将网络划分为内部网络（inside）和外部网络（outside）两部分。局域网主机利用 NAT 访问网络时，将局域网内部的本地 IP 地址转换为全局 IP 地址（互联网合法 IP 地址）后转发数据包。

网络地址转换分为两种类型：网络地址转换（NAT）和网络地址端口转换（NAPT，Network Address Port Translation）。NAT 实现转换后，一个本地 IP 地址对应一个全局 IP 地址。NAPT 实现转换后，多个本地 IP 地址对应一个全局 IP 地址，并用不同的端口号进行区分。

在传统的路由交换网络中可以使用路由器实现 NAT。使用路由器实现 NAT 时，常常会发现路由器的性能下降，这是因为每个经过路由器的数据包都要进行地址转换，这必然会消耗系统的 CPU 资源，而且转换的中间结果还要暂时保存在内存中以便于回应数据的恢复。近年来，大多使用防火墙来完成这种复杂任务，因为它的性能不会像路由器那样下降明显。

本实验模拟企业网络场景。R1 是公司的出口网关路由器，公司内部主机和服务器都通过交换机连接到 R1 上，R2 模拟外网设备与 R1 直连。公司内部主机经过网络地址转换后可以访问外网，公司内部服务器可以供外网用户访问。

本实验要实现内网网段 192.168.1.0/24 的地址转换，假设公司租用了 50 个公网 IP 地址，地址池是 200.1.1.100/24～200.1.1.150/24，外部主机 IP 地址为 10.0.0.X/8。

### 3．实验设备

路由器 2 个，二层交换机 1 个，V.35 线缆（DTE/DCE）1 对，服务器 1 台，主机 3 台，直连线或交叉线若干。

### 4．实验拓扑

实验拓扑如图 8-74 所示。

### 5．实验步骤

第 1 步：为两个路由器添加串口，按照拓扑正确组网。对于路由器 AR1 和 AR2 之间的串口，真实网络设备用 V.35 线缆连接。在华为模拟器上，需选择 Serial 类型的线缆，将 AR1 的串口 Serial 4/0/0 与 AR2 的串口 Serial 4/0/0 相连。然后，将内部主机所在交换机 LSW1 与 AR1 的以太网口 GE 0/0/0 相连，将服务器 Server1 与 AR2 的以太网口 GE 0/0/0 相连。组网完成后，单击工具栏中的"启动设备"按钮，开启拓扑中的设备。

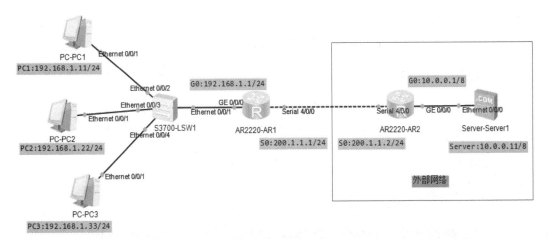

图 8-74　实验拓扑

第 2 步：配置主机。

配置内部主机 PC1 的 IP 地址为 192.168.1.11/24，网关为 192.168.1.1。

配置内部主机 PC2 的 IP 地址为 192.168.1.22/24，网关为 192.168.1.1。

配置外部主机 PC3 的 IP 地址为 192.168.1.33/24，网关为 192.168.1.1。

配置外部服务器的 IP 地址为 10.0.0.11/8，网关为 10.0.0.1。

配置好后，单击工具栏中的"应用"按钮，保存主机配置。

第 3 步：在路由器进行基本配置。

首先，将路由器 AR1 命名为 R1，然后配置其以太网口 GigabitEthernet 0/0/0 的 IP 地址为 192.168.1.1/24，接着配置串口 Serial 4/0/0 的 IP 地址为 200.1.1.1/24。

配置完成后，使用 display ip interface brief 命令进行检查，结果如图 8-75 所示。

```
<Huawei>system-view
Enter system view, return user view with Ctrl+Z.
[Huawei]sysname R1
[R1]interface gigabitethernet 0/0/0
[R1-GigabitEthernet0/0/0]ip add 192.168.1.1 24
[R1-GigabitEthernet0/0/0]quit
[R1]interface serial 4/0/0
[R1-Serial4/0/0]ip add 200.1.1.1 24
[R1-Serial4/0/0]quit
```

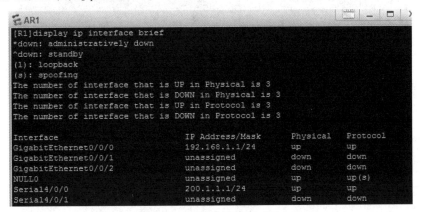

图 8-75　查看端口状态（1）

首先，将路由器 AR2 命名为 R2，然后配置以太网口 GigabitEthernet 0/0/0 的 IP 地址为 10.0.0.1/8，接着配置串口 Serial 4/0/0 的 IP 地址为 200.1.1.2/24。结果如图 8-76 所示。

```
<Huawei>system-view
Enter system view, return user view with Ctrl+Z.
[Huawei]sysname R2
[R2]interface gigabitethernet 0/0/0
[R2-GigabitEthernet0/0/0]ip address 10.0.0.1 8
[R2-GigabitEthernet0/0/0]quit
[R2]interface serial 4/0/0
[R2-Serial4/0/0]ip add 200.1.1.2 24
[R2-Serial4/0/0]quit
```

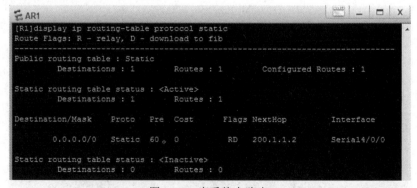

图 8-76　查看端口状态（2）

第 4 步：配置默认路由。在 R1 上配置默认路由，注意 R2 为外部路由器，它不知道企业内部网络的结构以及企业内部使用的 IP 地址，因此在 R2 上不需要配置任何路由。

```
[R1]ip route-static 0.0.0.0 0.0.0.0 200.1.1.2
```

查看 R1 上的静态路由，使用 display ip routing-table protocol static 命令，结果如图 8-77 所示。

```
[R1]display ip routing-table protocol static
Route Flags: R - relay, D - download to fib
------------------------------------------------------------
Public routing table : Static
         Destinations : 1        Routes : 1        Configured Routes : 1

Static routing table status : <Active>
         Destinations : 1        Routes : 1

Destination/Mask    Proto   Pre  Cost       Flags NextHop           Interface

      0.0.0.0/0     Static  60   0          RD    200.1.1.2         Serial4/0/0

Static routing table status : <Inactive>
         Destinations : 0        Routes : 0
```

图 8-77　查看静态路由

查看 R2 上的路由表，只有直连网段，没有任何非直连网络的路由信息。

```
[R2]display ip routing-table
Route Flags: R-relay, D-download to fib
------------------------------------------------------------

Routing Tables: Public
```

```
      Destinations : 11        Routes : 11
Destination/Mask    Proto   Pre  Cost  Flags   NextHop        Interface
10.0.0.0/8          Direct  0    0     D       10.0.0.1       GigabitEthernet0/0/0
10.0.0.1/32         Direct  0    0     D       127.0.0.1      GigabitEthernet0/0/0
10.255.255.255/32   Direct  0    0     D       127.0.0.1      GigabitEthernet0/0/0
127.0.0.0/8         Direct  0    0     D       127.0.0.1      InLoopBack0
127.0.0.1/32        Direct  0    0     D       127.0.0.1      InLoopBack0
127.255.255.255/32  Direct  0    0     D       127.0.0.1      InLoopBack0
200.1.1.0/24        Direct  0    0     D       200.1.1.2      Serial4/0/0
200.1.1.1/32        Direct  0    0     D       200.1.1.1      Serial4/0/0
200.1.1.2/32        Direct  0    0     D       127.0.0.1      Serial4/0/0
200.1.1.255/32      Direct  0    0     D       127.0.0.1      Serial4/0/0
255.255.255.255/32  Direct  0    0     D       127.0.0.1      InLoopBack0
```

第 5 步：在路由器 R1 上配置 NAT，结果如图 8-78 所示。

[R1]acl 2000  !创建访问控制列表

[R1-acl-basic-2000]rule permit source 192.168.1.0 0.0.0.255 !允许内网 IP 地址访问

[R1-acl-basic-2000]quit

[R1]nat address-group 1 200.1.1.100 200.1.1.150  !定义公网地址组

[R1]interface serial 4/0/0

[R1-GigabitEthernet0/0/0]nat outbound 2000 address-group 1 !将访问控制列表与公网地址组绑定

[R1-GigabitEthernet0/0/0]quit

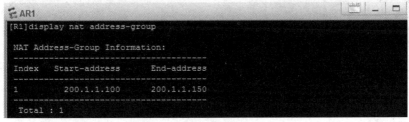

图 8-78　查看 NAT 地址组

第 6 步：验证和测试。

（1）从路由器 R1 出发，进行连通性测试。R1 能连通 R2，R1 也能连通外部服务器，结果如图 8-79 所示。

```
[R1]ping 10.0.0.1
  PING 10.0.0.1: 56  data bytes, press CTRL_C to break
    Reply from 10.0.0.1: bytes=56 Sequence=1 ttl=255 time=30 ms
    Reply from 10.0.0.1: bytes=56 Sequence=2 ttl=255 time=20 ms
    Reply from 10.0.0.1: bytes=56 Sequence=3 ttl=255 time=30 ms
    Reply from 10.0.0.1: bytes=56 Sequence=4 ttl=255 time=30 ms
    Reply from 10.0.0.1: bytes=56 Sequence=5 ttl=255 time=30 ms

  --- 10.0.0.1 ping statistics ---
    5 packet(s) transmitted
    5 packet(s) received
    0.00% packet loss
    round-trip min/avg/max = 20/28/30 ms
```

（a）R1 ping 10.0.0.1 成功

图 8-79　连通性测试

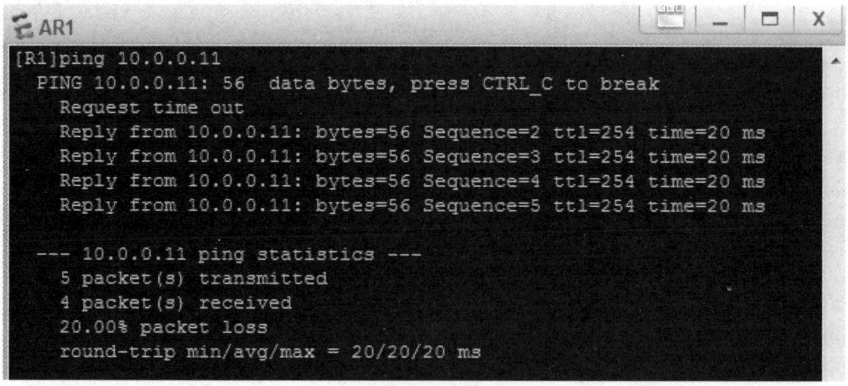

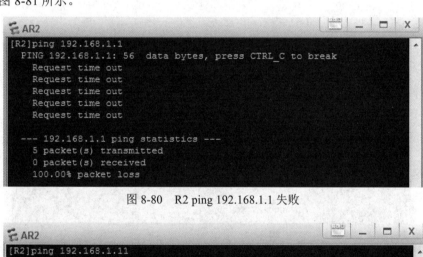

（b）R1 ping 10.0.0.11 成功

图 8-79　连通性测试（续）

如果从路由器 R2 开始测试，会发现 R2 不能连通 192.168.1.1，也不能连通内部主机，分别如图 8-80 和图 8-81 所示。

图 8-80　R2 ping 192.168.1.1 失败

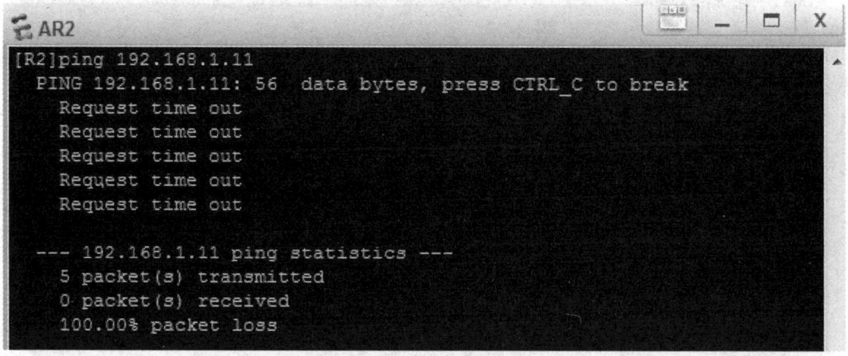

图 8-81　R2 ping 192.168.1.11 失败

（2）如果从 PC1 上进行测试，首先应保证主机能连通自己的网关，再从网关出发，由近及远地进行测试。本实验内部主机能访问外网和外部服务器，但是外部服务器并不能访问内网，测试结果分别如图 8-82 和图 8-83 所示。

第 7 步：查看配置。PC1 ping 外部服务器之后，使用 display nat session all 命令查看 IP 地址转换的情况，结果如图 8-84 所示。可以看到，内部主机的 IP 地址 192.168.1.22 被转换为公网 IP 地址 200.1.1.126，内部主机的 IP 地址 192.168.1.11 被转换为公网 IP 地址 200.1.1.115。

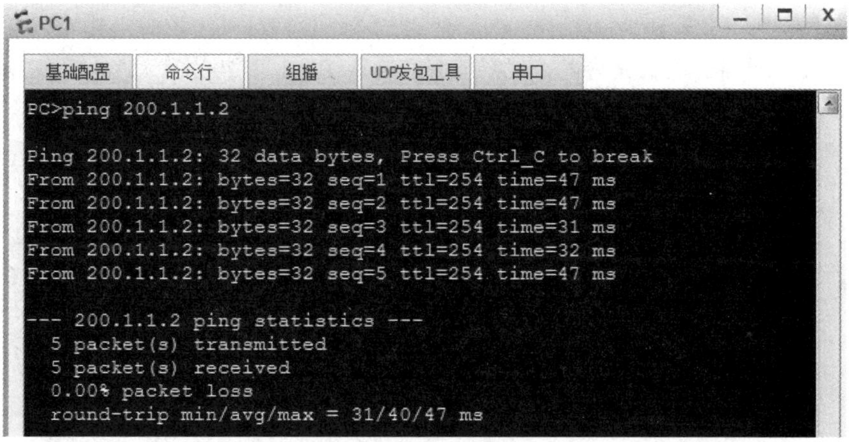

图 8-82　PC1 ping 200.1.1.2 成功

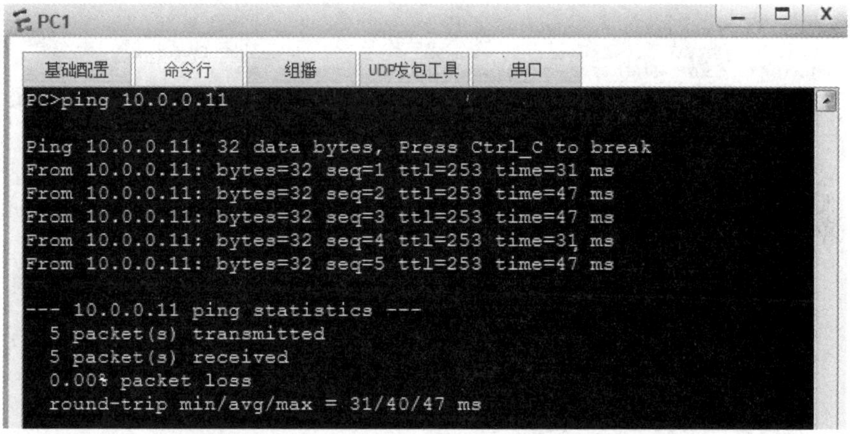

图 8-83　PC1 ping 10.0.0.11（外部服务器）成功

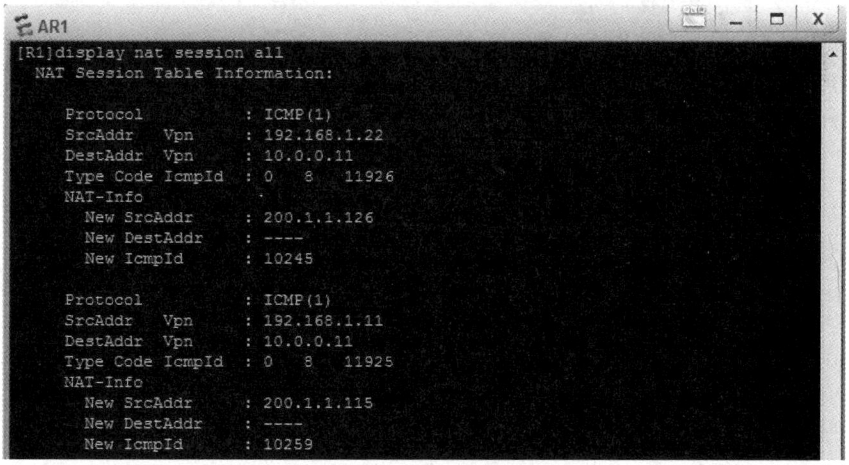

图 8-84　查看 IP 地址转换进程

第 8 步：抓包分析。在路由器 R1 的两侧进行抓包，PC1 ping Server 会发出 ICMP 报文。路由器 R1 左侧以太网口 GigabitEthernet 0/0/0 的抓包内容显示，源 IP 地址为 192.168.1.11，目标 IP 地址为 10.0.0.11，如图 8-85 所示。路由器 R1 右侧串口 Serial 4/0/0 的抓包内容显示，源 IP 地址为 200.1.1.115，目标 IP 地址为 10.0.0.11，如图 8-86 所示。

抓包内容表明，IP 地址为 192.168.1.11 的内部主机访问外部主机时，其 IP 地址被映射为 200.1.1.115，如果外部黑客攻击内网，他只能获取公网 IP 地址 200.1.1.115，而不能获得内部主机的 IP 地址，也不能连通内部网络，因此 NAT 提升了内部网络的安全性。

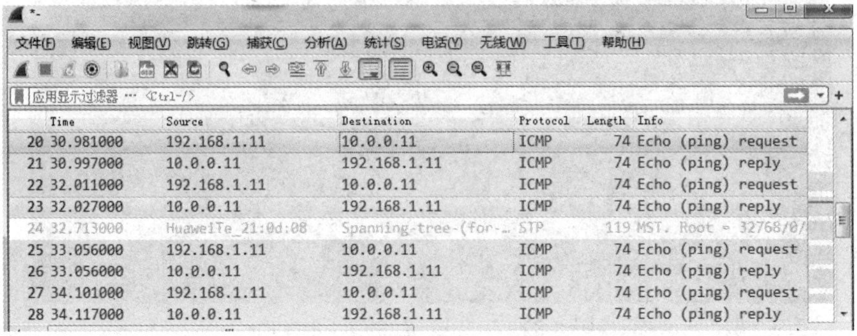

图 8-85　路由器 R1 以太网口抓包内容

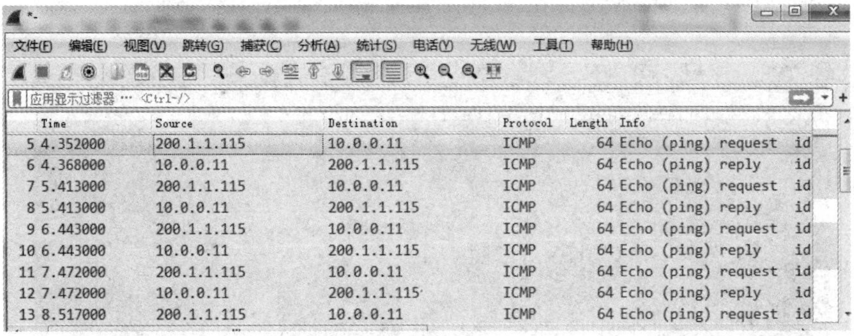

图 8-86　路由器 R1 串口抓包内容

第 9 步：在路由器 R1 上进行参考配置。

```
[R1]display current-configuration
[V200R003C00]
sysname R1
board add 0/4 2SA
snmp-agent local-engineid 800007DB03000000000000
snmp-agent
clock timezone China-Standard-Time minus 08:00:00
portal local-server load portalpage.zip
drop illegal-mac alarm
set cpu-usage threshold 80 restore 75
acl number 2000
rule 5 permit source 192.168.1.0 0.0.0.255
aaa
 authentication-scheme default
 authorization-scheme default
 accounting-scheme default
 domain default
 domain default_admin
 local-user admin password cipher %$%$K8m.Nt84DZ}e#<O`8bmE3Uw}%$%$
 local-user admin service-type http
```

```
firewall zone Local
priority 15
nat address-group 1 200.1.1.100 200.1.1.150
interface serial 4/0/0
 link-protocol ppp
 ip address 200.1.1.1 255.255.255.0
 nat outbound 2000 address-group 1

interface serial 4/0/1
 link-protocol ppp
interface GigabitEthernet0/0/0
ip address 192.168.1.1 255.255.255.0
#
interface GigabitEthernet0/0/1
#
interface GigabitEthernet0/0/2
#
interface NULL0
#
ip route-static 0.0.0.0 0.0.0.0 200.1.1.2
#
user-interface con 0
 authentication-mode password
user-interface vty 0 4
user-interface vty 16 20
#
wlan ac
#
return!
```

### 6. 思考题

（1）在什么情况下使用静态 NAT？在什么情况下使用动态 NAT？为什么？

（2）是否需要将内网网段或路由在外网的边界路由器上共享？为什么？

# 8.9  校园网设计实验

## 1. 需求描述

实际应用中，校园网涉及多个部门，本实验选择三个部门构建网络：一个为教学区；一个为学生公寓；一个为数据中心，用于存放校园网 Web 服务器。接入外网网段为 202.204.100.0/24，部分 IP 地址已经给出，请正确配置网络设备，选择合适的路由协议，保证内部所有主机均能连通外网，也就是说，内部主机能够 ping 通路由器 AR1 串口的 IP 地址，外部主机能够访问内部 Web 服务器。校园网参考拓扑如图 8-87 所示。

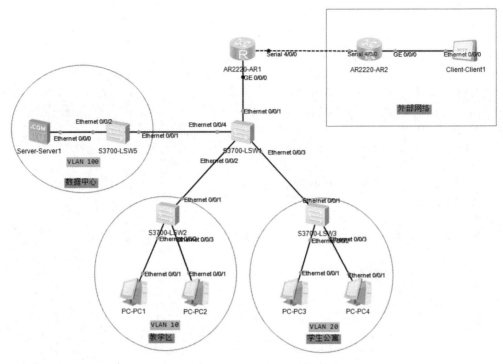

图 8-87　校园网参考拓扑

IP 地址分配见表 8-1。

表 8-1　校园网设计的 IP 地址

| 设　　备 | 端口或 VLAN | IP 地址 |
|---|---|---|
| 三层交换机 | 教学区 VLAN 10 | 192.168.10.0/24 |
| | 学生公寓 VLAN 20 | 192.168.20.0/24 |
| | 数据中心 VLAN 100 | 192.168.100.0/24 |
| | VLAN 50 连接 R1 | 192.168.1.1/24 |
| 路由器 AR1 | GE 0/0/0 | 192.168.1.2/24 |
| | Serial 4/0/0 | 202.204.1.1/24 |
| 路由器 AR2 | Serial 4/0/0 | 202.204.1.2/24 |
| | GE 0/0/0 | 10.0.0.1/8 |

## 2．实施分析

路由器 AR1 为校园网内部路由器，路由器 AR2 代表外部网络，为网络服务提供商（ISP）设备，Client1 代表外部网络的一个客户端。项目分析：① 至少有三个 VLAN 代表不同的业务部门，VLAN 划分在接入层交换机上进行。② 三层交换机用于实现不同 VLAN 之间的通信。③ 内部网络有一个路由器用于连接外部网络，最好能实现网络地址转换，内部多台 PC 机使用一个公网 IP 地址连接互联网。④ 内部网络还可以增加若干台服务器，实现域名访问、地址自动获取等功能。

任务分解见表 8-2。

表 8-2　任务分解

| 任　务　名　称 | 作　　用 |
|---|---|
| 交换机配置 | 隔离广播域 |
| 路由技术 | 网络连通 |
| 网络地址转换（NAT） | IP 地址转换 |
| 访问控制列表（ACL） | 安全访问 |
| DNS 域名访问 | 域名服务 |
| Web 服务器 | 外部访问 |
| DHCP 服务器 | IP 地址获取 |

### 3．实验配置要点

二层交换机属于接入层设备，分布范围最广，二层交换机连接的主机可能属于不同的 VLAN，因此二层交换机需要根据端口号划分 VLAN。二层交换机与三层交换机相连的端口，其连接类型设置为 Trunk，允许所有 VLAN 中的数据通过。

三层交换机与二层交换机相连的端口，其连接类型也要设置为 Trunk，允许所有 VLAN 中的数据通过，有时需要先封装 dot1q 协议。三层交换机需要为每个 VLAN 配置 IP 地址。路由器 R1 和 R2 需要添加串口，以太网口需要配置 IP 地址，串口需要配置 IP 地址和时钟频率。主机需要配置静态 IP 地址、掩码、网关等。

整个网络一共有 6 个网段，三层交换机上有 4 个网段，路由器 AR1 和 AR2 各自连接 2 个网段。如果要实现全网全通，需要选择和配置路由协议：第一，用静态路由实现，需要在路由器和三层交换机上指明目标网络和下一跳 IP 地址；第二，用动态路由 RIP 实现，需要在路由器和三层交换机上声明每个设备的直连网段；第三，用动态路由 OSPF 实现，单区域或多区域都可以，如果采用多区域，注意其他区域都要与主干区域 Area 0 相连。

另外，为了保证内部网络的安全性，需要在路由器 AR1 上设置 NAT，指明内部网络端口和外部网络端口，设置外部网络的地址池，教学区和学生公寓的主机与公网 IP 地址是多对一的关系，适合采用动态 NAT 或者 NAPT 实现多对一映射关系。数据中心的服务器，其 IP 地址是固定的，服务器的 IP 地址和公网 IP 地址适合采用静态 NAT，实现内部 IP 地址和公网 IP 地址的一对一映射关系。

### 4．实验步骤

第 1 步：组网连线。将路由器、交换机和主机添加到工作区，为两个路由器添加串口，并用 Serial 线缆连接串口，其他线缆选择自动连线模式。组网完成后，单击工具栏中的"启动设备"按钮，开启拓扑中的设备。

第 2 步：在二层交换机上划分 VLAN，为 VLAN 添加端口，Ethernet 0/0/1 端口连接类型设为 Trunk。

（1）配置教学区的 VLAN，结果如图 8-88 所示。

```
<Huawei>system-view
[Huawei]sysname JiaoXue
[JiaoXue]vlan 10
[JiaoXue-vlan10]interface ethernet 0/0/2
[JiaoXue-Ethernet0/0/2]port link-type access
[JiaoXue-Ethernet0/0/2]port default vlan 10
```

```
[JiaoXue-Ethernet0/0/2]quit
[JiaoXue]interface ethernet 0/0/3
[JiaoXue-Ethernet0/0/3]port link-type access
[JiaoXue-Ethernet0/0/3]port default vlan 10
[JiaoXue-Ethernet0/0/3]quit
[JiaoXue]interface ethernet 0/0/1
[JiaoXue-Ethernet0/0/1]port link-type trunk
[JiaoXue-Ethernet0/0/1]port trunk allow-pass vlan all
[JiaoXue-Ethernet0/0/1]quit
```

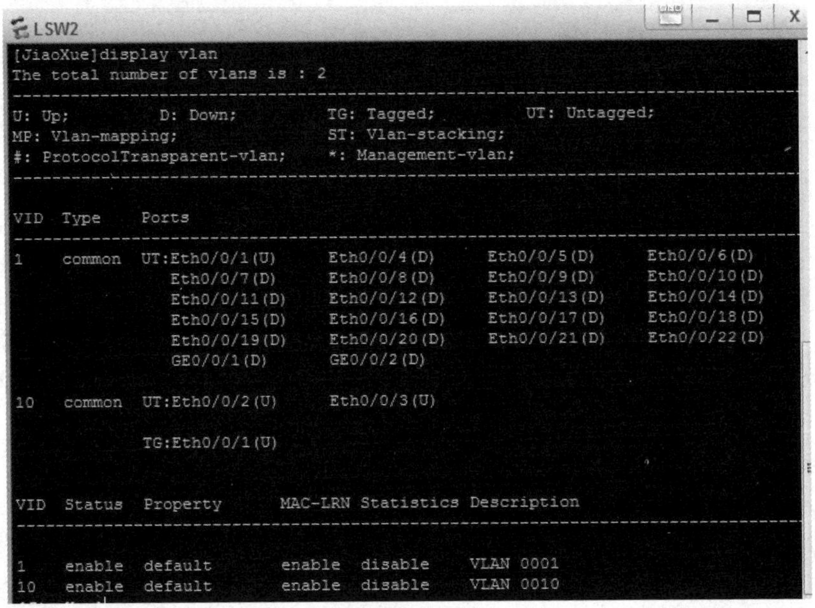

```
LSW2                                                    [□] _ □ X

[JiaoXue]display vlan
The total number of vlans is : 2
----------------------------------------------------------------
U: Up;          D: Down;        TG: Tagged;      UT: Untagged;
MP: Vlan-mapping;               ST: Vlan-stacking;
#: ProtocolTransparent-vlan;    *: Management-vlan;


VID Type    Ports
----------------------------------------------------------------
1   common  UT:Eth0/0/1(U)    Eth0/0/4(D)    Eth0/0/5(D)    Eth0/0/6(D)
            Eth0/0/7(D)       Eth0/0/8(D)    Eth0/0/9(D)    Eth0/0/10(D)
            Eth0/0/11(D)      Eth0/0/12(D)   Eth0/0/13(D)   Eth0/0/14(D)
            Eth0/0/15(D)      Eth0/0/16(D)   Eth0/0/17(D)   Eth0/0/18(D)
            Eth0/0/19(D)      Eth0/0/20(D)   Eth0/0/21(D)   Eth0/0/22(D)
            GE0/0/1(D)        GE0/0/2(D)

10  common  UT:Eth0/0/2(U)    Eth0/0/3(U)

            TG:Eth0/0/1(U)


VID Status  Property     MAC-LRN Statistics Description
----------------------------------------------------------------
1   enable  default      enable  disable    VLAN 0001
10  enable  default      enable  disable    VLAN 0010
```

图 8-88　查看教学区的 VLAN

（2）配置学生公寓的 VLAN，结果如图 8-89 所示。

```
<Huawei>system-view
[Huawei]sysname XueShengGongYu
[XueShengGongYu]vlan 20
[XueShengGongYu-vlan20]interface ethernet 0/0/2
[XueShengGongYu-Ethernet0/0/2]port link-type access
[XueShengGongYu-Ethernet0/0/2]port default vlan 20
[XueShengGongYu-Ethernet0/0/2]quit
[XueShengGongYu]interface ethernet 0/0/3
[XueShengGongYu-Ethernet0/0/3]port link-type access
[XueShengGongYu-Ethernet0/0/3]port default vlan 20
[XueShengGongYu-Ethernet0/0/3]quit
[XueShengGongYu]
[XueShengGongYu]interface ethernet 0/0/1
[XueShengGongYu-Ethernet0/0/1]port link-type trunk
[XueShengGongYu-Ethernet0/0/1]port trunk allow-pass vlan all
[XueShengGongYu-Ethernet0/0/1]quit
```

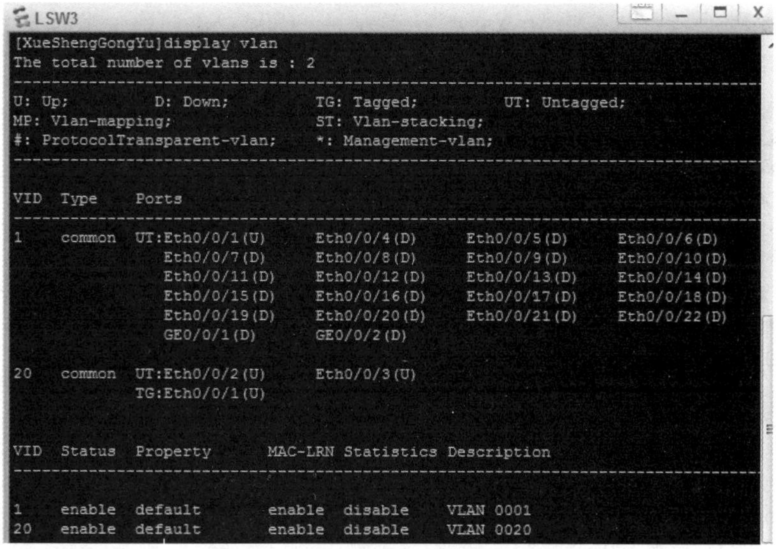

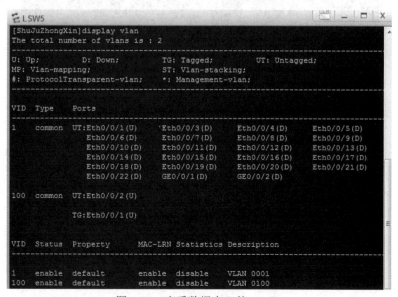

図 8-89　查看学生公寓的 VLAN

（3）配置数据中心的 VLAN，结果如图 8-90 所示。

```
<Huawei>system-view
Enter system view, return user view with Ctrl+Z.
[Huawei]sysname ShuJuZhongXin
[ShuJuZhongXin]vlan 100
[ShuJuZhongXin-vlan100]interface ethernet 0/0/2
[ShuJuZhongXin-Ethernet0/0/2]port link-type access
[ShuJuZhongXin-Ethernet0/0/2]port default vlan 100
[ShuJuZhongXin-Ethernet0/0/2]quit
[ShuJuZhongXin]interface ethernet 0/0/1
[ShuJuZhongXin-Ethernet0/0/1]port link-type trunk
[ShuJuZhongXin-Ethernet0/0/1]port trunk allow-pass vlan all
[ShuJuZhongXin-Ethernet0/0/1]quit
```

図 8-90　查看数据中心的 VLAN

第 3 步：在三层交换机上为 VLAN 配置 IP 地址，并定义端口连接类型为 Trunk，结果如图 8-91 所示。

```
<Huawei>system-view
Enter system view, return user view with Ctrl+Z.
[Huawei]sysname S3700
[S3700]vlan batch 10 20 50 100
Info: This operation may take a few seconds. Please wait for a moment...done.
[S3700]interface vlan 10
[S3700-Vlanif10]ip address 192.168.10.1 24
[S3700-Vlanif10]quit
[S3700]interface vlan 20
[S3700-Vlanif20]ip address 192.168.20.1 24
[S3700-Vlanif20]quit
[S3700]interface vlan 50
[S3700-Vlanif50]ip address 192.168.1.2 24
[S3700-Vlanif50]quit
[S3700]interface vlan 100
[S3700-Vlanif100]ip address 192.168.100.1 24
[S3700-Vlanif100]quit
[S3700]interface ethernet 0/0/1
[S3700-Ethernet0/0/1]port link-type access
[S3700-Ethernet0/0/1]port default vlan 50
[S3700-Ethernet0/0/1]quit
[S3700]port-group 11
[S3700-port-group-11]group-member ethernet 0/0/2 to ethernet 0/0/4
[S3700-port-group-11]port link-type trunk
[S3700-port-group-11]port trunk allow-pass vlan all
[S3700-port-group-11]quit
```

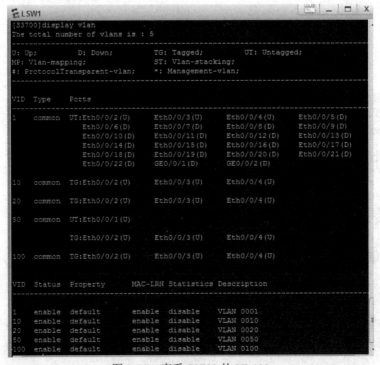

图 8-91 查看 S3700 的 VLAN

第 4 步：配置主机及服务器的 IP 地址。

（1）教学区：

配置 PC1 的 IP 地址为 192.168.10.11/24，网关为 192.168.10.1。

配置 PC2 的 IP 地址为 192.168.10.22/24，网关为 192.168.10.1。

配置好后，单击工具栏中的"应用"按钮，保存主机配置。

（2）学生公寓：

配置 PC3 的 IP 地址为 192.168.20.11/24，网关为 192.168.20.1。

配置 PC4 的 IP 地址为 192.168.20.22/24，网关为 192.168.20.1。

配置好后，单击工具栏中的"应用"按钮，保存主机配置。

（3）数据中心：

配置服务器 Server1 的 IP 地址为 192.168.100.11/24，网关为 192.168.100.1，如图 8-92 所示。单击"保存"按钮，保存服务器的配置。

图 8-92　Server1 的 IP 地址

此时，PC1～PC4 和 Server1 之间可以互相连通。例如，PC1 和 PC3 能连通，PC1 和 Server1 能连通，如图 8-93 和图 8-94 所示。但是 PC1 和 Client1 不能连通，也就是内网和外网之间不能连通。

图 8-93　PC1 ping PC3

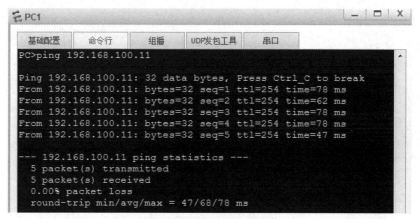

图 8-94　PC1 ping Server1

第 5 步：配置路由器。

配置路由器 AR1（命名为 R1）的以太网口 GigabitEthernet 0/0/0 的 IP 地址为 192.168.1.1/24，串口 Serial 4/0/0 的 IP 地址为 202.204.1.1/24。

配置路由器 AR2（命名为 R2）的以太网口 GigabitEthernet 0/0/0 的 IP 地址为 10.0.0.1/8，串口 Serial 4/0/0 的 IP 地址为 202.204.1.2/24。

（1）配置 R1：

```
<Huawei>system-view
Enter system view, return user view with Ctrl+Z.
[Huawei]sysname R1
[R1]interface gigabitethernet 0/0/0
[R1-GigabitEthernet0/0/0]ip address 192.168.1.1 24
[R1-GigabitEthernet0/0/0]quit
[R1]interface serial 4/0/0
[R1-Serial4/0/0]ip address 202.204.1.1 24
[R1-Serial4/0/0]quit
```

（2）配置 R2：

```
<Huawei>system-view
[Huawei]sysname R2
[R2]interface gigabitethernet 0/0/0
[R2-GigabitEthernet0/0/0]ip address 10.0.0.1 8
[R2-GigabitEthernet0/0/0]quit
[R2]interface serial 4/0/0
[R2-Serial4/0/0]ip address 202.204.1.2 24
[R2-Serial4/0/0]quit
[R2-Serial4/0/0]quit
```

此时查看路由表，交换机或路由器上只有本地直连路由条目。

（1）三层交换机的路由表：

```
[S3700]display ip routing-table
Route Flags: R-relay, D-download to fib
------------------------------------------------------------------
Routing Tables: Public
         Destinations : 10        Routes : 10
```

| Destination/Mask | Proto | Pre | Cost | Flags | NextHop | Interface |
|---|---|---|---|---|---|---|
| 127.0.0.0/8 | Direct | 0 | 0 | D | 127.0.0.1 | InLoopBack0 |
| 127.0.0.1/32 | Direct | 0 | 0 | D | 127.0.0.1 | InLoopBack0 |
| 192.168.1.0/24 | Direct | 0 | 0 | D | 192.168.1.2 | Vlanif50 |
| 192.168.1.2/32 | Direct | 0 | 0 | D | 127.0.0.1 | Vlanif50 |
| 192.168.10.0/24 | Direct | 0 | 0 | D | 192.168.10.1 | Vlanif10 |
| 192.168.10.1/32 | Direct | 0 | 0 | D | 127.0.0.1 | Vlanif10 |
| 192.168.20.0/24 | Direct | 0 | 0 | D | 192.168.20.1 | Vlanif20 |
| 192.168.20.1/32 | Direct | 0 | 0 | D | 127.0.0. | Vlanif20 |
| 192.168.100.0/24 | Direct | 0 | 0 | D | 192.168.100.1 | Vlanif100 |
| 192.168.100.1/32 | Direct | 0 | 0 | D | 127.0.0.1 | Vlanif100 |

（2）R1 的路由表：

```
[R1]display ip routing-table
Route Flags: R-relay, D-download to fib
----------------------------------------------------------------

Routing Tables: Public
          Destinations : 11      Routes : 11
```

| Destination/Mask | Proto | Pre | Cost | Flags | NextHop | Interface |
|---|---|---|---|---|---|---|
| 127.0.0.0/8 | Direct | 0 | 0 | D | 127.0.0.1 | InLoopBack0 |
| 127.0.0.1/32 | Direct | 0 | 0 | D | 127.0.0.1 | InLoopBack0 |
| 127.255.255.255/32 | Direct | 0 | 0 | D | 127.0.0.1 | InLoopBack0 |
| 192.168.1.0/24 | Direct | 0 | 0 | D | 192.168.1.1 | GigabitEthernet0/0/0 |
| 192.168.1.1/32 | Direct | 0 | 0 | D | 127.0.0.1 | GigabitEthernet0/0/0 |
| 192.168.1.255/32 | Direct | 0 | 0 | D | 127.0.0.1 | GigabitEthernet0/0/0 |
| 202.204.1.0/24 | Direct | 0 | 0 | D | 202.204.1.1 | Serial4/0/0 |
| 202.204.1.1/32 | Direct | 0 | 0 | D | 127.0.0.1 | Serial4/0/0 |
| 202.204.1.2/32 | Direct | 0 | 0 | D | 202.204.1.2 | Serial4/0/0 |
| 202.204.1.255/32 | Direct | 0 | 0 | D | 127.0.0.1 | Serial4/0/0 |
| 255.255.255.255/32 | Direct | 0 | 0 | D | 127.0.0.1 | InLoopBack0 |

第 6 步：配置 RIP。

（1）在路由器 R1 上配置 RIP 路由：

```
[R1]rip
[R1-rip-1]version 2
[R1-rip-1]network 192.168.1.0
[R1-rip-1]network 202.204.1.0
[R1-rip-1]quit
```

（2）在路由器 R1 上配置静态路由：

```
[R1]ip route-static 0.0.0.0 0.0.0.0 202.204.1.2
```

（3）在三层交换机上配置 RIPv2，将直连网段加入 RIP：

```
[S3700]rip
[S3700-rip-1]version 2
[S3700-rip-1]network 192.168.10.0
[S3700-rip-1]network 192.168.20.0
[S3700-rip-1]network 192.168.1.0
[S3700-rip-1]network 192.168.100.0
[S3700-rip-1]quit
```

（4）在三层交换机上配置静态路由：

```
[S3700]ip route-static 0.0.0.0 0.0.0.0 192.168.1.1
```

RIP 每 30s 发送 1 次报文，经过几个周期后，交换机 S3700 学习到了网段 202.204.1.0 的路由条目，路由器 R1 学习到了网段 192.168.0.0 内的三个路由条目，路由器 R2 没有配置任何信息，因此只有本地直连网段的路由信息，如图 8-95 至图 8-97 所示。

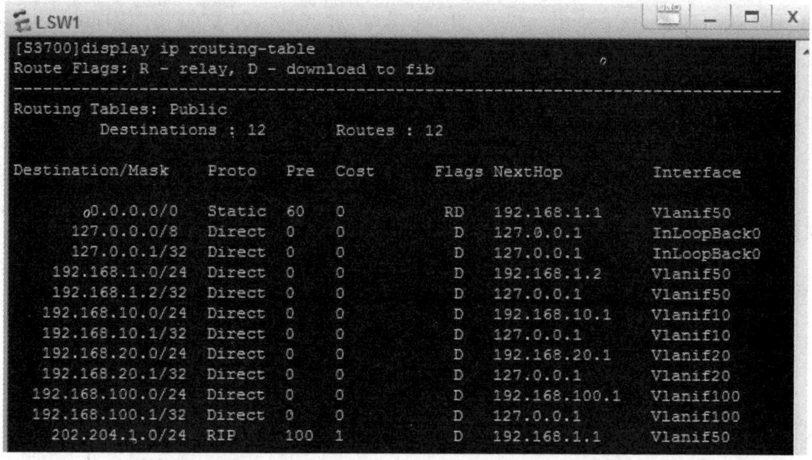

图 8-95　三层交换机中增加了 RIP 路由和默认路由

图 8-96　路由器 R1 中增加了 RIP 路由和默认路由

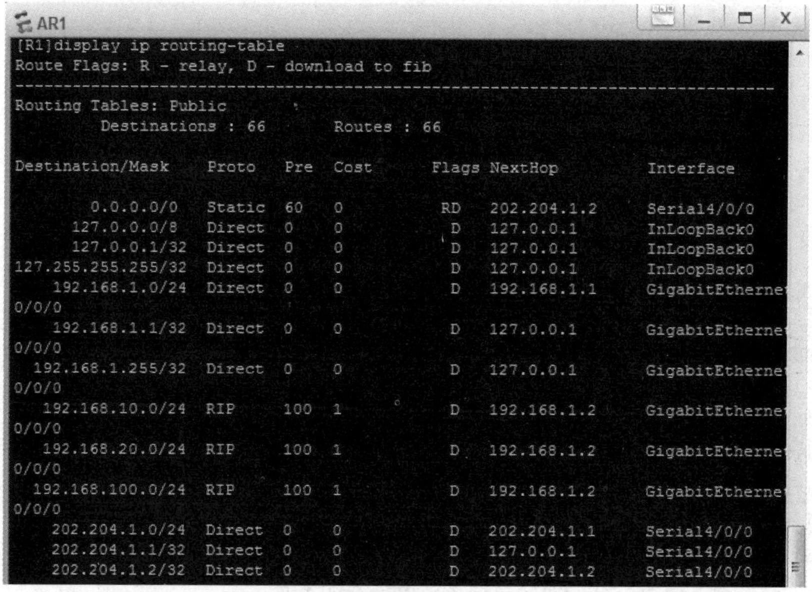

此时，校园网内部的主机能连通路由器 R1 的串口，但是不能连通路由器 R2 的串口和以太网口，也不能连通外部网络的 Client1。

第 7 步：在路由器 R1 上配置 NAT。首先配置公网地址池 address-group 1，规定地址池内的 IP 地址范围，然后将教学区和学生公寓的主机与公网地址池绑定，内部主机访问外网时，其 IP 地址会被转换成公网 IP 地址。数据中心的服务器，其 IP 地址是固定的，因此需要采用静态 NAT，将服务器的 IP 地址 192.168.100.11 转换成固定的公网 IP 地址 202.204.1.100。

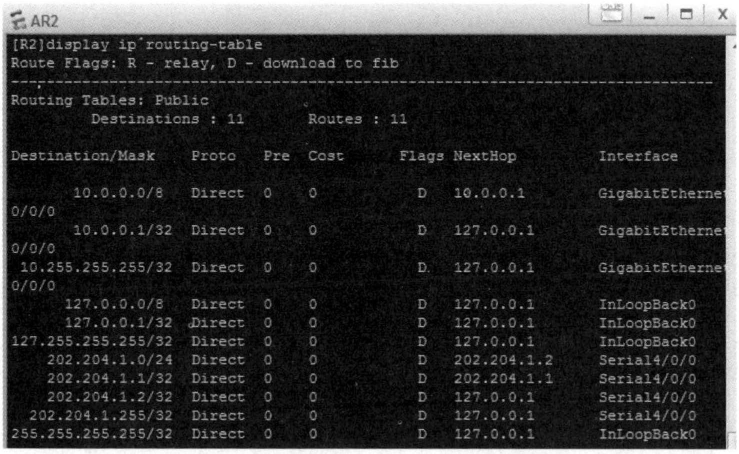

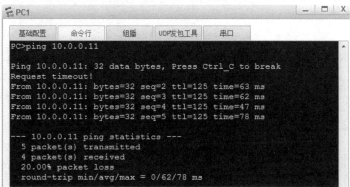

图 8-97　路由器 R2 中只有本地直连路由

[R1]nat address-group 1 202.204.1.101 202.204.1.150

[R1]acl 2000

[R1-acl-basic-2000]rule permit source 192.168.0.0　0.0.255.255

[R1-acl-basic-2000]quit

[R1]interface serial 4/0/0

[R1-Serial4/0/0]nat outbound 2000　address-group 1

[R1-Serial4/0/0]nat static global 202.204.1.100 inside 192.168.100.11 netmask
　　　　　　255.255.255.255

[R1-Serial4/0/0]nat static enable

[R1-Serial4/0/0]quit

此时，全网每个区域内的主机都能互相连通，分别如图 8-98 和图 8-99 所示。

图 8-98　PC1 ping Client1

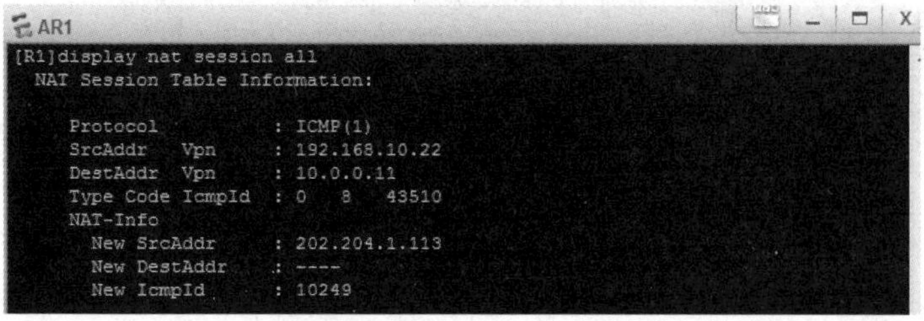

图 8-99　R1 上 NAT 进程

第 8 步：抓包分析。对路由器 R1 的以太网口和串口同时进行抓包，抓包结果分别如图 8-100
和图 8-101 所示，可以看到，内网的 IP 地址 192.168.10.11 被转换成公网 IP 地址 202.204.1.137。

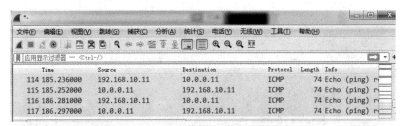

图 8-100　路由器以太网口抓包结果

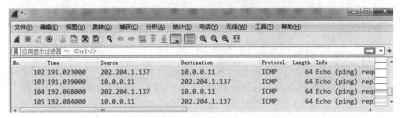

图 8-101　路由器串口抓包结果

第 9 步：配置服务器 Server1，单击"启动"按钮，如图 8-102 所示；打开客户端 Client1，在地址栏中输入服务器的 IP 地址进行访问，访问结果如图 8-103 所示。

图 8-102　Server1 配置

图 8-103　Client1 配置

## 5．思考题

（1）在核心层交换机上配置 DHCP 命令，实现校园网内主机自动获取 IP 地址的功能。

（2）尝试使用其他路由协议（如 OSPF 协议）实现校园内网和外网之间的连通。

# 参 考 文 献

[1] 谢希仁. 计算机网络（第 8 版）. 北京：电子工业出版社，2021.

[2] 杨心强. 数据通信与计算机网络教程（第 3 版）. 北京：清华大学出版社，2021.

[3] 季福坤，钱文光，等. 数据通信与计算机网络（第 3 版）. 北京：中国水利水电出版社，2020.

[4] 邢彦辰，丁文飞，赵海翔，等. 数据通信与计算机网络. 北京：人民邮电出版社，2020.

[5] 唐庆谊. 大数据时代背景下人工智能在计算机网络技术中的应用研究. 数字技术与应用，2019，37（10）：72～73.

[6] 道格拉斯 E 科默. 用 TCP/IP 进行网际互连（第一卷）（第六版）（英文版）. 北京：电子工业出版社，2019.

[7] 杨昌庆. 大数据时代背景下人工智能在计算机网络技术中的有效运用. 信息与电脑（理论版），2018（23）：140～142.

[8] 陈虹，肖成龙，等. 计算机网络. 北京：机械工业出版社，2018.

[9] 黄永峰，田晖，李星. 计算机网络教程（第 2 版）. 北京：清华大学出版社，2018.

[10] 彭澎. 计算机网络教程. 北京：机械工业出版社（第 4 版），2017.

[11] 张少军，谭志. 计算机网络与通信技术（第 2 版）. 北京：清华大学出版社，2017.

[12] 吴功宜，吴英. 计算机网络（第 4 版）. 北京：清华大学出版社，2017.

[13] 臧海娟，王尧，陶为戈. 计算机网络技术教程——从原理到实践. 北京：科学出版社，2017.

[14] 王达. 深入理解计算机网络. 北京：中国水利水电出版社，2017.

[15] 纳拉辛哈 卡鲁曼希，等. 计算机网络基础教程：基本概念及经典问题解析. 许昱玮，等，译. 北京：机械工业出版社，2016.

[16] 王丽娜，皇甫伟，王兵. 现代通信技术（第 2 版）. 北京：国防工业出版社，2016.

[17] 易建勋，范丰仙，刘青，等. 计算机网络设计. 北京：人民邮电出版社，2016.

[18] 王新良. 计算机网络. 北京：机械工业出版社，2014.

[19] James F Kurose, Keith W Ross. Computing Networking A Top-Down Approach Sixth Edition. Pearson, 2012.

[20] W Richard Stevens，Kevin R Fall. TCP/IP Illustrated，Volume 1 (2nd Edition). Addison-Wesley Professional, 2012.

[21] W Richard Stevens. TCP/IP Illustrated Volume 1: The Protocol. Addison-Wesley Professional Inc, 1993.

[22] W Stevens. TCP Slow Start, Congestion Avoidance, Fast Retransmit, and Fast Recovery Algorithms. IETF, Internet Request for Comments 2001, January 1997：3～9.

[23] M Allman, V Paxson, W Stevens. TCP Congestion Control. IETF, Internet Request for Comments 2581, April 1999：5～13.

[24] S Floyd, T Henderson. TCP NewReno Modifications to TCP's Fast Recovery Algorithm. IETF, Internet Request for Comments 2582, April 1999：25～38.

[25] K Fall, S Floyd. Simulation-based Comparisons of Tahoe, Reno, and SACK TCP. Computer Communications Review. July 1996, 26（3）：11～23.

[26] V Jacobson. Congestion Avoidance and Control. Proceedings of ACM SIGCOMM'88, USA：Stanford, 1988：314～329.

[27] J Postel. Transmission Control Protocol, STD7. IETF, Internet Request for Comments 793, September 1981：23～27.

[28] RFC 文档.

[29] 韩立刚，李圣春，韩利辉. 华为 HCNA 路由与交换学习指南. 北京：人民邮电出版社，2019.

[30] 朱仕耿. HCNP 路由交换学习指南. 北京：人民邮电出版社，2017.

[31] 王达. 华为路由器学习指南. 北京：人民邮电出版社，2014.

[32] 王达. 华为交换机学习指南. 北京：人民邮电出版社，2013.